一级注册建造师继续教育机电工程专业辅导教材

Resource materials for the first level registered construction division further education

建筑业十项新技术

THE NEW TECHNOLOGIES FOR ARCHITECTURE INDUSTRY

机电安装工程技术应用实例

Technology application cases of electrical and mechanical installation

（适用于一、二级）

机电工程专业一级注册建造师继续教育教材编委会/编

中国城市出版社

·北京·

图书在版编目(CIP)数据

建筑业十项新技术：机电安装工程技术应用实例/机电工程专业一级注册建造师继续教育教材编委编. —北京：中国城市出版社，2012.7（2013.4 重印）
ISBN 978－7－5074－2645－8

Ⅰ.①建…　Ⅱ.①机…　Ⅲ.①机电设备—建筑安装—新技术应用　Ⅳ.①TU85－39

中国版本图书馆 CIP 数据核字(2012)第 161272 号

责 任 编 辑　王双林
封 面 设 计　V·智创意
责任技术编辑　张建军
出 版 发 行　中国城市出版社
地　　　址　北京市西城区广安门南街甲 30 号（邮编　100053）
网　　　址　www. citypress. cn
发行部电话　(010) 63454857　63289949
发行部传真　(010) 63421417　63400635
总编室电话　(010) 68171928
总编室信箱　citypress@ sina. com
经　　　销　新华书店
印　　　刷　北京圣夫亚美印刷有限公司
字　　　数　318 千字　　印张　13.5
开　　　本　787×1092（毫米）　1/16
版　　　次　2012 年 10 月第 1 版
印　　　次　2013 年 4 月第 4 次印刷
定　　　价　38.00 元

本书编写委员会

审委会主任： 杜昌熹

审委会副主任： 颜思展　王清训　任俊和

主　　编： 杨存成

副 主 编： 韦洪泉　张成林

编委（按姓氏比划）**：** 曹丹桂　杜伟国　傅慈英　关　洁　何伟斌

黄崇国　李红霞　连　淳　罗　宾　林志华

潘　健　张成林　周裕岗

前　言

2010年10月，住房和城乡建设部下发了“关于做好《建筑业10项新技术（2010）》推广应用的通知”（建质技函〔2010〕82号文件），确定中国安装协会是建筑业10项新技术（2010）的咨询服务单位。为了做好《建筑业10项新技术（2010）》的推广应用工作，中国安装协会根据机电工程一级注册建造师继续教育领导小组要求，组织编写10项新技术的工程技术人员，以理论与实践相结合的方式，从介绍新技术的应用实例入手，编写了这本资料，以便使这些新技术在工程项目中得以应用。考虑到近几年来我国安装行业新技术发展日新月异的实际情况，我们对一些近年来在机电工程建设实践中涌现出来、在施工实践中已得到广泛应用的、对推进行业技术进步有实用价值的技术成果，也适当选编了一部分，形成了《建筑业十项新技术——机电安装工程技术应用实例》一书。

本书的内容，一是机电工程的新技术，二是新技术的应用实例。我们在编写过程中，明确以机电工程新技术应用实例为导向，突出这些新技术的先进性和实用性；力求通过本书的内容，使安装行业新技术更具可操作性和可推广性，使这些新技术成为全行业的共同财富。我们希望本书成为安装行业广大工程技术人员的良师益友。本书被确定为机电工程注册建造师继续教育培训辅导教材，将对提高机电工程注册建造师的执业水平有所帮助。

本书作者均是在工程建设第一线富有实践经验的工程技术人员，我们真诚地感谢他们在百忙之中所付出的努力。本书在编写过程中得到了行业专家、领导的重视、指导和帮助，我们向他们表示崇高的敬意。由于时间仓促，编写中难免有许多不足之处，欢迎行业同人多提宝贵意见，为推进安装行业的技术进步共同努力。

编　者

2012年6月

目　录

第一章　管线综合布置技术

一、技术综述

（一）主要技术内容

管线综合布置技术是依靠计算机辅助制图手段，有条件的可以采用3D（三维图），在施工前对机电安装工程进行模拟施工完后的管线排布情况，即在未施工前先根据施工图纸在计算机上进行图纸“预装配”。经过“预组装”，施工单位可以直观地反映出设计图纸上的问题，尤其是发现在施工中各专业之间设备管线的位置冲突和标高重叠。

根据模拟结果，结合原有设计图纸的规格和走向，进行综合考虑后，再对施工图纸进行深化，而达到实际施工图纸深度。应用“管线综合布置技术”可极大缓解机电安装工程中存在的各种专业管线安装标高重叠、位置冲突的问题，不仅可以控制各专业和分包的施工工序，减少返工，还可以控制工程的施工质量与成本。

（二）技术特点

1. 快速完善施工详图设计和节点设计

应用“管线综合布置技术”可以使各专业的施工单位和人员提前审图并熟悉图纸。通过这一过程，使施工人员了解设计意图，掌握管道内的传输介质及特点，弄清管道的材质、直径和截面大小，强电线缆与线槽（架、管）的规格、型号、弱电系统的敷设要求，明确各楼层净高，管线安装敷设的位置和有吊顶时能够使用的宽度及高度、管道井的平面位置及尺寸，特别要注意风管截面尺寸、位置、保温管道间距要求、无压管道坡度、强弱电桥架的间距等。

2. 控制各专业或各分包的施工工序

管线综合布置技术是在未施工前根据施工图纸进行图纸“预装配”，通过“预装配”的过程，把各个专业未来施工中的交汇问题全部暴露出来并提前解决，为将来工程施工组织与管理打下良好基础。施工中可以合理安排、调整各专业或各分包的施工工序，有利于穿插施工。

3. 预先核算、计算、合理选用综合支吊架

在实现机电工程总包的前提下，应用管线综合布置技术，才能做到合理选用综合支吊架；机电总包可以统筹安排各个专业的施工，而综合支吊架的最大的优点就是不同专业的管线使用一个综合支架，从而减少支架的使用量，合理利用建筑物空间，同时降低了施工成本。只有采用管线综合布置技术才能更好地进行综合支架的预先核算、计算和选择。

4. 施工动态控制

由于图纸制作、处理、审核全在现场进行，使与机电工程有关的管理及施工人员（甲方、监理、总包、劳务分包等）均可通过管线综合布置技术，对图纸对所涉及的专业内容（各

专业的综合图、机电样板报审图、土建交接图、方案附图、洽商附图、报验图及工程管理用图等）进行合理调整，及时掌握图纸的变更状况，实现施工动态控制。

（三）适用范围

适用于多专业或多分包单位施工的建筑机电安装工程管理，尤其适用于机电工程总承包管理。

二、应用实例

（一）首都机场三号航站楼工程

1. 工程概况

首都机场3号航站楼是由世界著名建筑大师英国的诺曼·福斯特设计，是第29届北京奥运会配套设施，是目前世界上规模最大的单体航站楼，位列2007年世界十大工程之一。该工程中机、电、管等各专业系统采用了机电功能末端集成单元箱（罗盘箱）这一具有创新意义的设计概念和技术措施，具体表现其独一无二的建筑功能、效果。机电功能末端集成单元箱（罗盘箱）的施工技术就是基于管线综合布置技术实施的。

图1-1 首都机场3号航站楼夜景

2. 工程范围

首都机场3号航站楼南北长2900m，宽790m，高45m，总建筑面积98.6万m^2，由T3A主楼、T3B、T3C主楼、T3D、T3E国际候机廊和楼前交通系统组成。

T3B主楼主要安装工程为空调风系统、空调水系统、动力系统、排烟及正压送风系统、排气系统、防雷接地系统等全机电系统；主要包括高低压配电室19个，盘、箱、柜3076台，变压器34台，冷冻机3台，发电机8台，水泵115台，空调机组141台，风机（箱）474台，风机盘管1906台，风管201037m，电缆桥架4.5万m，电缆700公里，水管14万m，电管32万m。

工程于2004年10月开工，2008年2月29日竣工，首都机场3号航站楼正式通航投入使用。

3. 应用过程介绍

首都机场3号航站楼工程（T3B），由于空间大，净空高，为满足建筑空间功能及装饰效果的需要，各种机电设备末端的安装既要满足设备功能要求，又要保证建筑空间内环境参数要求及建筑空间功能。首都机场3号航站楼采用机电功能末端单元集成施工技术，将许多设备末端集中布置于罗盘箱内，集水、电、风、消防、信息、广播等功能为一体。其中，水、电集中在一个合成空间，这在国内尚不多见。如何保证各系统功能既相互独立，又满足各专业的规范和安全要求，这是施工的关键。首都机场3号航站楼机电功能末端集成施工通过深化设计、精细施工、末端顺序调试，最终在国内首次实现了超大空间机电末端功能单元的集成。

①管道综合排布技术的应用。罗盘箱的设计，除建筑外观及内部要容纳风管、配电盘等设备外，主要是空调送风方面的设计，这是设计的核心和技术难点部分。施工前认真熟悉暖通空调等专业图纸，掌握罗盘箱工作原理，对各专业管线进行综合排布。

图1-2 管线综合布置排布技术的应用

该工程在罗盘箱的施工安装过程中，充分利用了管线综合排布技术，取得了良好的施工效果。

②机电集成单元（罗盘箱）的功能。首都机场3号航站楼机电集成单元（罗盘箱）是一个机电专业齐全并集中布置的机电设备单元，内部容纳了通风空调送回风风道、消防水管线、消火栓、灭火器等设施，同时还包括了强、弱电竖井、配电盘、智能建筑模块箱等电气设施。

罗盘箱四面为穿孔压型铝板构造，内部安装柱状扬声器。底部为压型铝踢脚板，布置电源插座等接口，顶面设可拆卸百叶，侧面开送风口。除了满足必要的建筑功能外，还与许多服务用途的功能结合起来，外表用彩釉玻璃饰面，集成了广告、电子地图、标识、时钟、登机显示屏、安防监控摄像头等。它的主要优点是消除大厅内与结构功能无关的隔墙、辅助吊顶、吊支桁架、竖井等，减少了机电设备、管道空间占用率，在航站楼诸如办票厅、候机厅等大空间区域可以将机电设备各系统集中布置，将各机电功能区集中，可以增大建筑空间；实现建筑美学和功能的巧妙结合，极大地缩减了机电设备对建筑空间的干扰，创造了全新的室内效果。

罗盘箱其内部的机电设备、管路基本组成有：风管（空调送风、回风、排风）、风口、VVBOS风量调节阀、防火阀、风量调节阀；消防水管、消火栓箱、消防水炮管及水炮；采暖水管、分集水器；照明配电箱、事故照明箱、动力配电箱、专用配电箱、强电桥架、配管、电源插座；弱电桥架、配管、消防模块箱、综合布线架、航显屏、时钟、广播、无线转发、800M 对讲系统、信息插座、楼宇控制箱；接地端子箱、等电位接地；广告等系统。不同位置使用不同型号的罗盘箱，其内部设备数量、器具数量、管路排列、规格等方面均有所不同，但主要功能基本相同。

③罗盘箱内机电系统的深化设计。罗盘箱作为一种综合机电设备安装单元，箱内包含：通风、空调、采暖、消火栓、水炮、动力、照明、综合布线、广播、航显、时钟、广告等十多个系统，三十多个专业子项，管路及设备交叉多变，操作空间狭窄、施工难度非常大，在国内首次采用。由于设计图纸中未明确各系统管路及设备的具体安装方式和位置，因此，在罗盘箱内设备管路安装前，必须先进行深化设计，对各种设备和管道进行详细的排列、定位，避免出现管路间、设备间及设备与建筑物之间交叉干涉，造成无法施工和重复施工。

在罗盘箱中，最主要的管路为空调送回风管及排风管，它占据罗盘箱大部分空间，并居于罗盘箱的中间位置，因此需首先将风管定位。风管距罗盘箱外框架钢结构的距离及风管间的距离需预留出罗盘箱钢骨架横梁位置及其他专业管道安装位置空间。

罗盘箱内两侧为电气竖井，为强电专业桥架安装区域。强电专业桥架与其他专业管线无交叉。

采暖系统管道与消防系统管道位于罗盘箱横向位置，在大截面风管的侧面，水管路占据罗盘箱横向一侧位置，不能超越罗盘箱横向截面的中线。

弱电系统桥架与水管位于罗盘箱同一方向，占据罗盘箱横向另一侧位置，称为弱电单元区域。

以 02 型罗盘箱为例，安装于罗盘箱内的机电集成单元占用空间为 5300mm×1500mm，回风兼排烟管为 1800mm×450mm，送风管为 800mm×450mm，送风管与周围的射流喷口相连，风口间距为 500mm，均匀布置，90%回风由顶部百叶进入，故把回风管布置于罗盘箱的中间，送风管沿罗盘箱大边方向布置于回风管两边。罗盘箱的短边下端设置消火栓箱，上端设置配电柜，顶端设置消防水炮。送风管与配电柜间为强电电气线槽通道，弱电配电线架与采暖供回水管、消火栓管、消防水炮管并排于回风管旁边，地沟式散热器的分集水器对称于回风管的另一侧。罗盘箱的四周根据机场航站楼的功能需要布置时钟、航显、广告、广播、消防按钮及无线接入点。布置图如图 1-3 所示。

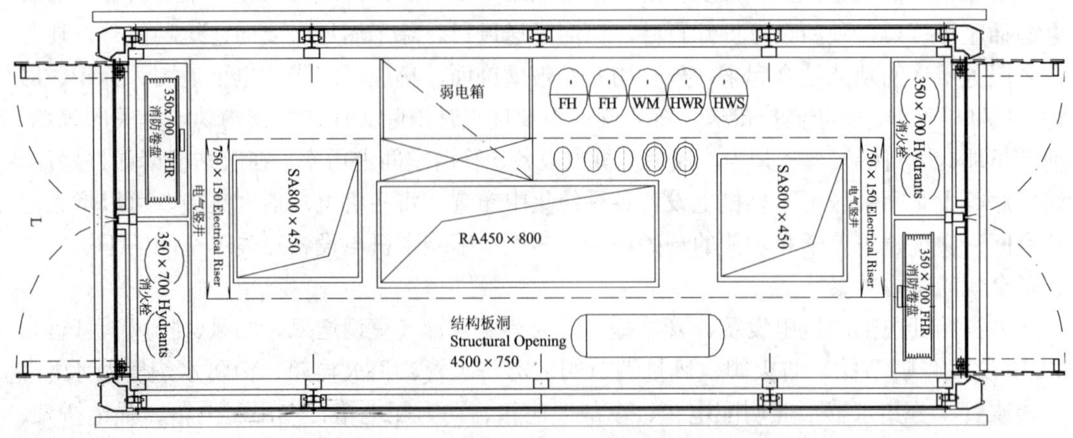

图 1-3　罗盘箱布置图

图 1-4　罗盘箱施工效果照片

④机电集成单元（罗盘箱）制作和安装。

A. 机电管路安装。罗盘箱内机电管路安装前，先根据设计图纸核查楼板预留洞的规格及位置，保证管路定位准确。

由于罗盘箱内机电管线大部分为竖向管路，罗盘箱内空间狭小，各专业管线没有多余空间单独设置支架，管线固定需利用钢框架的龙骨，因此罗盘箱施工的第一步是罗盘箱钢结构的制作和安装。为保证罗盘箱内部大规格机电管线及设备的安装，罗盘箱钢结构施工前，先与专业图纸核对，在大型风管、变风量末端装置、大截面风口等位置，罗盘箱钢结构的次龙骨、横梁等先暂缓安装，只施工框架主龙骨，预留出设备和部件运输、安装空间，待其安装完成后再进行完善。

罗盘箱钢结构主框架施工完成后，可进行风管的制作、安装和保温。由于强电竖井在罗盘箱的两端，位置独立，与其他专业无交叉，因此强电系统的桥架可同时进行施工。在风管安装基本完成后，消防水管、采暖水管、弱电桥架即可进行施工。对于跨越两层或三层的罗盘箱，消防水管、采暖水管、电气管线、弱电桥架在向上层伸展时会碰到风管、喷口风箱等，这些管路需要利用旁边空间进行绕行后，再回到原位置。

B. 弱电单元的定位。在设计图纸中，同一型号的罗盘箱按不同编号分布在不同区域，每个相同型号的罗盘箱的平面布置方向均不同。相对区域的同一型号罗盘箱之间存在镜向关系，在通风专业风管施工和水专业水管路施工时要予以注意，否则，弱电单元均在同一位置就会与回风口和分集水器的安装位置矛盾。施工前要先明确每个罗盘箱的方向，明确了弱电单元、分集水器、回风口的安装位置，及时对风管、水管或弱电桥架进行调整。

C. 机电设备、部件安装。各专业管线基本安装完成后，进行配电箱、消火栓箱、分集水器、回（排）风口、变风量末端装置等的安装。每个不同型号、不同编号的罗盘箱及其配电箱、消火栓箱的规格、安装位置均有所不同。配电箱、消火栓箱均先安装箱壳。

消火栓箱安装在外围钢框架结构的第一层，紧贴主龙骨内侧安装，采用在横梁上焊接搭接角钢进行固定。

大部分配电箱均安装在消火栓箱上部，为保证用电安全，专业设计在强电专业配电箱安装区域设计了配电箱封包箱，采用 δ=2mm 厚钢板焊接成一个封包箱，内涂防锈漆两遍，防火涂料两遍。为了配电箱配管、穿线方便，在配电箱后面又设置了分线箱，同样涂防锈漆两遍，防火涂料两遍。分线箱和配电箱安装在封包箱内，将配电箱与风管、消火栓箱等其他专业管线与设备完全隔离，起到防火、防水的作用，确保用电的安全。

与强电专业相同，弱电单元区域也采用镀锌钢板进行包封，形成专门的隔离区与其他专业管线与设备完全隔离，确保弱电设备的运行安全。

D. 等电位接地安装。为满足等电位的要求，该工程所有的罗盘箱钢结构在与每层楼板交接处均与楼板钢筋作等电位连接，为确保工程质量，要求对每一个点进行检测、验收，并形成检测记录，符合验收标准后，则进行隐蔽并进行下一道工序施工。

为保证弱电系统的运行安全，在弱电区域设置专用等电位端子箱，采用 ZR-YJY-$1\times50mm^2$ 的电缆由相应区域内变电站总等电位箱引来，罗盘箱内的每个弱电系统采用 ZR-BY-$25mm^2$ 的黄绿双色线与其连接，以确保弱电系统的安全运行。

E. 消防施工。罗盘箱上下层的防火处理，采用防火枕和防火泥对罗盘箱内管道周围的结构洞口进行了封堵，厚度≥ 240mm。

在每一个罗盘箱内均设置消防模块箱，一个或两个消火栓箱，箱内同时配有手动报警、消防泵启动按钮及灭火器，主要是解决罗盘箱周边区域的消防问题，同时也解决罗盘箱本身的消防问题。

⑤功能末端顺序调试。由于罗盘箱机电系统齐全复杂，各系统的功能必须独立实现且在运行中不能对其他系统造成干扰和影响，因此各专业系统的调试必须细致且完善。从安全和施工顺序考虑，调试安排为水—风—强电—弱电—其他服务功能的专业顺序。在管道安装完成后，消防水系统管道首先进行强度及严密性试验，确保水管道的运行安全。在确定水系统管道的使用安全性后，其他系统即可各自进行测试。消防水系统根据规范要求进行消火栓试射、水炮试射，通风空调系统进行风量测试和调整，配电箱柜送电、电气各系统通电试运行。各弱电系统进行功能性测试及联动调试。

（二）京澳中心工程

1. 建筑概况

京澳中心工程（环球金融中心 WFC）位于北京市朝阳区；主体建筑为两栋约 66m×68m 的方形塔楼，共 22 层高 98.8m；建筑面积：25 万 m^2。

2. 项目内容：空调采暖冷热源

该工程冷冻机房设于地下三层，设有八台离心式冷水机组、蒸气双效型溴化锂吸收式冷水机组四台，冬季空调及供热热源为市政热网蒸气及高温热水。

办公 / 贸易层采用变风空调机组 +VAV（二管制）加新风系统，水系统为二管制，双送风管（分内区 / 外区），外区的送风可旁通冷水盘管。内区全年供冷及外区按实际需要夏季送冷风或冬季旁通冷盘管送风。外区采用 85℃ /60℃散热器供暖。

图 1-5　京澳中心工程

3. 京澳中心工程

（1）深化原因：业主对机电总承包方的要求；无大样图，预留预埋图，各专业图相互交叉打架等。

（2）深化内容：各机电系统预留预埋图，管线综合布置图（三维碰撞处理），机房大样图，空调水、风系统校核，空调设备选型计算校核，消声器计算与选型，各类支吊架计算，保温材料的校核、电负荷与电气设备选型计算校核。

（3）深化结果的审批和主要步骤：绘图—报审（业主）—管线综合布置图碰撞处理、调整—批准—施工；校核计算—报审（业主）—选型—厂家配合—订货—施工—调试。

该项目引进了三维图纸碰撞检验，即在管线综合图初步面调整的基础上，进行三维图绘制通过碰撞报告指出重点碰撞位置。但三维图纸的绘制需要专业软件，图纸绘制时间长，碰撞点多（最多时达1000多个点）。目前三维软件碰撞报告仍有识别问题，管线综合平面图基本控高是确保管线综合布置图质量的关键，同时需要绘图人员对相关规范（设计、施工、建筑结构主体）应全面掌握。

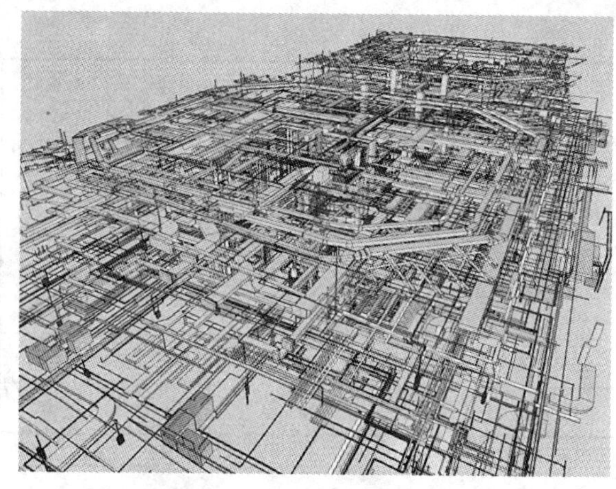

图1-6 冷冻机房管线深化图

（4）系统计算与校核—水泵校核：本项目冷却塔设置在屋顶98m，冷却水管最高进水点108m。冷冻水泵、冷却水泵设置地下机房–15.4m。

在水泵选择过程中经系统计算与校核，扬程设计确定见表1-1。

表1-1 冷冻水泵（泵系统设计）

设备编号	流量 m^3/h	原设计扬程 m	最终深化设计扬程 m	原设计功率 kW	最终功率 kW	数量台	安装位置	用途
COP-1-7	760	25	25	75	75	7	地下三层	冷却水循环
COP-8-9	940	30	28	110	110	3	地下三层	冷却水循环
COP-11	470	27	25	45	45	1	地下三层	冷却水循环
COP-12	470	25	27	55	55	1	地下三层	冷却水循环
COP-13	470	25	27	55	55	1	地下三层	冷却水循环
COP-14-18	380	25	25	37	37	5	地下三层	一次冷冻水
PCWP-1	630	15	15.4	37	37	1	地下三层	一次冷冻水
PCWP-2	630	15	15	37	37	1	地下三层	一次冷冻水
PCWP-3	630	15	15.8	37	37	1	地下三层	一次冷冻水
PCWP-4	630	15	15.5	37	37	1	地下三层	一次冷冻水
PCWP-5	630	20	20.58	45	45	1	地下三层	一次冷冻水
PCWP-6	630	20	21	45	45	1	地下三层	一次冷冻水
PCWP-7	630	15	15	37	37	1	地下三层	一次冷冻水
PCWP-8	630	15	15	37	37	1	地下三层	一次冷冻水
PCWP-9	630	15	21	55	55	1	地下三层	一次冷冻水
PCWP-10	315	15	21	30	30	1	地下三层	一次冷冻水

续表

设备编号	流量 m^3/h	原设计扬程 m	最终深化设计扬程 m	原设计功率 kW	最终功率 kW	数量台	安装位置	用途
PCWP-11	315	15	16.4	22	22	1	地下三层	一次冷冻水
PCWP-12-15	315	15	15	18.5	18.5	4	地下三层	一次冷冻水
PCWP-16	315	18	18	22	22	1	地下三层	一次冷冻水
SCWP-1-3	250	20	18	18.5	18.5	3	地下三层	二次冷冻水
SCWP-4-11	640	20	26	75	75	8	地下三层	二次冷冻水
SCWP-12-15	345	20	20	30	30	4	地下三层	二次冷冻水

冷冻水泵为二次泵系统如图 1-7 所示。

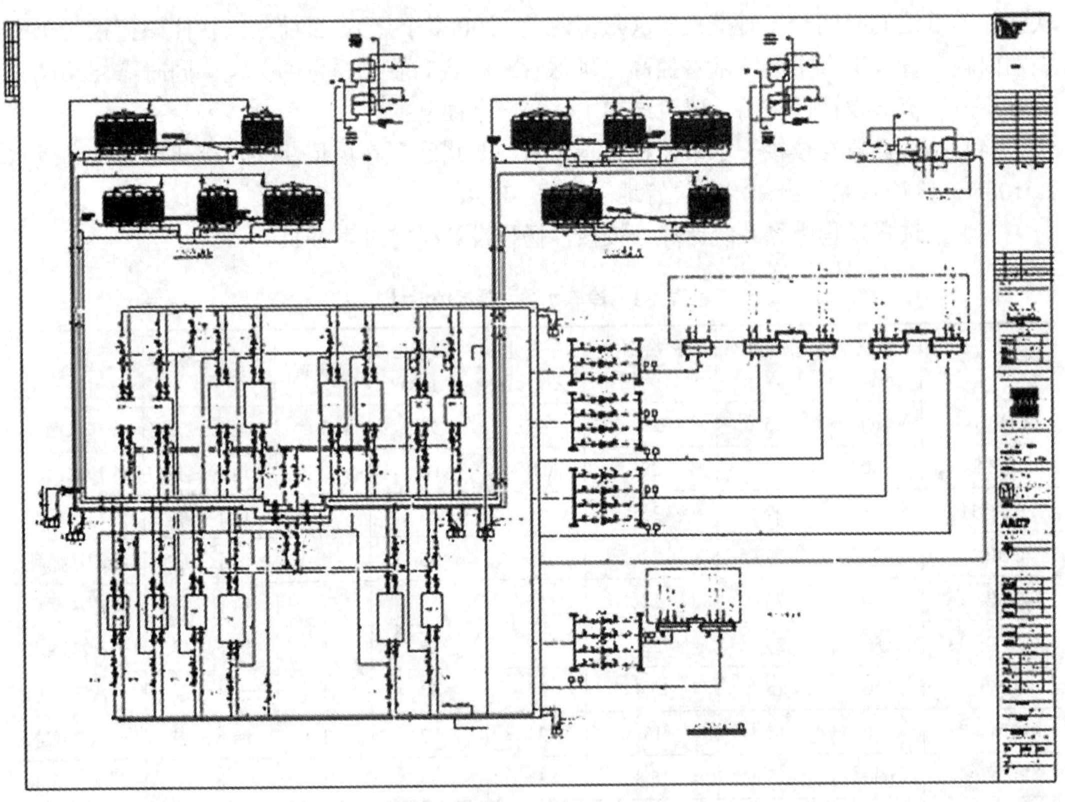

图 1-7　冷冻水泵系统设计

冷冻水泵冷却水泵扬程设计参数不超过 30m，冷冻泵为二级泵（一级基本在 15m，二级 20m 左右）。从表 1 中可以看出，水泵分区域、单一校核，使水泵的运行参数（电功率）有所控制，而不是通过扬程的区间统一确定水泵的参数，体现了设计者的节能意识。

在本项目中由于合约要求和顾问公司的严谨态度，我们的水泵校核在确定了机房设备安装方案后又进行了系统校核计算，结合厂家的参数调整（厂家根据批复的水泵参数确定设备基本型号，对电机、叶轮进行模拟匹配）报顾问公司审批最终确定水泵参数和订货。

系统在调试中49台水泵，运行基本达到设计指标，水泵参数无偏离，运行良好。

通过深化设计，对水泵、风系统的校核，节约设备材料费100万元，同时保证了系统调试效果。这些参数的确定影响电负荷和设备造价以及今后系统调试及运行效果。

图1-8　T3航站楼管线综合布置效果图

（5）效果：管线综合布置技术在首都机场T3航站楼工程中得到了较好的应用，降低了施工成本（和传统的施工相比，应用此项技术施工成本可以降低20%），减少了施工中因各种原因带来的返工损失，同时还大大减少了事故隐患，保证了施工质量，提高了生产效率，保证了施工工期，使社会效益和企业经济效益得到双赢。

技术特点和体会如下：

①能较快完善节点设计和施工详图设计。

②在保证功能情况下，解决管线设备的标高和位置问题，避免交叉冲突，同时还要配合并满足结构及装修的空间位置要求。

③运用管线综合布置技术中在管道（线）排列时要考虑施工顺序对不同管线的要求及运行管理维修的需要，要考虑先施工的管道（线）不要影响后续施工的管（线），还要考虑维修需要和二次施工管道（线）的安排。

④能主动进行成本控制。采用综合支吊架可减少施工过程中的拆改工作量；排布好管线可减少窝工损失、降低人工费材料费等。

三、点评

首都机场3号航站楼机电功能末端单元集成技术的实施跳出了传统施工做法，开拓了机电安装工程的视野，提高了机电安装工程多专业施工中组织、管理、配合的能力，改变了以往单一工种独立施工的传统做法，丰富了国内机电施工经验，使机电安装工程在施工方法上工艺上取得了创新性的进展，提高了国内机电安装工程的整体技术水平。为国内超大型机电安装工程积累了经验。

深化设计是机电施工中高端的服务，通常，业主在招投标时主要注重综合图纸的绘制，还没有重点考虑各类设备、管道、线路安装的碰撞问题，系统在综合调整中发生变化的问题，设计参数的确定要参考经验值确定等问题，因此专业技术人员要及早掌握管线综合布置技术。

对深化设计人员的要求：

①丰富的施工经验，以及设备运行、使用、维护方面的经验。

②基本的专业知识及对设计、施工规范的了解，如系统校核、技术处理和分析；通过自身的技术能力和对规范的理解给工程各方提出建议，以保证工程的技术质量。

随着工程技术的发展，项目管理水平的进步，机电安装工程中的管线综合布置技术在建筑机电安装工程中的重要意义，已经引起建设单位、施工单位和监理单位的广泛重视，目前在大型建筑安装工程中已经得到推广和应用，随着它的重要性的凸显和经济效益的扩大，结合 3D 技术的推广应用，管线综合布置技术必将向标准化、规模化发展。

第二章　金属矩形风管薄钢板法兰连接技术

一、技术综述

（一）主要技术内容

金属矩形风管薄钢板法兰连接技术在国外已广泛应用，在国内大中城市的重要建筑工程已具有广泛市场，如在众多高层建筑、大型公共建筑、工业厂房等通风空调工程中得以应用并体现出良好的实际效果，比较典型的有上海金茂大厦、北京东方广场群体建筑、北京中国银行大厦、北京远洋大厦、首都博物馆、国家大剧院、奥体中心等代表工程。

金属矩形薄钢板法兰风管有两种构造形式：经过专用机械加工，风管与法兰同为一体的形式，称之为“共板法兰风管”、“连体法兰风管”或“TDC 法兰风管”；另一种采用镀锌板制作的法兰条，根据风管长度下料后，插入制作好的风管管壁端部，与风管本体采用铆接连为一体，称之为“组合式法兰风管”、“法兰条风管”或“TDF 法兰风管”，是第一种形式的补充和加强形式。风管间的连接采用弹簧夹式、插接式或顶丝卡紧固等方式。

薄钢板法兰风管的制作，可采用单机设备分工序完成风管制作，也可采用计算机控制，通过自动生产线将材料类型选择、剪切下料、风管板面连接形式及法兰成型、折方等工序顺序自动完成。自动化流水线使用镀锌板卷材，根据风管制作需要连续进行管材下料到半成品加工完成，全部工序只需 30 秒钟，实现了直风管加工和风管配件下料的自动化。异形风管可采用数控等离子切割设备下料，有效节省手工展开下料的烦琐工序、操作时间，保证了下料的准确性。设备的配套使用实现了直风管加工和风管配件下料的自动化。

（二）技术特点

1. 主要技术特点

金属矩形风管薄钢板法兰连接技术是近年来金属风管制作、安装的新技术，由于其生产设备自动化程度和加工能力的不断提高、配套软件的开发和形式的多样性，与传统角钢法兰连接技术相比，具有工艺先进、占用场地小、设备使用量少、批量制作速度快、生产安装效率高、操作人员工种少（省去焊接、油漆工种）、劳动强度降低，产品质量稳定且易于控制及减少环境污染等诸多特点。

2. 技术指标

随着金属矩形风管薄钢板法兰连接技术的成熟，以及该类型风管制作、加固和试验方法等措施的不断完善，相关标准、规范或规程相继出台。金属矩形风管薄钢板法兰连接技术应符合国家标准《通风与空调工程施工质量验收规范》GB50243-2002 和建设部部颁标准《通风管道技术规程》JGJ141-2004 的有关规定，上述规程或规范对于该项技术的发展也起到了推动作用。

（三）适用范围

矩形薄钢板法兰风管适用于中、低压通风及空调工程中的送、回、排风系统（含空调净化系统）。风管长边尺寸一般为2000mm以下为宜，超出此规格尺寸的风管，应采取加固措施，确保风管强度。

二、应用实例

（一）北京电视中心

1. 工程概况

北京电视中心（北京电视台新台址）是北京奥运会配套项目和北京市重点工程，位于北京市朝阳区建外大街98号，地处北京商务中心区（CBD），总用地面积44900m^2，一期工程总建筑面积197325.67m^2。具有楼层高、建筑面积大、系统复杂、技术质量要求高、施工难度大等特点，建成为CBD乃至北京市标志性建筑之一。

地下共分三层，建筑面积65806.15m^2。地下一层为舞台设备用房、机电设备用房、后勤办公及停车库，层高4.9～5.2m；地下二层和地下三层为停车库；地下三层部分为五级和六级人防，层高均为4.2m，局部为通高两层的舞台制作用房及机电设备用房。

地上共分为三个单体建筑，分别为综合业务楼、演播楼、生活服务楼。建筑面积131522.52m^2。主楼：建筑面积78830.30m^2，楼层41层，楼顶高度200m，为综合业务大楼。1～5层为公共层，6层为设备层和避难层，7～18层为演播室和技术用房，20层为设备层，21～24层为五层通高的室外空中花园兼做避难层，25层为设备机房兼避难层，26～39层为办公用房，40层为设备层，41层为高空观光厅，顶部设直升机停机坪；演播楼：建筑面积41110.88m^2，楼层10层，首层设有1250个坐席的电视剧场一座，设架空转播车车位15个，2～9层设置大、中、小各类演播室和文艺录音室，10层为设备层；生活服务楼：建筑面积11578.34m^2，楼层8层，首层为电视购物商场，2层为医务、宿舍用房，3～5层为餐饮娱乐用房，6层为办公用房，7层为客房，8层为架空层。

2. 工程范围和主要工程量

承担施工的通风空调部分工程包括：空调风系统、通风（排风）系统、正压送风系统、排烟系统、空调水系统等。

该项目包括：冷冻机房1个，制冷量2900kW冷冻机5台，制冷量1406kW冷冻机2台，各类水泵31台；空调机房86个，空调机组、恒温恒湿机组等共196台；风机盘管767台，通风机226台，风口15194个；空调水管道86000m，水管保温770m^3；风管安装97080m^2，风管保温68710m^{2}等。

3. 部分专业设计特点

（1）空调风系统。

①地下：变配电室采用仅供冷风的循环风全空气系统，分室独立设置空调机组；办公室、休息室等房间采用风机盘管加新风系统；防灾中心、中央监控室采用一次回风单风机系统；恒温恒湿库采用冷水式恒温恒湿机组。

②综合业务大楼：演播室、录音室采用一次回风单风机加排风机系统，空调机组分室独立设置；一般办公系统各方位每3～6层分别设空调系统，外区采用风机盘管，内区采用变风量，大房间每一跨度设一变风量末端装置，小房间每间放一变风量末端装置；工艺

机房室内设置两套空调系统，一套用于设备冷却，采用地板送风、顶部回风，多室合用空调机组，另一套用于房间空调，采用一次回风单风机系统，空调机组分室独立设置；中庭采用风机盘管加新风系统，冬季辅以地板辐射采暖；媒体存储库等采用冷水式恒温恒湿机组；电梯机房、微波天线间采用自带冷热源的分体空调机。

③地下停车库：为防止冬季库内的冻结，车库送热风，设计温度为10℃，并配以排风系统。

（2）通风系统。空调机械室、水泵房、电气室、变电室、仓库、地下车库、厨房、发电机房、厕所、淋浴室等设置机械通风设备，强制换气。

表 2-1　换气次数

房间名称	每小时换气次数		备注
	进风	排风	
冷源热源机房	5	5	进风夏季经空调箱冷却，冬季经空调箱加热
水泵房	5	5	
开水间、卫生间	负压吸入	10	
车库	5	6	进风仅冬季经空调箱加热
厨房烹调室	50	60	
厨房配膳室	20	20	
淋浴室	8	10	
中水机房	8	10	

换气方式：综合业务楼新风由新风机处理后，向室内送风，通过房间和厕所排风排出室外；地下停车库采用排风和排烟合用系统。

4. 工程管理目标

（1）质量目标。配合总包单位确保长城杯，争创建筑业最高荣誉奖——鲁班奖。

工程一次交验合格率100%，部分工程优良品率100%。

（2）安全目标。确保工程安全、设备安全，施工人员死亡、重伤事故为零；年工伤事故率低于6‰；无火灾与爆炸事故。

杜绝重大与生产有关的机械设备事故；杜绝同等责任交通死亡事故。

（3）环境管理目标。杜绝重大环保投诉；噪声达标；有毒有害废弃物合法消纳。

（4）文明施工目标。实行标准化、规范化现场管理，争创文明施工样板，树立环保意识，配合总包达到“文明安全工地”标准。

（5）工期目标。计划2006年5月30日完工，配合总包单位2006年9月30日竣工。

（二）北京电视中心应用过程介绍

1. 工程特点、重点与难点

（1）工程主要特点和重点。北京电视中心楼层高（主楼41层），系统庞大复杂，工程量大，施工周期长；整体施工难度大，与其他专业的交叉，配合复杂；广电传媒专用场所，设备、管道的减震、降噪技术要求严格；争创鲁班奖，质量标准高。

（2）施工重点与难点。设备数量多、体积大、重量沉，尤其进口大型设备及大口径管材、型材等的起重运输，机房设备的就位安装；主楼高层上设备、管道的垂直运输，高层竖井管道施工；管路安装支、吊点的设置以及管道的焊接、试验以及消噪的施工控制等均为该工程施工重点与难点。近十万平方米风管的制作和安装，在施工准备阶段即被列为该通风空调工程的重点课题。

2. 技术应用情况

原设计要求采用传统角钢法兰风管方式，由于金属矩形风管薄钢板法兰连接技术，在生产效率高、产品精度和质量稳定等方面的优势，在数项大型工程的实际应用中已得到充分验证。为充分体现公司组合法兰风管加工的优势，凭借北安集团多年的实践经验，在北京电视中心工程风管正式加工之前的施工准备阶段，积极邀请工程建设、监理和总包等单位相关负责人员考察参观公司流水线车间，通过自动化加工演示配合细致讲解，让每位参观人员都有了很直观的认识。

消防排烟等中压系统风管严密性要求相对较高，为了验证机械化加工的组合法兰风管的强度及其连接的密封可靠性，由公司技术负责人主持，在流水线车间现场进行了超标准的专项强度和严密性试验，结果证明，组合法兰钢板风管及其管口连接的强度、严密性完全满足功能需要。

最终，北京电视中心工程空调送回风管、新风管、通风管、正压送风管以及厚度≤ 1.5mm的消防排烟管、排风兼消防排烟管、厨房排油烟管等的加工方式，全部由专用流水线设备加工成型，采用金属矩形风管薄钢板法兰连接技术。

3. 部分施工工艺

风管采用美国进口专用流水线加工成型，应用金属矩形风管薄钢板法兰连接技术。风管加工所使用的钢板为优质卷材，现场安装时采用专用连接件连接。

为使此项工艺在该项目中得以充分、严谨地实施，在参考《通风与空调工程施工质量验收规范》等标准中有关条文的基础上，结合专用流水线多年的成品加工经验及北京电视中心工程风管系统的内容和特点，编制了《制作安装专项方案》，其内容在原企标的基础上进行了适当的补充或调整，实践效果良好。

（1）风管制作。

①风管制作用钢板厚度按设计要求执行，车间根据委托加工任务单内容和要求安排生产，连体法兰管段可用全自动生产线制作。

②镀锌钢板风管板材厚度 0.5mm（或 0.6mm），采用 1000mm 幅宽卷板，标准管长 905mm；板材厚度 0.75 ～ 1.2mm，采用 1250mm 幅宽卷板，标准管长 1160mm；板材厚度≥ 1.5mm，标准管长 1250mm。冷轧（普通）钢板风管的管长依据钢板幅宽尺寸确定。

③管长小于 500mm 的风管其板面不做轧筋处理。

④风管大边长大于 2000mm 时，采用 TDF 法兰；大边长大于 2500mm 时，还需采用角钢法兰（普通钢板板厚 2.0mm 的风管一律采用角钢法兰连接）。

⑤流水线加工风管还具有一定的灵活性，可根据现场的特别需要加工半成品到场。如：在现场合口或在风管穿越狭窄部位时，个别管段根据实际需要，一端加工好成品法兰，一端在风管上位后，现场加装法兰角，形成连体法兰后再行与其他管段接驳。

（2）风管配件制作。

①风管配件包括三通、弯管、变径管、来回管、短管等，其加工尺寸确定后，交车间生产。

②风管系统中的防火调节阀、消音器、止回阀等部件与风管连接采用角钢法兰螺栓连接，按国标 GB50243-2002 风管法兰规格大小选取；为满足薄钢板法兰风管与阀部件连接之所需，确定：系统中风阀两侧的风管加工成“过渡管”，即风管一端采用 TDC 或 TDF，而另一端为普通角钢法兰，与风阀部件配套一致。

③为满足车间的实际加工和现场安装需要，确定：小口径风管的小边长一律≥ 120mm；风管加工时，三通、弯头等管件与直管段连接时采用 TDF 法兰连接。

④引风叶（导流叶片）宽度控制在 300mm 左右，间距 200 ～ 250mm 之间。变径弯头不加导流叶片。

（3）风管安装。

①现场收到车间加工好的风管或风管配件，应及时进行现场检验并报监理验收，办理好相关验收手续之后方可进行安装。

②薄钢板法兰风管连接安装前务必做好四角的密封检查，风管两端法兰四个触面角务必用密封胶将缝隙封闭，如有遗漏或不足应及时加补。

③消防排烟系统采用 3mm 厚橡胶石棉板，空调和其余系统采用 8501 胶条，安装时不能漏垫、突出管外或脱落在管内。

④管段连接时四个法兰角用 M8 ～ M10 螺栓，TDC 法兰四条边框用弹簧夹连接，弹簧夹长度为 150mm，弹簧夹之间的间距以不大于 150mm 为原则，最外端的弹簧夹离风管边缘一律为 150mm。

⑤主风管安装的走向和标高应符合施工图要求及满足现场实际需要，支吊架也应符合要求。布置吊架时，除了要遵守最大的间距规定外，还应注意吊架离法兰或者风口等的距离不应小于 100mm。

⑥主干风管连接安装完毕并经严密性检测合格后，可进行支风管安装，其安装方法和要求同主干风管。

（4）风管严密性检验。

①风管系统安装完毕后，必须按系统类别进行严密性检测。采用金属矩形风管薄钢板法兰连接技术，漏光法检测和漏风量测试同样根据 GB50243-2002 中 6.2.8 条款进行，具体按 GB50243-2002 中附录 A 执行，其中，允许漏风量的计算应符合 GB50243-2002 中 4.2.5 条款的规定。

②风管系统严密性检验以主、干风管为主。低压风管系统，可在支风管与主干风管安装后进行漏光检测；中压风管系统，应在主干风管的漏风检测合格后再安装支风管。

4. 应用效果及评价

（1）金属矩形风管薄钢板法兰连接技术在北京电视中心工程中的推广应用，是对该技术的又一次成功实践，规范了加工制作和施工安装各环节，同时获得了良好的应用效果，对于该工程各项目标或指标的实现起到了重要作用。

（2）该项技术的应用，大大提高了加工生产效率，充分满足了现场安装的需要，确保了各阶段施工进度计划的实现。

（3）流水线加工风管的高质量及其质量的稳定性是传统加工方式所无法达到的，不仅避免了人为因素造成的质量问题，且大大减少甚至避免了因加工质量造成的整改或返工，为现场的安装质量奠定了良好的基础，也为该通风与空调工程的整体质量发挥了重大作用。该工程终获 2008 年北京市建筑长城杯金质奖和 2009 年中国建筑工程鲁班奖。

（4）北京电视中心通风空调工程在 2008 年 9 月整体竣工时完成产值约 11000 万元，风管系统体量大，占有其中相当比例。金属矩形风管薄钢板法兰连接技术的推广应用，大大减少了型钢的使用，节约材料、降低成本，经济效益显著。

（5）该项技术的应用，减少了金属资源的消耗，实现了低碳经济；风管系统整体重量减少，降低了建筑结构承重负荷，有利于结构安全；加工制作的自动化和现场安装的便捷，减少了人工使用，较传统角钢法兰风管重量轻，便于搬运吊装，也降低了施工人员的安全风险。

三、点评

北京电视中心通风空调工程是成功推广、应用了金属矩形风管薄钢板法兰连接技术的代表项目之一，这项新技术在其他很多项目的实践效果也同样令人满意，对于获评鲁班奖或其他高级别质量奖项也起到了重要或关键作用。

矩形风管加工流水线的使用，具有速度快、效率高、风管质量稳定、外表美观、尺寸准确、互换性强等优点，对减轻操作工人劳动强度、提高工效、节约材料起到很大的作用。按照流水线的设计速度 12～22.5m/min，日产量可达 800～1600m^2，设备操作人员正常只需 2～4 人。薄钢板法兰风管与型钢法兰风管相比，在节约材料、降低人工成本同时，可提高工效约 10 倍，大大降低了风管加工安装综合成本。

矩形风管流水线由于使用卷筒钢板，其材料的损耗比板材制作风管下降 5%～8%。薄钢板法兰风管与型钢法兰风管相比可降低风管系统的重量，以边长 1250mm×1000mm 的风管为例，两者重量相差约 30%，不仅节约了风管加工材料，还可适当调整减小风管支吊架的型钢的选用，降低了材料成本。

通过在北京电视中心及其他众多项目的实际应用，可以证明金属矩形风管薄钢板法兰连接技术较传统方式在很多方面都具有优势，经济效益、社会效益明显，是一项先进而成熟的安装技术。相信在未来的安装工程中会发挥其更大的价值，相关的规程规范也会进一步得到完善。

第三章　机制玻镁复合板风管施工技术

一、技术综述

（一）主要技术内容

机制玻镁复合板风管是由机制玻镁复合板组合成型的风管，机制玻镁复合板以玻璃纤维为增强材料，氯氧镁水泥为胶凝材料，中间复合绝热材料或不燃轻质结构材料，采用机械化生产工艺制成三层结构的机制玻镁复合板。在施工现场或工厂内切割成上、下、左、右四块单板，用专用无机胶黏剂组合黏结工艺制作成通风管道。

机制玻镁复合板风管的制作均采用机械化生产工艺一次成型制成复合板，生产效率高，板材质量得到有效保证。

机制玻镁复合板风管具有外观美观、重量轻、施工方便效率高、不需要外保温、漏风小的特点，是新一代节能环保风管。一般在现场制作，以避免损坏。

（二）技术指标

机制玻镁复合板风管制作安装应符合以下有关国家的规范、规程等技术指标：

《通风与空调工程施工质量验收规范》GB50243-2002。

《通风管道技术规程》JGJ141。

《非金属及复合风管》JG/T258。

《机制玻镁复合板风管制作与安装》09CK134。

（三）适用范围

按中间复合绝热材料或不燃轻质结构材料的不同，机制玻镁复合板风管适用于工业与民用建筑中工作压力≤ 3000Pa 的通风、空调、洁净及防排烟中的风管。

二、应用实例

（一）上海世博中心工程

1. 工程概况

上海世博中心位于上海世博规划区滨江绿地内，南临浦明路，东至世博轴，占地面积 6.6 万 m^2，总建筑面积 14.2 万 m^2。建筑高度 40m，设地下一层，地上七层。

世博中心功能：在 2010 年世博会期间，承担庆典活动中心、指挥运营中心、新闻传播中心、招待宴请中心和论坛活动中心等五大核心功能。

世博会后，将转型为国际会议中心，一是主要承担上海各类政务会议，尤其是人大、政协“两会”；二是召开和举办高规格的大型国际性会议和活动。

2. 工程范围

（1）玻镁复合板风管特征。该工程的通风空调风管，根据设计要求主要采用玻镁复合板风管。

世博中心地下室及 1 ～ 4 层采用玻镁复合板风管：空调系统（管壁总厚度 30mm，含双面铝箔），送排风系统（管壁总厚度 18mm，含单面铝箔），防排烟管系统（管壁总厚度 18mm，含单面铝箔），总面积约为 54000m²。其他楼层采用镀锌钢板风管，部分的 VAV 空调系统，在其变风量末端装置的下游风管采用铝箔玻纤风管。

设计规定风管制作按国家建材行业标准《玻镁风管》（JC/T646-2006）的规定。

空调风管采用内外双层铝箔型玻镁复合板风管。保温层厚度≥ 30 mm，热阻≥ 0.74 m²·K/W；机房内或经过非空调区域明漏风管，保温层厚度≥ 38 mm，热阻≥ 1.08 m² · K/W。

通风及防排烟风管一般采用外铝箔型玻镁复合板风管，敷设于土建竖井内的风管可不设铝箔贴面。

排烟风管的耐火极限：吊顶内的排烟风管不应低于 1h，并具有隔热性能；穿越两个及两个以上防火分区的排烟管道耐火极限不应低于 1h；穿越前室、楼梯间等重要安全区域的排烟风管不应低于 2h。

正压送风管穿越走道及有火灾危险性的房间等处时，管道耐火极限不应低于 1h。

（2）玻镁复合板风管性能。技术指标：机制玻镁复合板技术指标见表 3-1。

表 3-1　机制玻镁复合板技术指标

型号技术指标	TRX1 节能型	TRX2 超级型	TRX3 洁净型	TRX4 型	TRX5 保温型	TRX6 暖通兼防排烟型	TRX7 防排烟型
燃烧性能	不燃 A 级					耐火时间 180min	
绝热材料燃烧性能	难燃 B1 级						
环保性能	符合建筑主体材料要求，使用范围不受限制						
面板密度 kg/m³	≤ 8						
绝热材料导热系数 W/（m · k）	≤ 0.028	≤ 0.028	≤ 0.040	≤ 0.028	≤ 0.028	≤ 0.028	/
绝热材料厚度（mm）	21/25	21/25	21/25	31/35	21/25	21/25	总厚度 18
热阻（m · k）/W	≥ 0.74	≥ 0.74	/	≥ 1.08	/	≥ 0.74	/
承载力 N	≥ 1200	≥ 1200	≥ 1000	≥ 1500	≥ 1000	≥ 1200	≥ 1000
漏风量 m³/（h · m²）	符合 GB50243-2002 规范要求						
尘埃粒子浓度	无显著性差异		达到洁净设计要求	无显著性差异			
通风内压（Pa）	≤ 3000						
材料表面绝对粗糙度	0.2mm						
板材规格　长 × 宽（mm）	2260×1300						
用途	达到公共建筑节能设计规范要求	高级场所适用	医院、药厂、电子厂房等	超低温风管	普通保温风管	暖通防排烟兼用风管	防排烟风管

注：为了适应不同风管系统的需要，在复合板的外表面可以采用再复铝箔或其他材料以提高其使用性能。

（3）玻镁复合风管优点。

①风管节能。

A. 保温性能好，符合《公共建筑节能设计标准》（GB50189-2005）要求。复合风管由于直接复合了保温材料，不须二次保温，保温性能好，减少热传导损耗。同时由镀锌钢板外保温改为内保温，使保温材料受到无机层保护，避免了保温材料受到破坏和污染物侵蚀，保温效果更稳定、长久。

B. 漏风率低，提高空气输送效率。风管全部采用胶接结构制作而成，无法兰连接，大大提高了风管的密闭性，与镀锌钢板风管相比，其结构特殊，密闭性好。减少了咬口和法兰的漏风，降低了风管漏风的能量损耗，能较好满足规范要求。

C. 风阻小，减少摩擦损耗。复合风管的表面绝对粗糙度 K=0.2mm，管板采用机械化流水线生产，表面光滑、平整，摩擦系数小，减少风机的压头损耗。

②风管环保，提高空调区域空气质量。

A. 空调系统控制着现代楼宇空气的新陈代谢，是建筑物名副其实的核心器官——“肺”，直接影响着人们的呼吸健康，现代人有 85% 的时间生活在室内，室内空气品质对于人们的健康影响相当大。玻镁复合板风管不生锈、不发霉、不易积尘、无臭味、不产生污染及生物性气体，给人们呼吸带来了新鲜的空气。

B. 玻镁板风管有利于降噪，营造安静环境。空调噪声也是环境的一大污染源，玻镁复合风管具有良好的隔声性能，同时，其中的保温材料具有减震和吸声的功能，能够隔绝和降低空气颤动和机械产生的噪声，提供安静的室内环境。

C. 玻镁板风管易于清洗。根据《空调通风系统清洗规范》（GB19210-2003），风管必须每一年或二年清洗一次。玻镁板风管表面光滑，不易积尘，强度高，能承受机器人进入风管内，对各种清洗剂和消毒剂也不产生化学反应。

D. 玻镁板风管的强度高，承载力大于 1000N，能承受 3000Pa 的压强，可以满足高、中、低风管系统的使用。

E. 玻镁板风管在潮湿环境下不生锈、不腐蚀，湿强度大于 80%，可适合在地下室及厂房等相对潮湿环境下使用。

F. 复合风管采用错位式无法兰连接，外观平整，外表复合铝箔，整体美观；省去法兰的高度，可提高室内净空间。

G. 复合风管重量≤ 8kg/m^2，比镀锌钢板风管轻 30% 以上，不但节省钢材用量又可以有效降低建筑物荷载。

H. 现场制作安装，施工方便，效率高。复合风管采用板材到工地下料切割、制作、安装方式，不须大型机械和设备，施工效率高，可节省工期。

（4）风管预制要点。

①板材切割。

A. 切割板材时应采用平台式切割机，切割线应平直、切割面和板面成 90° 角。切割后矩形风管板的对角线长度误差应小于 3mm。

B. 异径风管板的切割，先在风管板上切出切割线，然后用手提切割机切割，小于或大于 90° 角的转角板，画线时应计算转角大小，确定角度后切割，以保证拼接质量。

②胶黏剂的使用。

A. 风管制作、安装必须使用厂方提供的专用胶黏剂，以保证风管的黏结质量。

B. 黏结前，应清除粘贴处的油渍、水渍、灰尘及杂物等。

C. 胶黏剂一般由粉剂 A 组和液剂 B 组两部分组成，在现场按说明书配制。为保证专用胶的均匀性，应采用电动搅拌机搅拌，禁止用手工搅拌。

D. 胶黏剂在不同的环境温度下，具有不同的初凝时间，其最少初凝时间以及黏结后的风管允许安装的最少时间应符合要求。见表 3-2。

表 3-2　胶黏剂初凝时间

环境温度℃	最少胶初凝时间（h）	最少允许安装时间（h）
≥ 30	≥ 8	≥ 20
20 ～ 30	≥ 12	≥ 24
15 ～ 20	≥ 20	≥ 32
5 ～ 15	≥ 25	≥ 40
0 ～ 5	> 40	≥ 72

矩形风管胶黏部位如图 3-1 所示。

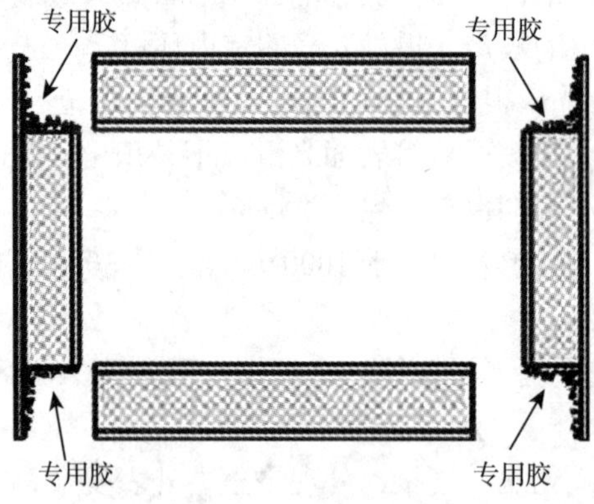

图 3-1　矩形风管胶黏部位示意图

③风管制作。

A. 直管制作。

a. 在风管左右侧板的两边采用大小不同的刀片，在切割规格板时，同时切割组合用的梯阶线，用工具刀子将台阶线外的保温层刮去，梯阶位置应保证 90° 的直角，切割面应平整。

b. 在阶梯面上涂上专用胶黏剂，专用胶黏剂要均匀，用量应合理控制，以免风管捆扎后挤出的余胶太多，既造成浪费，也影响美观。

c. 将风管底板放于组装垫上，在风管左右板梯阶处涂上专用胶，插在底板边沿，对口纵向黏结，左右板与底板错位 100mm。再将上板盖上，同样与左右板错位 100mm。形成风管连接的错位接口。

d. 在组合后的风管两端扣上角铁制成的Ⅱ形箍。Ⅱ形箍的内边尺寸比风管长边尺寸大

4～6mm，高度与风管短边尺寸一致。Ⅱ形箍是保证黏结处不缺浆的重要手段，必须使用。然后按照 600～700mm 的间距将风管捆扎紧。捆扎带离风管二端短板的距离小于 50mm，以保证风管二端的尺寸正确。风管回转角平直，黏结处的专用胶厚度不得大于 0.5mm。

e. 捆扎带采用 40～50mm 宽的丝织带。

f. 风管捆扎后，应及时清除管内外壁挤出的余胶，填充空隙；清除风管上下板与左右板错位 100mm 处的余胶。

B. 弯管制作。作矩形弯管时，一般采用由若干块小板拼成折线的方法制成内外同心弧形弯管，与直风管接口制成错位连接形式。

C. 三通制作。根据图纸尺寸，划出两平面板尺寸线，并切割下料。

D. 变径风管制作。矩形风管的变径管，有单面偏心和双面偏心二种。变径管单面变径的夹角宜小于 30°，双面变径的夹角宜小于 60°。变径风管制作与直风管制作方法相同，其中一面或三面风管管板是斜面。变径风管的长度不得小于大头长边减去小头长边之差。

E. 支管制作。根据设计尺寸，在主风管上切割支风管的边接口，与支口上下板连接的开口尺寸为支风管内壁尺寸加大 6mm，与支风管左右板连接处的开口尺寸为支风管外壁尺寸，并在顺风方向设置 45° 导流角，导流角的长度不得小于支风管宽度的 1/3。将支风管和主风管连接的上下板切割成梯阶形，左右板不切梯阶形。

将支风管插入主风管内，用专用胶黏结，然后捆扎带固定，清理余胶，填充空隙，放在平整处固化。

F. 风管加固。

a. 当风管边长尺寸≥ 1250mm 时，应根据风管工作压力进行纵横内支撑加固。风管纵向加固支撑柱间距不应大于 1300mm，风管内支撑横向加固数量见表 3-3；风管内支撑加固材料见表 3-4。

表 3-3　风管内支撑横向加固数量

风管边长尺寸 a（mm）	风管工作压力（Pa）					
	节能型（厚度 25mm）		排烟型风管（厚度 18mm）		低温型厚度（35mm）	
	≤ 1000	＞ 1000～≤ 2500	≤ 1000	＞ 1000～≤ 2500	≤ 1000	＞ 1000～≤ 2500
1250 ≤ a ＜ 1600	-	-	1	1	-	-
1600 ≤ a ＜ 2200	1	1	1	2	-	-
2200 ≤ a ＜ 3000	1	2	2	3	-	1
3000 ≤ a ＜ 3500	2	3	3	4	1	2
3500 ≤ a ＜ 4000	3	3	4	5	2	3

表 3-4　风管内支撑加固材料

内支撑	防弯套	橡塑保温垫	保温罩
M10 螺杆（通丝）	当负压风管内支撑柱长度超过 800mm 时，在支撑柱外套 DN15 的镀锌管（加强、防止支撑柱弯曲）	橡塑泡沫厚 20mm。（无热量损失要求的风管不用）	支撑柱两端（无热量损失要求的风管不用）

b. 内支撑加固的作用是在风管上下板或左右板间增加支拉点或支撑点，支撑杆的抗拉强度和稳定性要满足风管的使用要求。

c. 内支撑杆紧固时，必须先锁紧风管外壁螺母，然后锁紧风管内壁螺母，支撑杆必须拉直，达到同时受力的状态。

d. 采取加固措施的风管，还应在风管内转角处黏结 4 根加强条，转角加强条采用同种风管板制作。并在风管的连接处内壁黏结线上，粘贴 50mm 宽的玻布二层。

e. 采用加固措施的风管，应在风管与风管的连接处的内外黏结线上，粘贴宽 50mm 玻璃纤维布二层增强。边长大于 2260mm 的风管，风管采用拼接。拼接处的泡沫板用钢丝刷刷去 1mm，敷上专用胶黏结，两面各粘贴二层玻布增强，在平整的条件下固化。

f. 系统风机前后 5.0m 处的风管，在按照表 3-3 选定加固点数量时，按大于 1000（再增加风压 500）Pa 计算内支撑数量。内支撑应在离风管端口 650mm 处开始设置。保温与负压风管的加固如图 3-2 与图 3-3 所示。

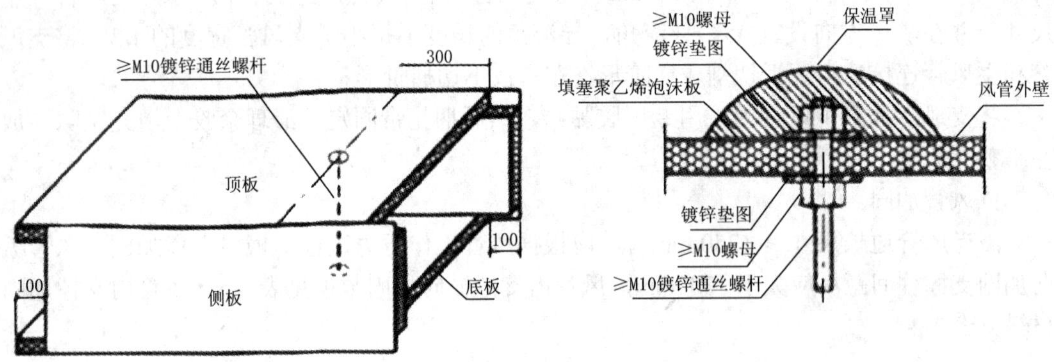

图 3-2 保温（正压）风管内支撑

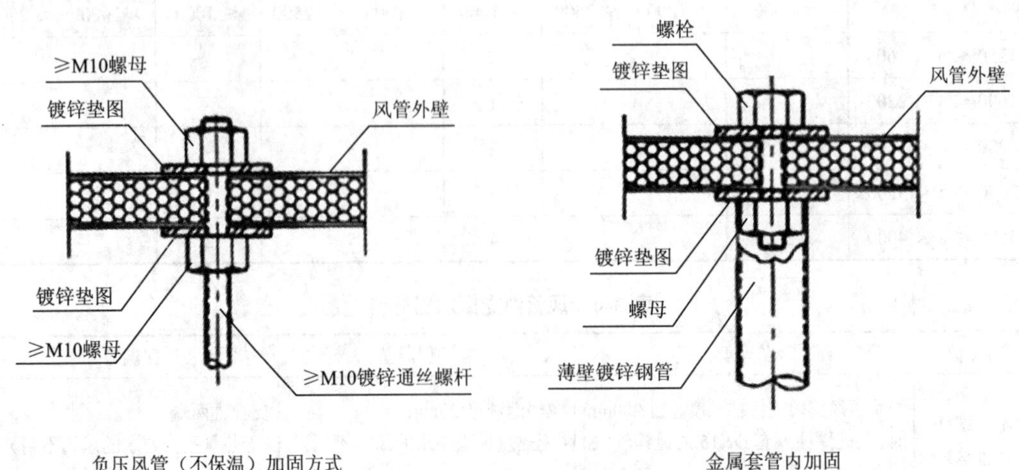

图 3-3 （负压）风管内支撑

G. 伸缩节的制作。水平安装风管长度每达到 20m 时，应设置一个伸缩节，伸缩节长 400mm，内边尺寸比风管的外边尺寸大 3 ～ 4mm，伸缩节与风管中间填充 3mm 厚的 TEF 泡沫密封条如图 3-4 所示。

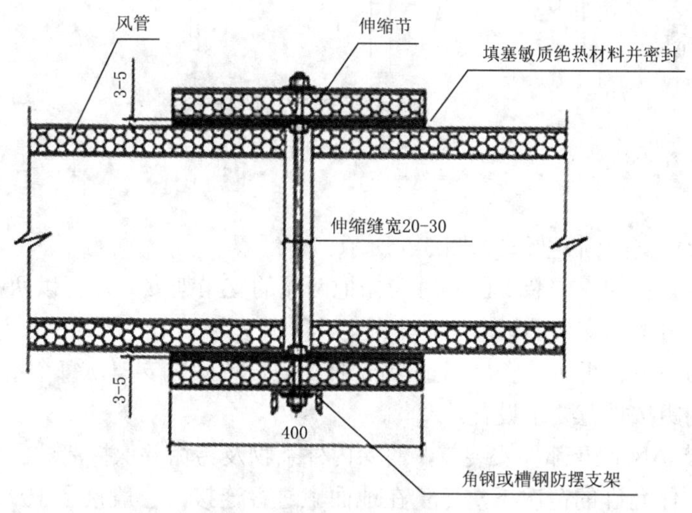

图 3-4　伸缩节的制作和安装

边长尺寸大于 1600mm 的伸缩节，伸缩节中间应增加内支撑加固，内支撑间距按 1000±200mm 计算。

④支吊架及风管安装要点。

A. 支吊架制作与安装。

a. 支吊架制作。标高确定后，按照风管系统所在的空间位置，确定风管支、吊架形式。风管托架采用 C 型镀锌钢，根据风管大小采用相应规格型钢。全螺纹吊杆根据风管的安装标高适当截取，露丝不能过长，以丝扣末端不超出托架最低点为准。吊架横担采用 C 型镀锌钢制作，选取型号见表 3-5。

表 3-5　C 型钢规格

风管大边长	C 型钢规格
D（b）≤ 630	40×20×1.5
630 ＜ D（b）≤ 2000	40×20×2.0
2000 ＜ D（b）及共用支架	40×40×2.5

b. 支吊架安装。支吊架的固定采用以下几种方法：

膨胀螺栓法。本方法适用于规格较小的风管支吊架的固定。该工程支吊架固定大多数采用此法，通过在楼板、梁柱上打膨胀螺栓固定支吊架。

焊接法。本方法适用于风管规格大，使用膨胀螺栓固定不能满足强度时，采用预埋件

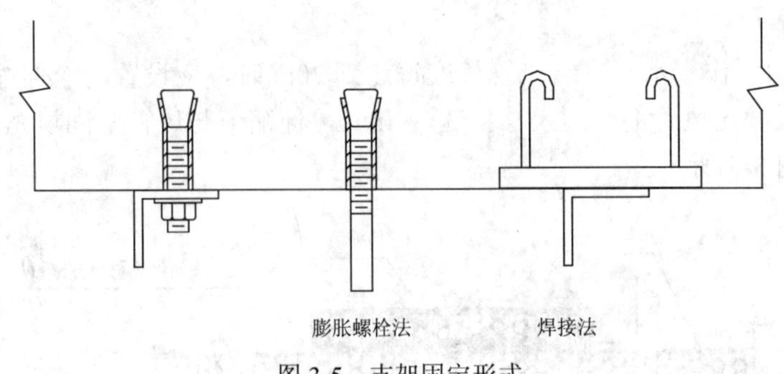

图 3-5 支架固定形式

焊接固定支吊架。支架固定形式如图 3-5 所示。

对直线风管较长的，安装支吊架时，先把两端的支吊架安好，再以两端的支吊架为基准，用拉线法找出中间支架的标高进行安装。

当水平悬吊的主、干风管长度超过 20m 时，应设置固定支架，每个系统不少于 1 个。

支吊架的间距按规范要求设置。

B. 风管安装。风管及部件安装前，清除内外杂物及污垢并保持清洁。安装风管时，为安装方便，在条件允许的情况下，尽量在地面上进行连接，一般接至 10 ～ 12m 长，用手拉葫芦将风管吊装到支架上。

对施工空间较狭窄的地方，采用分节安装法，将风管分节用绳索或手拉葫芦吊到脚手架上，然后抬到支架上对正逐节安装。在风管连接时，不允许将可拆卸的接口处，设置在墙体或楼板内。

风管穿越沉降缝及风管与设备连接采用三防帆布制作的连接。在柔性短管制作前，接口应对正，柔性软管不得用作变径、偏心的接管。

安装柔性短管时应注意松紧要适当，不得扭曲。空调支管至风口之间的连接采用带保温层的金属软管，软管与风口及与风管接口的连接，应采用专用的卡箍。软管较长时，必须在中间部位设置吊架，金属软管的长度一般不得超过 2m。

风管与风管末端封板采用法兰连接，法兰边高度均为 40mm。

为方便业主今后的维修，严禁将支吊架设在风口、风阀及检修口等处，严禁将风管配件可拆卸的接口及调节机构设在墙或楼板内。

风机进出口管上应设 150 ～ 250mm 长的软接头，与风管间应采用法兰连接。

风管安装步骤示意见图 3-6，系统合成示意如图 3-7 所示。

⑤施工中应注意的问题。

A. 准备合适的复合板风管制作工具。

B. 装卸、搬运和储藏风管谨慎小心，避免损坏。

C. 准备安装的风管，须凹缘（雌头）朝下、垂直离地储藏于干燥区域，以避免受潮。将管道捆扎在一起，以防被撞倒或倒塌，可用小推车。

D. 接头如要在现场修改，可将刀沿一个直边进行切割，以获得一个笔直且光滑的切口。铝箔可能并不与管道切面边缘相平行。

E. 不要忽视直管道和接头的加固。在工厂加固过的接头如在现场修改后都必须重新加

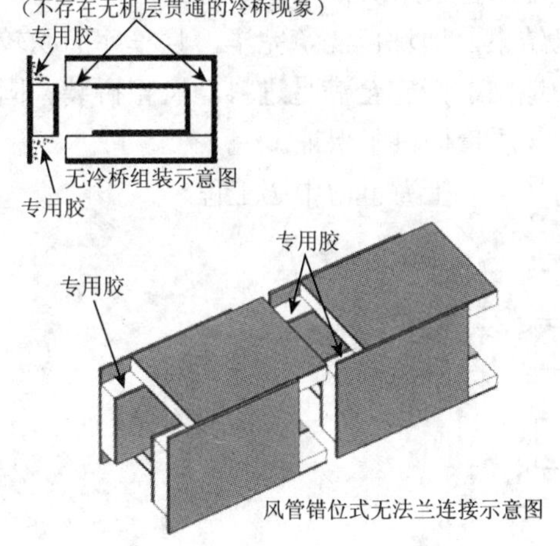

图 3-6　风管安装步骤示意图

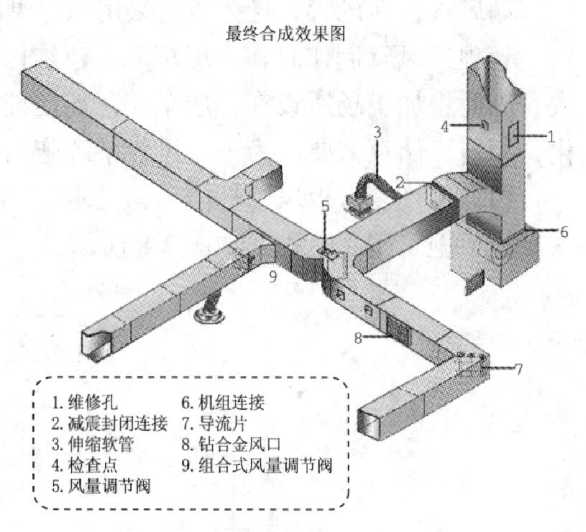

图 3-7　系统合成示意图

固，以确保良好性能。

F. 妥善保管复合风管。

G. 确保组装好的风管紧密连接。

H. 按正确的间隔吊装和支撑风管。

I. 所有的接缝必须在一条线上。改变接缝将导致不正确的风管走向；风管走向发生扭曲或旋转，说明风管在合拢时没有正确调整。

J. 为了在顶部和底部安装支架平台，测得开口的深度为内径加 38mm。在中部安装支架时，切孔的尺寸为内径加 25mm。

K. 超过 800mm 的大型分风管，在风管的第一个 1.2m 内用两个吊钩，以消除分管同主管连接处的压力。

L. 在安装无喉弯管时，在吊装前切割长度并将剩余部分（或相连的整段支管）附接到喉管上。

（二）上海中国航海博物馆

1. 工程概况

上海中国航海博物馆是经国务院批准设立的我国第一家国家级航海博物馆，位于上海南汇区东海大桥桥堍、临港新城主城区，与南汇中心城区和大学园区相邻。该项目以“航海”为主线，以“博物”为基础，按门类设五大分馆、十二个展区，并设有球形天象馆、电影院和学术报告厅等设施。该工程总用地面积 48660m^2，建筑占地面积 24830m^2，总建筑面积 46434m^2。

工程地址：上海临港新城申港大道环湖西二路南侧

开工日期：2006 年 10 月 19 日

竣工日期：2008 年 1 月 31 日

2. 工程范围

空调通风系统中各类空调箱为 82 台，各类风机为 133 台，风管面积约 35000m^2。风管系统包括空调风管、新风管、送排风管、排烟风管等。风管均采用机制玻镁板风管，其中空调风管、新风管、送排风管采用保温型板材，排烟管采用防排烟型板材。

该项目风管制作时，一层车库土建结构施工已结束，地坪已浇筑完毕，且车库面积较大，因此将加工场所设在一层车库，场地铺设好砼地面，能完全满足进料、风管拼装、固化、周转、储存需要，为工程风管系统施工的进度、质量提供了保证。

（1）玻镁复合板风管性能：详见本章应用实例（一）上海世博中心工程

（2）施工工艺流程：如图 3-8 所示。

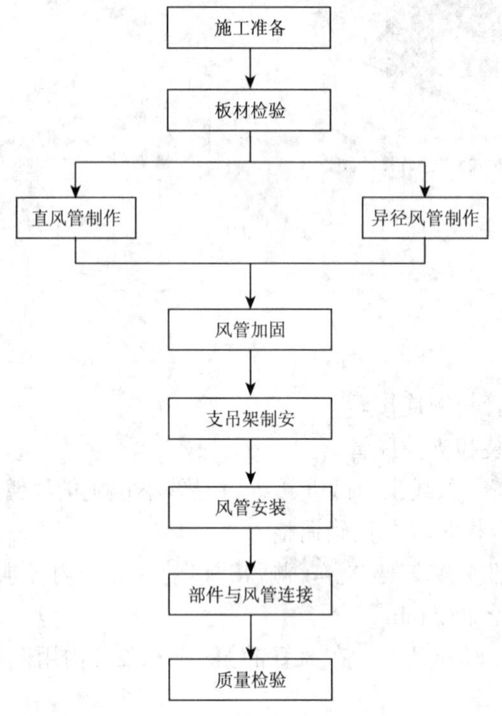

图 3-8　施工工艺流程图

（3）主要工艺过程

①施工准备。本工程的玻镁复合风管采用现场制作的方案，现场需留出一定的区域供制作与储存。

②板材检验。送到现场的风管板材要做好检验工作，板面应无明显返卤泛霜、翘曲变形、龟裂分层等现象，且板材应平整，外表面覆膜平整，内表面层没有密集气孔，并能见玻璃纤维网格布布纹，但不得裸露玻璃纤维网格布。

③风管制作。

A. 直风管制作。按图 3-9 在风管左右侧板的两边采用大小不同的刀片，在切割规格板时，同时切割组合用的梯阶线，用工具刀将梯阶线外的保温层刮去如图 3-10 所示，梯阶位置应保证 90° 直角，切割面应平整。

清除阶梯面上的油渍、水渍、灰尘等杂物，涂上专用胶黏剂，专用胶黏剂要均匀，用量应合理控制。过多的胶黏剂在风管捆扎后挤出的余胶太多造成浪费，也影响美观。专用胶黏剂由粉剂 A 和粉剂 B 两组调配而成，调配要求按说明书。

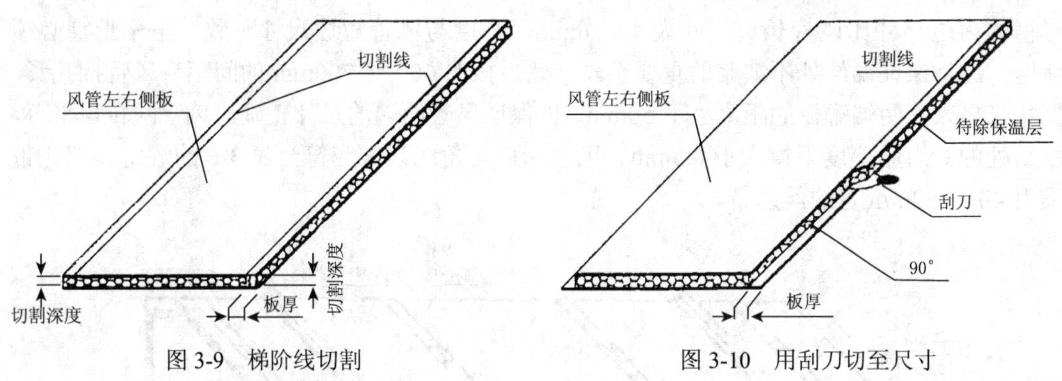

图 3-9　梯阶线切割　　　　图 3-10　用刮刀切至尺寸

将风管底板放于组装垫块上，在风管左右板梯阶处涂上专用胶，插在底板边沿，对口纵向黏结方向左右板与底板错位 100mm，再将顶板盖上，同样与左右板错位 100mm，形成风管连接的错位接口。如图 3-11 所示。

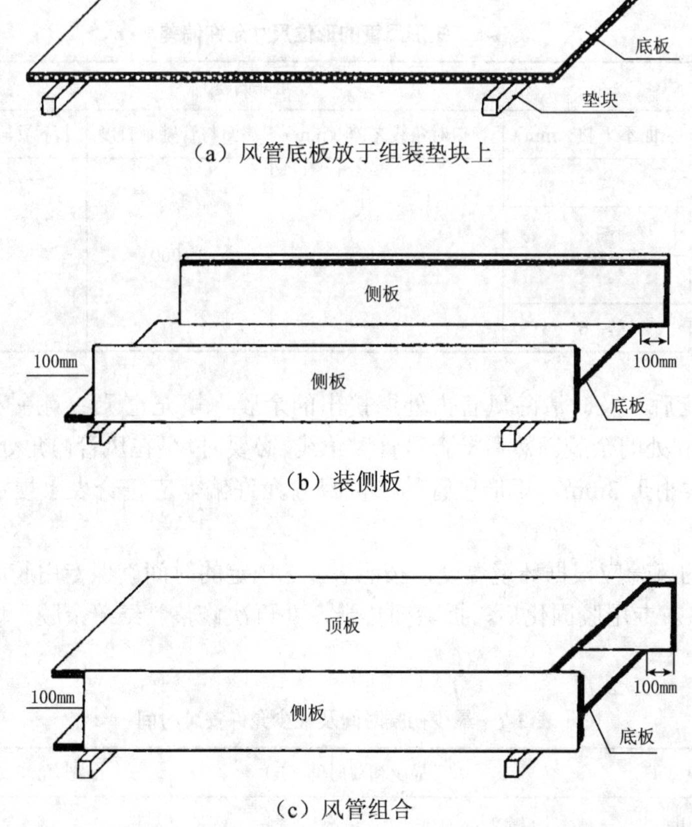

（a）风管底板放于组装垫块上

（b）装侧板

（c）风管组合

图 3-11　风管组合示意图

B. 风管紧固时，按图 3-12 先在组合后的风管两端扣上用角铁制成的 ┌┐ 形箍。

形箍的内边尺寸比风管长边尺寸大 4 ～ 6mm，高度与风管短边尺寸一致。┌┐形箍必须使用，这是保证黏结处不缺浆的重要手段，然后按照 600 ～ 700mm 的间距将风管捆扎紧。捆扎带离风管两端短板的距离小于 50mm，以保证风管两端的尺寸正确。风管回转角平直，黏结处的专用胶厚度不得大于 0.5mm。风管端口对角线误差应符合表 3-6 的规定。捆扎带采用 40 ～ 50mm 宽的丝织带。

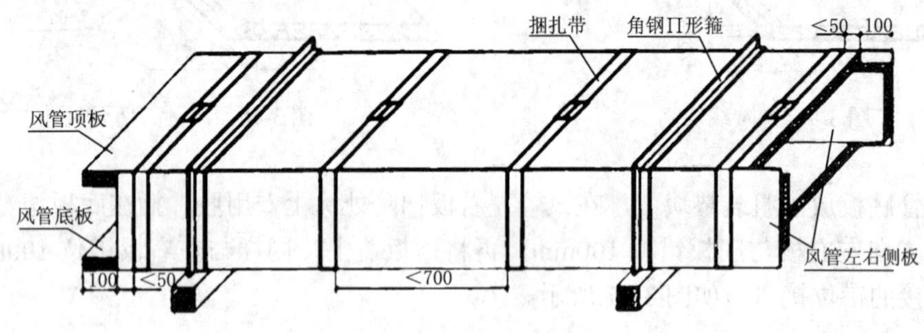

图 3-12　风管紧固示意图

表 3-6　矩形风管的形位尺寸允许偏差

长边尺寸 A（mm）	允许偏差			
	表面不平整（mm）	管口对角线之差（mm）	端面与管壁垂直度	上下板与左右板错位（mm）
≤ 630	≤ 3	≤ 3	3/1000	1000±2
630 ＜ A ≤ 1500	≤ 4			
1500 ＜ A ≤ 2000	≤ 5			
＞ 2000	≤ 6			

C. 风管捆扎后，及时清除风管内外壁挤出的余胶，填充空隙；清除风管上下板与左右板错位 100mm 处的余胶。然后检查风管对角线，必要时，可在风管内角处设置临时支撑，保证风管对角线小于 3mm。矩形风管的形位尺寸允许偏差应符合表 1 规定。风管表面残胶清洁干净。

D. 黏结后的风管应根据环境温度，按照表 3-7 规定的时间确保专用胶固化，在此时间内，不允许搬移。专用胶固化后，拆除捆扎带，并再次修整黏结缝余胶，填充空隙，在平整的场地养护。

表 3-7　最少初凝时间及最少允许安装时间

环境温度（℃）	最少初凝时间（h）	最少允许安装时间（h）
≥ 30	≥ 8	≥ 20
20 ～ 30	≥ 12	≥ 24
15 ～ 20	≥ 20	≥ 32
5 ～ 15	≥ 25	≥ 40

续表

环境温度（℃）	最少初凝时间（h）	最少允许安装时间（h）
0 ～ 5	≥ 30	≥ 50
-5 ～ 0	＞ 40	＞ 72

④径风管制作。

A. 弯管。制作矩形弯管时，一般采用由若干小板拼成折线的方法制成内外同心弧形弯管，与直风管连接口按图 3-13 制成错位连接方式。制作时，应根据弯管的弯曲角度、管边长 B，按表 3-8 选定所需片数并根据角度计算出折线板的长度，两端的两块板叫端板，中间小板叫中节。常用的弯管有 90°、60°、45°、30° 四种，其曲率半径一般为 R = 1 ～ 1.5B（曲率半径是从风管中心计算）。

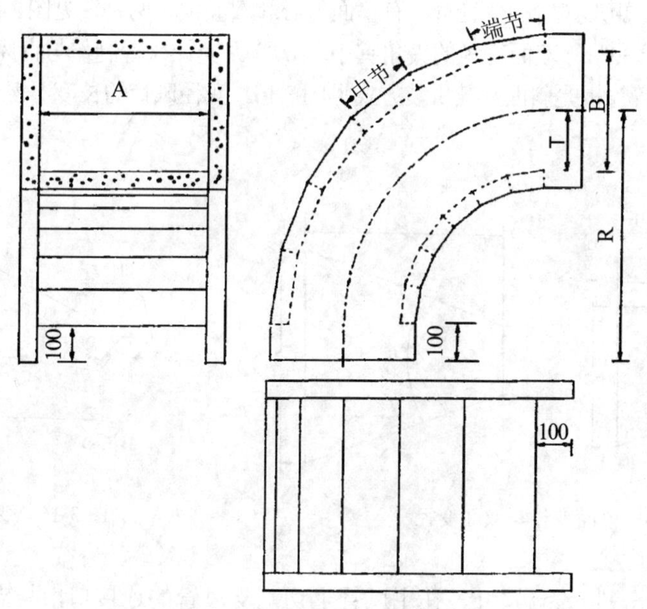

图 3-13　90° 弯管

表 3-8　弯管曲率半径和最少分片数

弯管边长 B（mm）	曲率半径 R（mm）	弯管角度和最少片数							
		90°		60°		45°		30°	
		中节	端节	中节	端节	中节	端节	中节	端节
B ≤ 600	≥ 1.5B	2×30°	2×15°	1×30°	2×15°	1×22° 30″	2×11° 15″	—	2×15°
600 ＜ B ≤ 1200	1D ～ 1.5B	2×30°	2×15°	2×30°	2×10°	1×22° 30″	2×11° 15″	—	2×15°
1200 ＜ B ≤ 2000	1D ～ 1.5B	3×22° 30″	2×11° 15″	2×20°	2×10°	1×22° 30″	2×11° 15″	1×15°	2×7° 30″

B. 三通（蝴蝶三通）。据图纸尺寸，按图 3-14 画出两平面板尺寸线，并切割下料。内外弧小板片数见表 3-8。

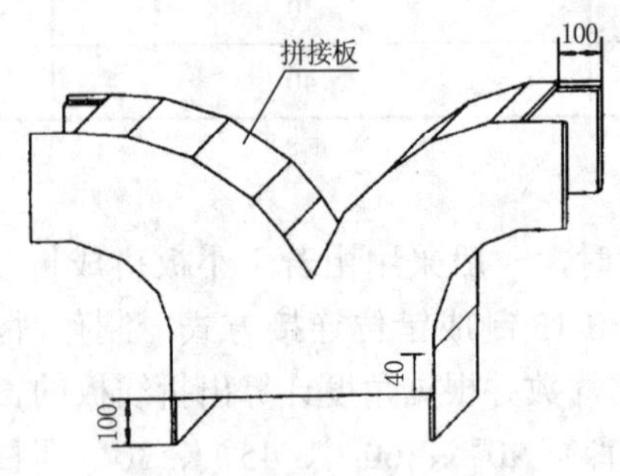

图 3-14 蝴蝶三通示意图

C. 变径风管。矩形风管的变径管，有单面偏心和双面偏心两种，见图 3-15。变径管单面变径的夹角 θ 宜小于 30°，双面变径的夹角宜小于 60°。变径风管制作与直风管制作方法相同，其中一面或三面风管管板是斜面，其拼装方式见图 3-16。变径风管的长度不得小于大头长边减去小头长边之差。

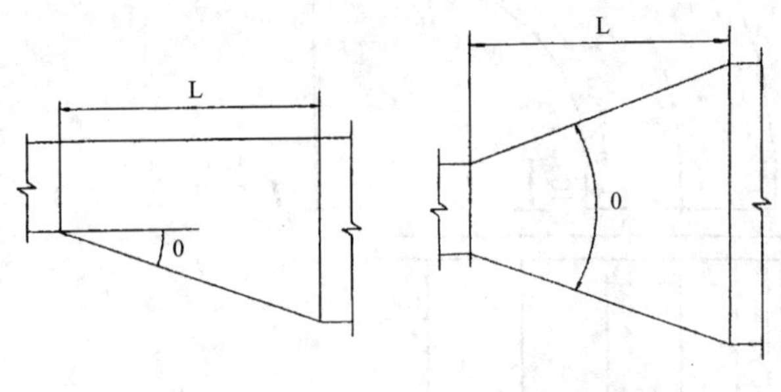

图 3-15 单面变径与双面变径

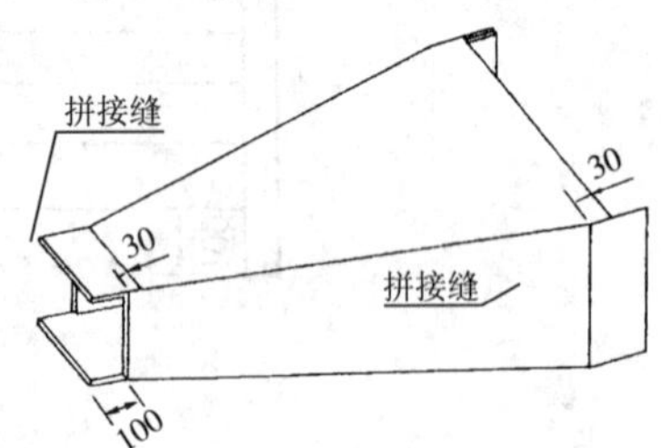

图 3-16 变径风管的拼装

D. 支风管制作。按设计尺寸，在主风管上切割支风管的连接口，与支风口上下板连接的开口尺寸为支风管内壁尺寸加大 6mm。与支风管左右板连接处的开口尺寸为支风管外壁尺寸。如图 3-17 所示应在顺风方向设置 45° 导流角，导流角的长度不得小于支风管宽度的二分之一。将支风管和主风管连接的上下板切割成梯阶形，左右板不切梯阶形。如果支风管与主风管的高度一致，主风管的上下板与支风管的上下板连为整体，制作方便，又有利于提高强度。

如图 3-18 所示，将支风管插入主风管内，用专用胶黏结，然后捆扎带固定，清理余胶，填补空隙，放在平整处固化。

⑤风管加固。

A. 当风管边长尺寸≥ 1250mm 时，应根据风管工作压力进行纵横内支撑加固，见表 3-9。

B. 内支加固的作用是在风管上下板或左右板间增加风管支撑点（正压）或抗压点（负压），支撑杆的抗拉强度和稳定性要满足风管的使用要求。

C. 内支撑杆紧固时，风管内外螺母不能过紧，以免破损风管板。

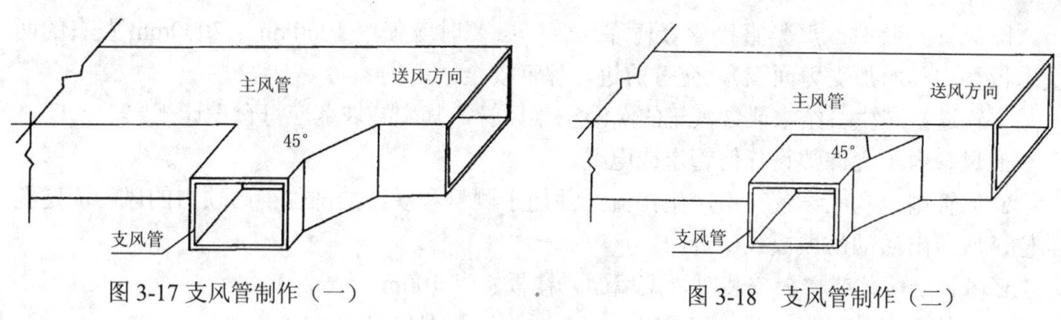

图 3-17 支风管制作（一）　　图 3-18　支风管制作（二）

表 3-9　纵、横向内支撑加固点数

风管边长尺寸 B（mm）	风管工作压力（Pa）				
	保温风管（厚度 25mm）			非保温风管（厚度 18mm）	
	≤ 1000	1001 ～ 1500	1501 ～ 2500	≤ 1000	1001 ～ 1500
1250 ≤ B ＜ 1600	—	—	1	1	1
1600 ≤ B ＜ 2000	1	1	2	1	2
2000 ≤ B ＜ 2500	1	2	2	2	3
2500 ≤ B ＜ 3000	1	2	3	3	4
3000 ≤ B ＜ 3500	1	3	3	4	5

D. 采取加固措施的风管，还应在风管内转角处黏结 4 根加强条。转角加强条采用同种风管板制作。

E. 与风机连接的前后 5.0m 处的风管，由于风机启动压力比较大，在表 4 选定加固点数量时，应在原工作压力基础上增加 500Pa 压力，计算内支撑加强点数量。内支撑加强点应在离风管端口 300mm 处开始设置。

⑥风管安装

A. 一般规定。

a. 风管穿过防火楼板或防火墙时，按图 3-19 设置壁厚不小于 1.6mm 的预埋管或防护套管，风管与防护套管之间应采用不燃且对人体无害的柔性材料封堵。

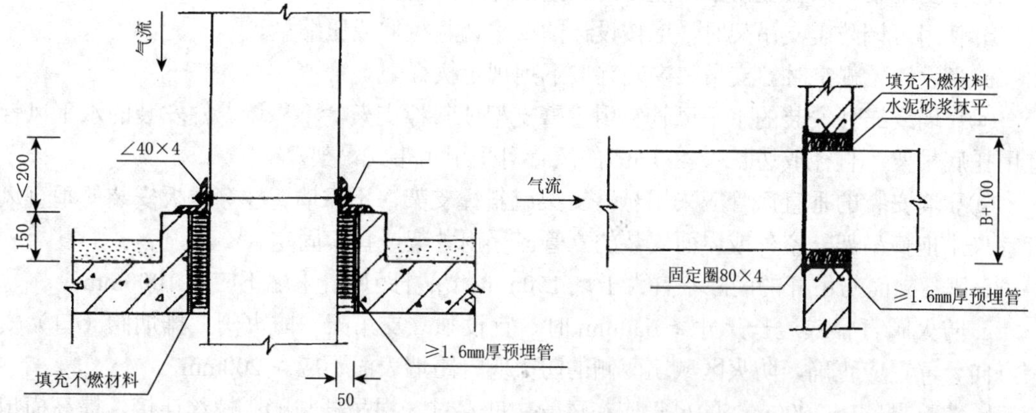

图 3-19　风管穿过防火楼板或防火墙示意图

b. 风管安装时，严禁直接攀登倚靠风管。必要时应使用1000mm×2000mm左右的两块木板垫脚（增加受力面积），交替前进，保证安全。

c. 输送易产生凝结水或含蒸气的潮湿空气风管，其安装坡度应符合设计规定。

d. 风管内不允许敷设任何管道或电线。

e. 风管测定孔应设置在不产生涡流区并便于测量和观察的部位；吊顶内的风管测定孔部位，应留出活动吊顶板或检查门。

f. 风管沿墙体或楼板安装时，据墙面、楼板宜＞100mm。

g. 风管在安装过程中因故停顿时，应及时将风管端口封闭。

h. 风管与风口的连接应严密、牢固、表面平整，风口调节灵活，同一厅室、房间内的相同风口安装高度应一致，排列整齐。风管与条形风口的接缝处应衔接自然，无明显缝隙。风口水平安装的偏差不应大于3/1000；风口垂直安装，垂直度的偏差不应大于2/1000。特殊的带阀门风口应置独立支吊架。柔性短管的安装，应松紧适度。

i. 无吊顶的明装风管，安装位置与标高误差不应大于10mm。

j. 与设备连接法兰的螺栓应均匀拧紧，其螺母宜在同一侧。

B. 支吊架制安。

a. 风管支吊架直径及横担规格见表3-10。

表3-10 风管支吊架直径及横担规格

风管边长尺寸（mm）	吊杆直径（mm）	吊杆孔径（mm）	横担规格（mm）
≤630	Φ8	Φ8.5	∠30×3
630＜A≤1600	Φ8	Φ8.5	∠40×4
630＜A≤2200	Φ10	Φ10.5	∠50×5
＞2200	Φ10	Φ10.5	5#槽钢

b. 支吊架不应设置在风口处或阀门、检查门和自控机构的操作部位，距离风口的距离不宜＜200mm。

c. 消声器、消声弯管、风机和边长尺寸≥1250mm的弯管、三通、四通、异径管等应单独设立支吊架。风管支吊架不能有碍连接部件的安装。

d. 使用可调防震支吊架时，应按设计的要求调整拉伸或压缩量。

e. 当设计无规定时，支吊架安装宜按下列规定执行：

ⓐ靠墙或靠柱安装的水平风管宜用悬臂支架或斜撑支架，不靠墙、柱安装的水平风管宜用托底吊架。直径或边长＜400mm的风管可采用吊带式吊架。

ⓑ靠墙安装的垂直风管应采用悬臂支架或斜撑支架，不靠墙、柱穿楼板安装的垂直风管宜采用抱箍吊架，室外或屋面安装的立管应采用井架或拉索固定。

f. 风管立面与吊杆的间隙不宜大于＞150mm，吊杆距风管末端不应＞1000mm。

g. 防火阀直径或边长尺寸≥630mm时，宜设独立支吊架。防火阀、排烟阀（口）安装方向、位置应正确，防火区域墙两侧的防火阀，距墙表面不应＞200mm。

h. 边长尺寸＞3000mm的风管应在风管中间穿过一根吊杆与膨胀螺丝连接，提高横担的强度。

C. 风管连接。

a. 风管之间的连接采用风管上下板与左右板错位连接方式。连接前如图 3-20 所示，在风管错位连接处的连接口贴一条 15mm 宽的 TEF 泡沫条，泡沫条与风管内壁相平。泡沫条与风管外壁之间的地方敷上专用胶。风管对接紧靠，清除风管内外壁残胶。

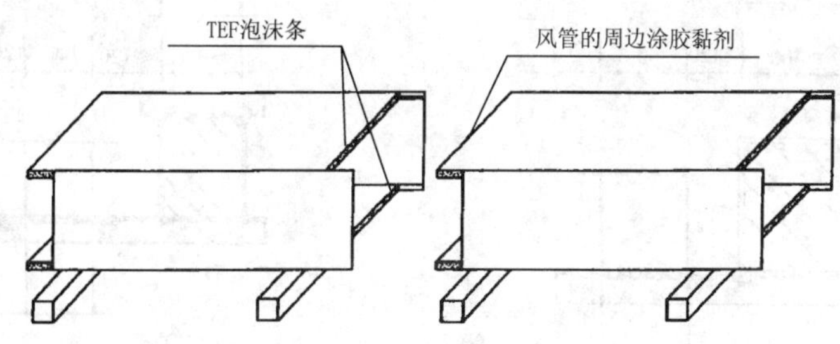

图 3-20　风管连接工艺图

b. 将两节连接的风管错位插入并靠紧，风管连接口平直。在插入靠紧过程中，不宜多次移动，防止挤掉连接面的专用胶，造成缺胶。

c. 除去风管连接处的余胶，并填充空隙。风管内外表面清除余胶。

D. 风管水平安装。

a. 风管水平安装，其支吊架的间距应符合表 3-11 的规定。风管安装后，支吊架受力应均匀，且无明显变形，其支吊架的横担挠度应小于 9mm。风管水平安装时的支架形式和安装如图 3-21 所示，风管水平安装时利用立柱安装支架如图 3-22 所示，在立柱中的预埋件如图 3-23 所示，风管吊架安装如图 3-24、图 3-25、图 3-26 所示。

表 3-11　水平安装风管支吊架间距

风管边长尺寸（mm）	支吊架间距（mm）
≤ 400	≤ 3500
400 ＜ A ≤ 1250	≤ 3000
1250 ＜ A ≤ 2500	≤ 2000
＞ 2500	≤ 1500

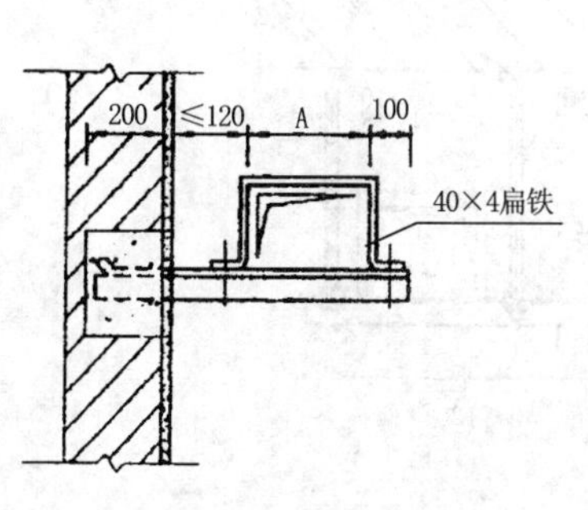

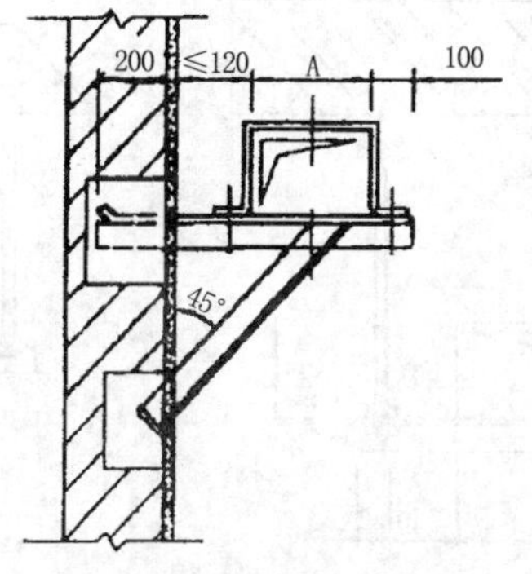

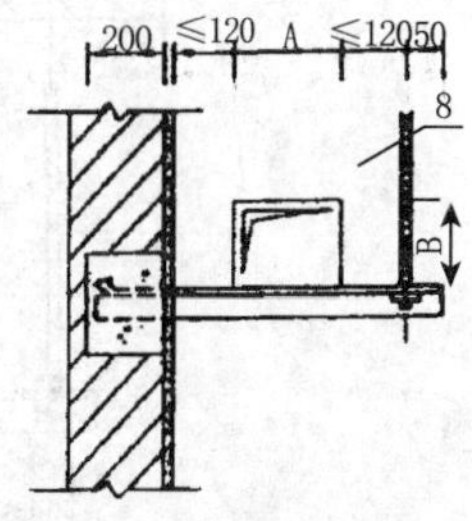

图 3-21　水平支架安装

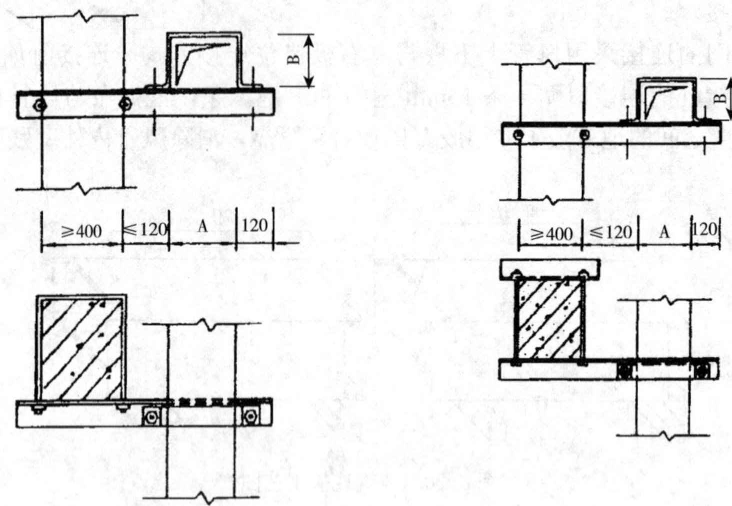

图 3-22　风管水平安装时利用立柱安装支架

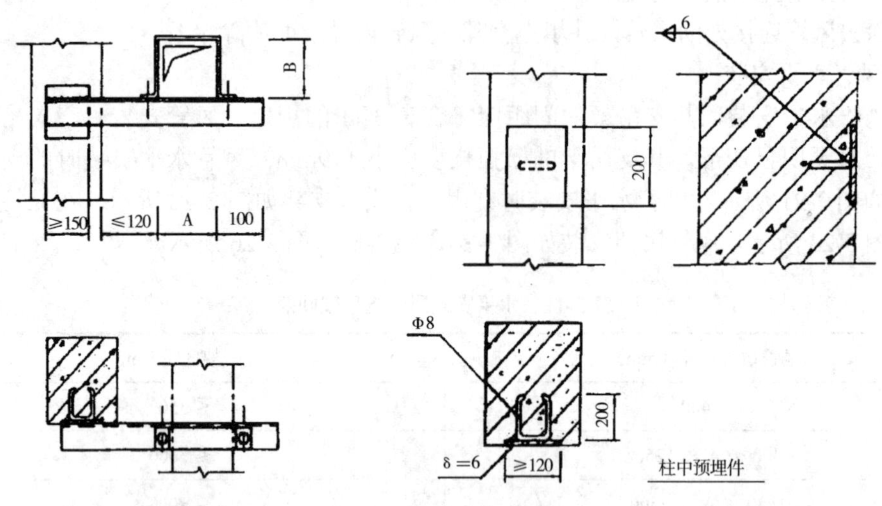

图 3-23　立柱中的预埋件

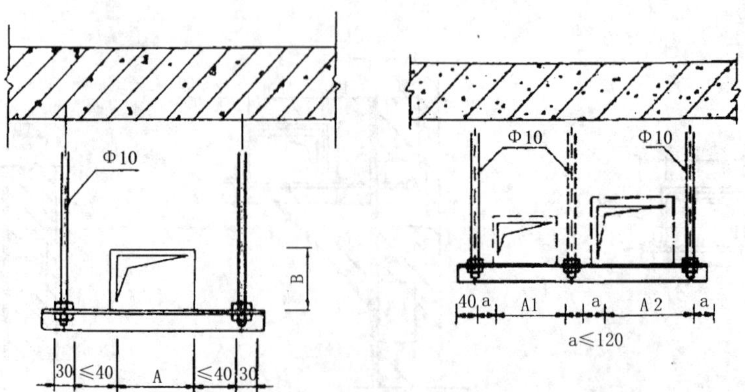

图 3-24　风管吊架安装（一）

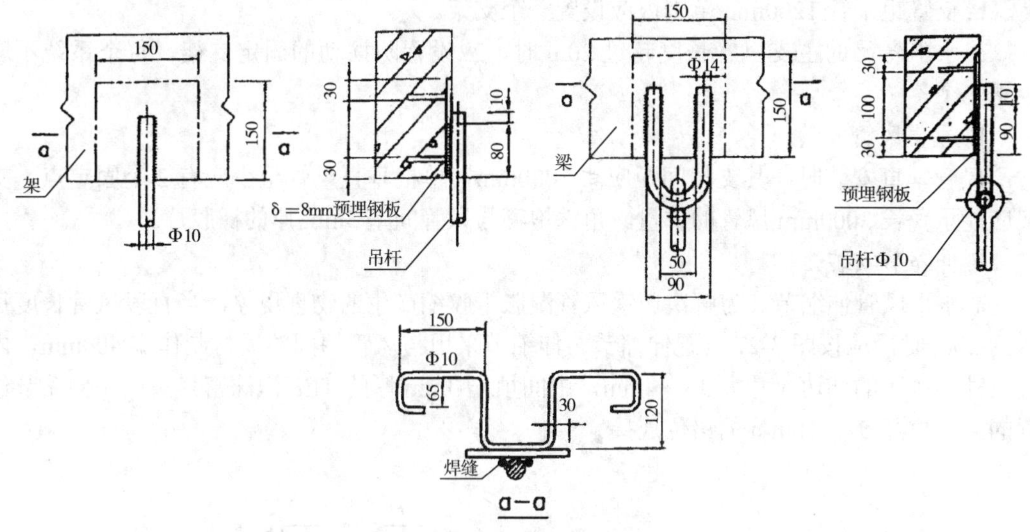

图 3-25　风管吊架安装（二）

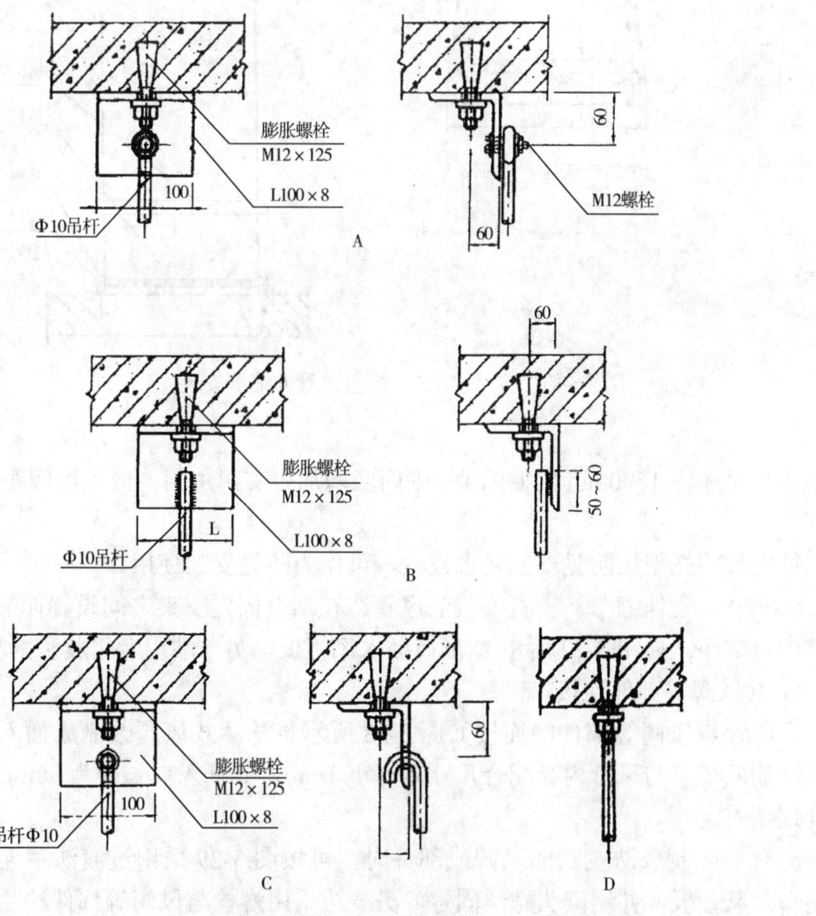

图 3-26　风管吊架安装（三）

b. 支管距干管 1200mm 范围内应设置一个支架。

c. 水平悬吊的主支风管长度超过 20m 时，应设置防摆动的固定支架。每个系统不应少于 1 个。

E. 垂直风管安装。

风管垂直安装时，其支架间距应≤ 3000mm，单根垂直风管至少应有 2 个固定点。支架应能承受长 3000mm 风管的重量。角铁抱箍与风管间垫 5mm 厚的橡胶片。

F. 伸缩节安装。

a. 水平风管伸缩节。为解决玻镁风管湿胀干收缩产生的物理现象，当直段风管长度每达到 20m 时，应按图 3-27 设置伸缩节。伸缩节采用与风管相同的板材制作宽 400mm，内边尺寸比风管的外边尺寸大 3 ～ 4mm，中间填充 3mm 厚的 TEF 泡沫密封条。在伸缩节位置的风管拉开 5 ～ 10mm 的错位连接。

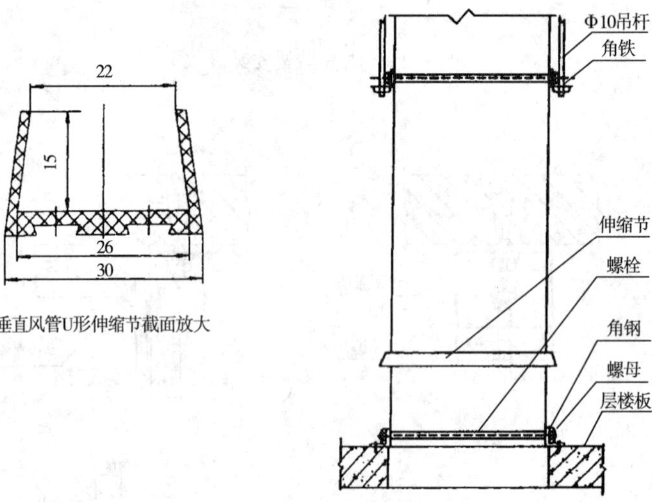

图 3-27 垂直风管伸缩节安装

边长尺寸＞ 1600mm 的伸缩节，中间应增加内支撑加固。内支撑间距按 1000±200mm 计算。

伸缩节的托架按防晃支架要求设置，可作为防晃支架使用。

b. 垂直风管伸缩节。垂直安装的风管，在二个固定支架之间设置伸缩节。伸缩节采用阻燃塑料制作。如图 3-27 所示 U 形口插入风管板，另一端用专用胶黏剂与风管连接。

G. 与风阀等部件连接。

a. 风管与风阀等部件的连接如图 3-28 所示将法兰式风阀改制成插入式连接。风阀插入风管的外径，与风管内径配合尺寸允许小 1mm，其插入口长度为 50mm，用自攻螺丝与风管连接固定。

b. 对于已制成法兰式的风阀或部件时，可按图 3-29 采用过渡法兰连接。将过渡法兰一端套入风管板，并用圆头螺丝固定，另一边采用螺栓与风阀等部件法兰连接。

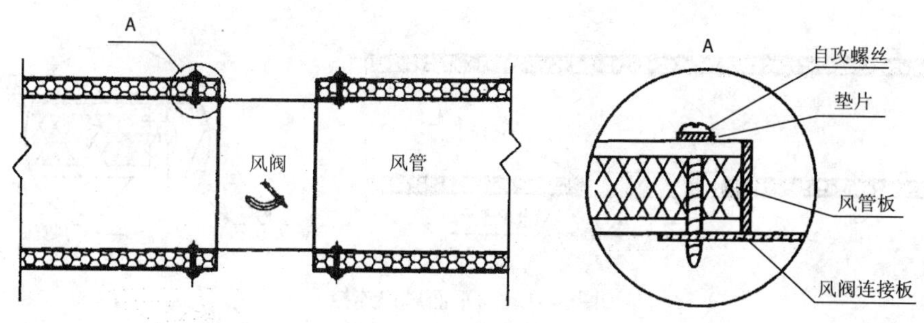

图 3-28　插入式连接

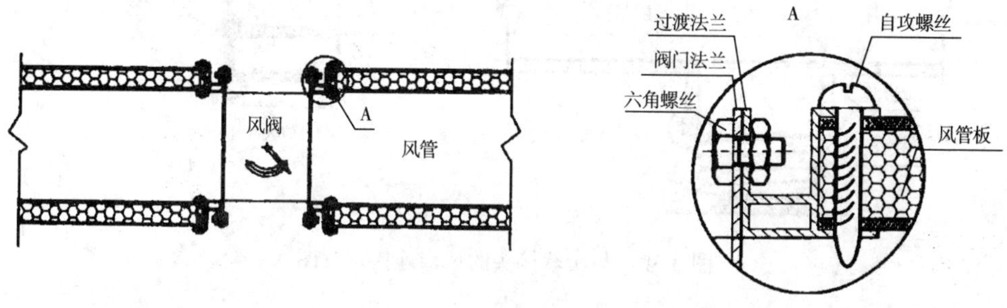

图 3-29　过渡法兰连接

H. 风管与风口连接。

a. 与带调节阀的风口连接。根据风口尺寸在风管壁上开口，将喉管粘连在开口处（喉管长度根据设计需要）。待粘连处固化后，按图 3-30 将带调节阀的风口插入喉管内，用自攻螺钉固定。喉管安装风口处端面涂粘连剂。带阀门的风口，应设置独立支吊架。

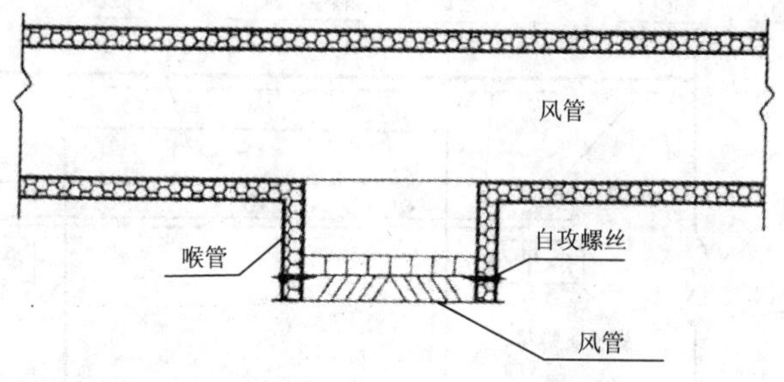

图 3-30　与带调节阀的风口连接

b. 与平面风口连接。

根据风口尺寸在风管壁上开口，按图 3-31 所示，在自攻螺钉处的泡沫板内插入用镀锌铁皮制作的槽形件，槽形件数量根据自攻螺钉数量确定。插入风口后，用自攻螺钉将风口固定在槽形件上。

c. 与柔性接头的风口连接。如图 3-32 所示，根据风口柔性接头尺寸，在风管上切割开矩形口，黏结上喉管。将软节套在喉管外侧，用镀锌薄板压住，用自攻螺钉固定。螺钉

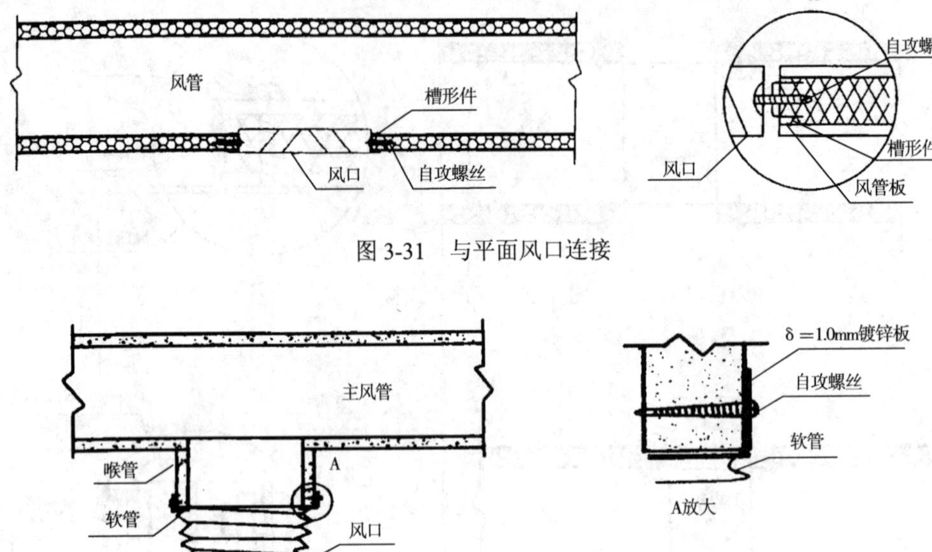

图 3-31　与平面风口连接

图 3-32　与带软接头的风口连接示意图

间距＜ 150mm。喉径长度＞ 500mm 时，设独立支吊架。

I. 清扫、检查门。

根据图纸标注的检查门位置，如图 3-33 所示，在风管侧面板上画出高 500mm，宽 400mm 的切割线，用手提式切割机切割至所需尺寸。切割时应将切割片向内斜，割出的清扫、检查门内边尺寸小于外边尺寸，以便取出切割下来的门。如图 3-33 所示制作、安装清扫、检查门。关闭清扫、检查门时，四周应同时压入 3mm 厚的聚乙烯密封条，填充间隙。

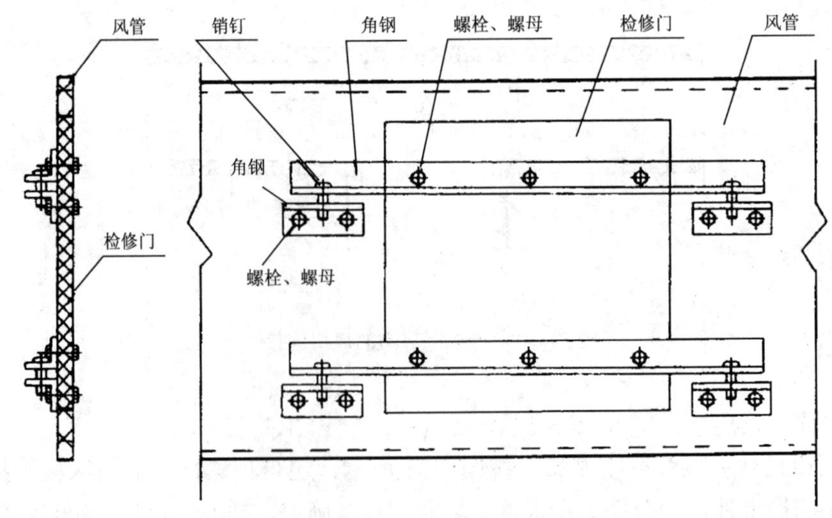

图 3-33　检修、清扫门

J. 防晃支架。

a. 防晃固定支架按 GB50243-2002《通风与空调工程施工质量验收规范》制作。

b. 当水平悬吊的主、支风管长度超过 20m 时，应设置防止摆动的固定点。伸缩节的固定支架可作为防晃支架使用。

K. 风管与风机的连接。

a. 风管和风机连接时，由于风机为圆形连接口，因此采用变径风管的一端与风管连接，另一端黏结端盖板，在端盖板上开圆口和风机的软管连接。

b. 如图 3-34 所示制作一支变径风管。该变径风管一端与相连风管的尺寸相同，另一端制成大于风机直径的正方形，并将正方形端用端盖板封闭。

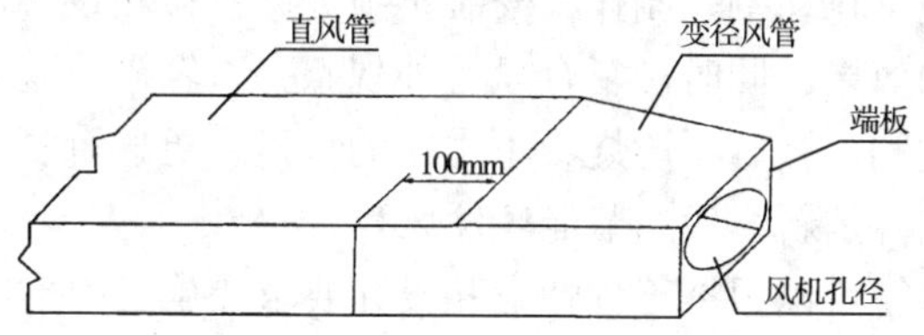

图 3-34　变径（变圆）风管

c. 在端盖板切割一个与风机尺寸相等的圆，用帆布软接与风机连接。

d. 用角铁制成和风机孔径相等的圆法兰，如图 3-35 所示在法兰中心均布与风管连接的螺丝孔和与紧固套连接的螺丝孔，将圆法兰用螺丝固定在端盖板的圆口上。

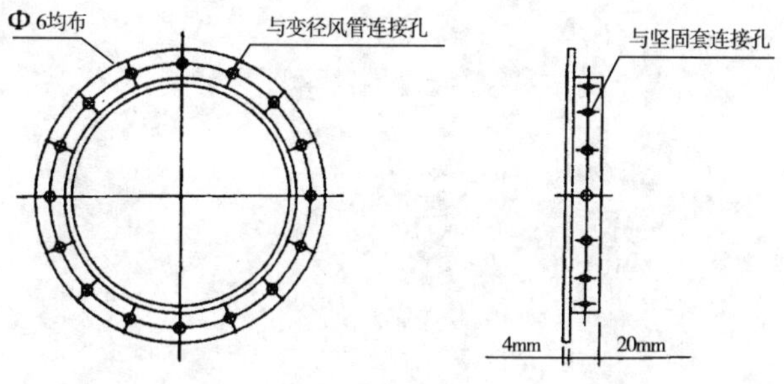

图 3-35　圆法兰

e. 如图 3-36 所示，采用 2mm 厚扁铁制成外径小于图 3-35 圆法兰内径 3 ～ 4mm 的紧固套。安装时，将帆布软管套在紧固套上，压入圆法兰，用螺丝固定。另一端帆布软管与

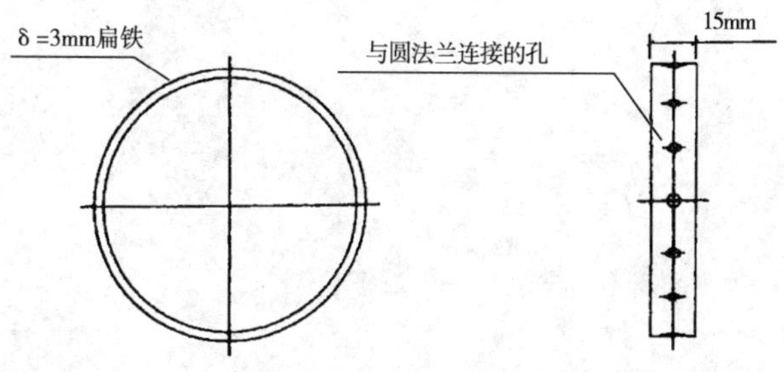

图 3-36　紧固套

风机连接。该安装方法有利于风管软接更换。

L. 风管开裂修补。风管在安装使用过程中，一旦出现风管四转角或风管连接处出现裂纹，修补时先在开裂处周围用砂皮打磨表面，并除去尘粒，再将修补胶（采用 SJ 防水胶）压入开裂缝，贴上玻璃纤维布，用刷子将修补胶抹平。

三、点评

机制玻镁复合板风管施工技术是近年来在机电工程应用的新技术，它采用现场制作安装方式，从板材到工地下料切割、制作、安装不须大型机械和设备，施工效率高，可节省工期，达到降低成本的效果。同时，复合风管外观整齐、轻盈，既有镀锌钢板风管的强度和现场制作、安装的便利，又有不燃烧、不生锈的特点，更兼有复合风管重量轻、不须二次保温、漏风小的优点，是新一代的节能环保风管。

机制玻镁复合板风管可以根据工程特点和设计要求在施工中推广应用。

第四章　大管道闭式循环冲洗技术

管道施工过程中，管道内难免落入各种杂物，如：砂、砾石、砖块、电焊渣等杂物，残存在管道内壁的底层；管道内因腐蚀而产生的氧化层也附着在管道内壁。管网在投入运行前必须清除管内残存物及杂质。目前，采用闭式循环冲洗是既环保又节能的清洗方法。

一、技术综述

（一）主要技术内容

①利用水在管内流动动时所产生的动力以及紊流、涡流、层流状态以及水对杂物的浮力作用，迫使管内残存物质在流体运动中悬浮、移动、滚动，从而使管内残存物质随流体运动带出管外或沉积于除污管或在过滤器内清除掉。这种向管内注水使其在管内闭式循环，经过多次注水、循环、排水、再换水、循环、排水，净水循环、排水、再换水的过程称为闭式循环清洗。

②严格计算选择杂质的悬浮力、启动速度、移动速度，以最终确定闭式循环水的冲洗速度。

③设计冲洗系统主管、支管及连通管，计算管道冲洗长度，设计确定除污管段位置，以便清理清洗过程中管内沉积的杂物。

④根据管网各项技术参数，计算各清洗段系统的能量损失。

⑤最终确定最大冲洗长度、冲洗速度和冲洗水泵以及其他设备，一般选择 1m/s 冲洗速度最经济适用。

⑥安装连通冲洗系统。

（二）技术指标

经过闭式循环冲洗后管道，验收质量应符合设计要求，符合国家或地方技术规程和验收标准。

（三）适用范围

闭式循环冲洗技术应用过程省水、省电、省时、环保，适用于城市供热管网、供水管网，适用于各种以水为冲洗介质的工业、民用的管网冲洗。

二、应用实例

北京西城阜成线供势管网工程

闭式循环冲洗技术已应用于多项工程实践，经检验取得了较好的清洗效果。为使闭式循环冲洗技术得以推广应用，下面以理论与实践相结合的方法进行详细解说。

1. 冲洗原理

根据水力学和流体力学的理论分析，一般情况是：沉积在管内壁底层的杂物处于静止状态在管底不动。当管中出现流体运动，而运动的流体、流速达到某一个数值时候，沉积于管底的杂质开始朝着流体运动的方向移动，这种移动可能表现为滑动、滚动和跳跃式移动等方式。如果管内流体的流速继续增大，其势能足以使管内的最重杂质悬浮起来，这时管内杂物将离开管底，随水流的流动方向向前跳跃滑动或滚动，从而出现管内杂质时而上浮，时而下沉。随着紊流速度的脉动，流体向上运动的漩涡起着维持杂质悬浮运动的作用。由于紊流的脉动，漩涡的运动方式及其强度呈随机性，故悬浮的杂质在流体中表现为时而上浮，时而下沉。如果流体的流动速度大于管内重量杂质的启动速度、移动速度、悬浮速度，则管内的杂质将随流体排出管外或沉积于按计算长度确定的除污短管里。

总之，管内流体的速度越大，它就越能有足够大的能量克服杂质在静止状态转为运动状态所需要的势能及移动、悬浮时所需要的动能。

2.“闭式循环”冲洗概念

所谓闭式循环冲洗，就是先将贮水池或贮水箱及管网内全部装满水，然后再开启冲洗循环水泵（或管网加压水泵），使其从水池当中抽水，注入管内，使管内水流动，再排到水池，经过过滤，再抽入管内，从而进行反复的脏水循环，换水后再进行反复净水循环，直至经化验合格，最后放水清理除污短管内杂物。

其冲洗原理：利用水在管内流动的动力和紊流的漩涡及水对杂物的浮力，迫使管内杂质在流体中悬浮、移动、从而使杂质由流体带出管外或沉积于除污短管内。

其冲洗过程：将管网的供水管道、回水管道的最终端连通，并安装连通阀门，先冲远处，后冲近处，先冲支管，再冲干管。先脏水循环冲洗，再换清水循环冲洗，最后换净水循环冲洗。

3. 冲洗工艺

（1）冲洗技术条件。

A. 假设条件。

①杂质在流体中的运动状态是随流体流速的变化而变化，流体流速越大，被冲出的杂质质量越大；

②设砂、砾石的当量直径平均为 10mm 其重度 $\gamma = 25506\text{N/m}^3$；

③电焊条、螺帽的当量直径平均 10mm 其重度 $\gamma = 77008\text{N/m}^3$；

④砂、砾石与管壁的摩擦阻力系数为 $\gamma_s = 0.0072$；

⑤泥土与管壁摩擦阻力系数为 $\gamma_s = 0.023$。

B. 技术参数。

① 冲洗压力、按系统沿程阻力损失和局部阻力损失计算而定；

②冲洗速度由计算而定；

③冲洗介质为水，其 $\gamma = 9810\text{N/m}^3$

（2）冲洗段的划分。根据杂质在管内运动状态，选择冲洗速度和最长冲洗长度。一般冲洗段为总干管和支线两个段。

（3）冲洗速度的确定。

A. 启动速度计算。启动速度是指杂质在管内静止状态到运动状态所需要的流体的最小速度，推荐武汉水利电力学院计算公式，即：

$$V_O = \left[\frac{h}{d}\right]^{0.14} \cdot \left[17.5\frac{\gamma_s-\gamma}{\gamma}d + 0.000000605\frac{10+h}{d^{0.72}}\right]^{0.5}$$ ……（公式：1）

式中：

V_0——杂质的启动速度，m/s；

h——有压管道液柱高度，m；

d——杂质的当量直径，m；

γ_s——杂质的平均重度，N/m^3；

γ——水的重度，$9810N/m^3$。

B. 移动速度计算：

$$V_s = \sqrt{\frac{d_{max}(\gamma_s-\gamma)\cdot g}{2.554\gamma}}$$ ……（公式：2）

式中：

γ_s——杂质在水流中的移动速度，m/s；

g——物体重加速度，$9.81m/s^2$；

γ_s、γ——同前述；

d_{max}——杂质最大当量直径，m。

C. 悬浮速度计算。杂质在管内因流体的浮力而产生流体对杂质的悬浮速度，即：

$$V_g = \sqrt{\frac{4g}{3}\cdot\frac{d(\gamma_s-\gamma)}{\lambda}}$$ ……（公式：3）

式中：

γ_g——杂质在流体中的悬浮速度，m/s；

λ——阻力系数；

d、g、γ_s、γ——同前所述。

①最小冲洗速度的计算：

$$V_{min} = \sqrt{\frac{d_{min}\cdot\gamma_s\cdot f}{0.03364\gamma}}$$ ……（公式：4）

式中：

V_{min}——最小冲洗速度，m/s；

f——杂质颗粒与管壁的静摩擦系数，砂、砾石与钢取 f＝0.4；

γ_s、γ；d_{min}——同前所述。

② 最小冲洗速度的确定。在上述四种速度计算基础上，将最大速度作为最小冲洗速度，再根据流体损耗计算，最终复核后确定，水冲洗，一般选 1m/s。

（4）冲洗流量的确定。

$$Q = F\cdot V_{min} = \frac{\pi\cdot D^2}{4}V_{min}$$ ……（公式：5）

式中：

Q——最小冲洗流量，m^3/s；

D——管道公称内径，m；

V_{min}——最小冲洗速度，m/s。

（5）最大冲洗长度的确定。

A. 流体在管内沿程阻力损失计算：

$$\Delta P_1 = \lambda_1 \cdot \frac{L}{D} \cdot \frac{V_{min}}{2g} \cdot \gamma \quad \cdots\cdots（公式：6）$$

式中：

L——管路冲洗长度，m；

D——冲洗管道的内径，m；

γ——水的重度，N/m^3；

V_{min}——最小冲洗速度，m/s；

λ_1——沿程阻力系数。

B. 杂质沿管内阻力损失计算：

$$\Delta P_s = \lambda_s \cdot \frac{L}{D} \cdot \frac{V_s^2}{2g} \cdot \gamma_s \quad \cdots\cdots（公式：7）$$

式中：

ΔP_s——杂质沿管内阻力损失，N/m^2；

λ_s——杂质与管壁摩擦阻力系数；

γ_s——杂质平均计算重度，N/m^3；

L、D、V_s、g——同上式。

C. 杂质悬浮阻力损失计算：

$$\Delta P_g = m_1 \cdot \frac{\gamma \cdot L \cdot V_g}{V_s} \quad \cdots\cdots（公式：8）$$

式中：

ΔP_g——杂质悬浮阻力损失，N/m^2；

L、V_g、V_s、γ——同上式；

m_1——重量流量浓度，杂质的重量流量与水的重量流量的比值。

D. 杂质沿三通、弯头、补偿器的局部阻力损失计算：

$$\Delta P_{局} = \Delta P_{三} + \Delta P_{弯} + \Delta P_{补} = (\xi_{三} + \xi_{弯} + \xi_{补}) \cdot \frac{V_{min}^2}{2g} \cdot \gamma \quad \cdots\cdots（公式：9）$$

式中：

$\Delta P_{局}$——杂质局部阻力损失，N/m^2；

$\xi_{三}+\xi_{弯}+\xi_{补}$——三通、弯头、补偿器阻力损失系数；

V_{min}、g、γ——同上式。

（6）最大冲洗长度计算。

A. 单位管长压力损失计算：

$$\Delta P_2 = \Delta P_s + P_g$$

$$i=\frac{\Delta P}{L}=\frac{\Delta P_1}{L}(1+\frac{\lambda_s}{\lambda}\cdot\frac{V_s}{V_{\min}}\cdot m_1+\frac{2g\cdot D\cdot m_1\cdot V_g}{\lambda_1\cdot V_{\min}^2\cdot V_s})$$ ……（公式：10）

式中：

i——单位管长压力损失 $N/m^2/m$；

其他物理量同前各条。

B. 阻力总损失计算：

$$H_{\min}=\Delta P_1+\Delta P_2+\Delta P_3+\Delta P_{局}$$ ……（公式：11）

式中：

$H_{\min}$——系数阻力总损失，N/m^2；

ΔP_3——冲洗出口静压，N/m^2；

ΔP_1，ΔP_2 =（ΔP_3 + ΔP_9）——同上式。

C. 最大冲洗长度计算：

$$L_{\max}=\frac{H_{\max}-\Delta P_3}{\mathrm{i}+\Delta P_{局}}$$ ……（公式：12）

式中：

$L_{\max}$——最大冲洗长度，m；

ΔP_3，i、$\Delta P_{局}$——同上式。

D. 管网不同管径（水网）冲洗长度等计算，见表 4-1。

4. 冲洗系统的选择

（1）冲洗系统的设计。

A. 设计依据。依据管网的设计图纸和各种技术参数及管线沿程的条件和现场条件及施工条件。

B. 系统选择原则。

①冲洗水池和水泵应设在管网的起点或中间段，便于系统的选择和分配。

②根据干管和支管的长度，分干管系统和支管系统；干管过长，可以分两个系统，但中间部件加连通管，安装连通阀门；也可以分干管和支管为一个系统。

C. 冲洗位置的选择。

①水泵尽可能用正式水泵，若因业主原因或其他原因不能使用正式水泵则需重新安装冲洗水泵时，临时水泵应安装在场地宽敞和平整处，便于操作，安装变配电装置及其他设施。

②尽量靠近电源和水源地，减少临时用水、用电设施的费用。

③可以尽量用永久性设施及总供水泵站，可以大量节约资金。

D. 冲洗系统的设计内容。根据空调水系统的设计图纸，将主干线、支线做系统的水力学计算，求出：

①连通管直径。

②冲洗速度。

③冲洗长度。

④系统沿程和局部阻力总损失。

⑤水泵扬程和流量。

⑥贮水水池（或水箱）的最小容积。

⑦贮水池中的过水断面及过滤网截面面积。

⑧除污器（或除污短管）的直径和容积（用除污短管比较经济，现场制作）等。

（2）冲洗设备的选择。

1）水泵的选择。

①根据最小冲洗速度计算的最大冲洗流量，确定水泵的额定流量。

②根据最小冲洗速度计算的沿程阻力损失，局部阻力损失，杂质在管内运动所耗的损失总和，确定水泵的额定扬程。

③根据水质含沙泥程度确定水泵种类。

④可以用正式工程的水泵，但冲洗后应将水泵进行解体清洗，保证生产使用。

2）其他设备选择。

①根据水泵型号，确定电气设备，如变压器，启动器，保护装置等。

②各种闸阀、止回阀、底阀等。

③根据计算确定除污器等。

5. 冲洗系统安装

（1）水泵安装（如用生产水泵冲洗，本条可省略）。按工艺要求，如需要安装冲洗泵，应做临时泵基础后再安装冲洗水泵，方法按正式工程要求装。一般应尽可能选用冷媒或热媒循环泵冲洗供回水管网，冷却水循环冲洗冷却水循环管。

（2）管道安装。主要是临时管道安装，将水泵入口接到箱或临时水池里，水泵出口接到主干管供水管上，系统排水接到回水管端，如果系统循环时，水在管内继续循环，如果循环达到要求，就将管内水排掉，即排到污水管或雨水管井里面。在冲洗过程中，将其他阀门都关掉。

（3）阀门及除污器安装。

1）阀门按规程要求安装。

2）除污器按流向安装，除污器应安装在正式管路上的下端，其位置应在计算得出来的最大冲洗长度的位置。

3）直管段，安装在最长冲洗段末端，在干线管底开三通，安装除污短管。

4）连通管安装。

在主管和支管末端供回水管上开三通安装连通管，连通供水管和回水管，并在连通管上安装一个阀门将供水、回水管隔断。冲洗时打开，运行时隔断。

6. 管网冲洗

（1）冲洗前准备。

A. 系统试压完成，端点加固、支撑完成，临时管道、阀门等全部安装就位。

B. 水泵、电气安装调试完成。

C. 供水、供电已疏通环节等。

D. 冲洗系统已确定，顺序确定，连通管按系统和顺序开通或关闭。

E. 周围警戒工作完成。

（2）管道冲洗。

1）系统注水：将冲洗的系统主干线、支线的供水管和回水管内全部注满水，并在高处排放空气。

水可以用水泵注水，也可以用开三通直接往管里灌水；若管内试压水未排掉，要补充注水，直至全部注满水为止；

2）粗洗循环。启动冲洗水泵，进行 8 ～ 10 小时的管内脏水进行循环，迫使管内沉积的砂、砾石等杂质沿水流方向移动而最终沉积到除污短管（除污器）中，使轻质悬浮杂质沿管道排水口排入水池中，经过滤清除掉。

3）清水循环。粗洗后的脏水停泵后即马上排入市政雨水管道内（不要在停泵静止后再排），待管道内最低点水全部排净后，关掉排水阀门，再向供水管内和回水管内注入清水，管内水满后，再开启冲洗水泵，循环 8 ～ 10 小时以后，迅速排掉管中的浑水；这个过程是使管内的细砂及氧化铁皮等有足够的时间移动沉入除污短管里；若循环不理想，可以延长循环时间。

4）净洗循环：净洗是在清水循环后，将浑水全部排掉，然后注入自来水，继续开泵循环，使管内全部杂质都沉积在除污短管里面，经水质化验合格后结束清洗循环；化验不合格用延长清洗循环时间解决，直至化验全部合格为止。

5）冲洗操作方法：先冲洗最远的支管，合格后依次由远到近，冲洗全部支管合格后，再冲洗主干管。末端设备冲洗应与支线管网一同冲洗，主管网上的设备应与冲洗主干管时一同冲洗。其具体的操作方法是：

①首先关闭管网全部连通管阀门，并将管网上的阀门都打开。

②将管网最末端的冲洗连通管阀门打开，开启水泵，进行末端管冲洗，合格后关闭最远支管的连通管阀门，依序由远至近按上条方法依序冲洗。

③前段冲洗合格后，一定要关闭前段支管冲洗连通管上的阀门才能冲下一支管，否则达不到冲洗效果。

④末端设备、支管设备应随支管冲洗而冲洗。

⑤支管全部冲洗完后，将所有支管的连通管阀门关闭，则开泵冲洗主干管道，主干管上的设备随主干管冲洗，但是设备不允许与管道一起冲洗的设备，须设旁通管进行冲洗。

⑥在冲洗支管线时，根据计算，可以一次同时冲几条支管，目的是节省水和电，在冲洗过程中，要注意流量的分配。

⑦连通管直径不能小于被冲洗管道的 70%。

⑧冲洗时循环时间以水质分析结果为依据，不要一律选用一个冲洗时间。

（3）清理、检查、恢复系统。

1）清理。先将排气阀门开启，使排水时向管内补气，防止管内出现真空。按现场情况，将管内贮水全部排入规定的城市雨水管里或污水管里。

2）检查。水排净后，将全部除污短管打开，将沉积杂物清除干净，并用水洗净除污短管，然后将除污短管法兰盖或阀门安装好并坚固。

3）恢复系统。恢复系统，将临时管网和冲洗管道，阀门拆除掉，并堵住全部开洞，拆除全部临时加固等构筑物，使系统按设计和使用功能处于正常状态。

（4）注意事项。

1）循环时间，视水内含杂质情况而延长或缩短。

2）脏水循环尽可能时间长些，使杂质有足够时间移动沉在除污短管里。

3）多支管冲洗时，一定先冲洗最远段，再就近段，在选择时，一定要控制开关连通管，系统必须形成循环。

7. 冲洗质量与安全

（1）冲洗质量与标准。净洗出口的水质做化学分析后，能达到下列标准为合格：

1）无砂、泥和悬浮物。

2）水中无油、无有机溶剂。

3）水中的硬度不大于 5μg。

4）铁的含量小于 100μg/t 等。

（2）保证质量的措施。

1）延长粗洗时间，保证杂质移动和沉积的时间。

2）加大流速，尽可能将杂质冲出管内。

3）编出冲洗顺序图，严格按序冲洗，防止环路短路漏掉支管冲洗。

4）注意抽样化验，分级冲洗，合格即停，全系统分段。

（3）冲洗安全与要求。

1）不出现水击现象，不能将水排到马路上。

2）防止最远端部阀门或封头冲掉。

3）安全措施如下：

①冲洗速度确定后，尽量选择正式水泵；如果必须重新安装冲洗水泵，应将水泵尽可能安装最高点，防止故障停电造成水头倒击。

②将出水口，排水口用管道接到就近污水管或雨水管井内。

③自由端部阀门或封头，试压前应做加固或加力顶住。

8. 冲洗技术指标

1）冲洗后的管道内壁无油，冲洗排水无油。

2）冲洗合格后的水，经化验，水中铁的含量不大于 100μg/L。

3）冲洗合格后的水，经化验，水的硬度不大于 5μg/L（当量），此技术指标只适合有硬度要求的工业管网。

4）冲洗合格后水取样分析无有机溶剂等杂质。

5）冲洗合格后水取样分析无浮悬物等。

三、点评

闭式循环冲洗技术多年来，已成功应用于唐市新区市区城市供热管网工程（$D_{max}=920$mm）、北京市西城区阜成线供热管网工程（D_{max}=1236mm）、厦门高崎国际机场 3# 候机楼空调冷却循环水管道工程（D_{max}=920mm），以及深圳赛格广场、唐山缸窑热电厂、河北涿州热电厂等工程项目。此外国内不少企业也应用了该技术。

通过多项工程的实际应用，说明本技术，适用各类管网内壁冲洗，特别是大型、特大型管道的内壁冲洗。适用于各种以水为冲洗介质的工业、民用的管网冲洗。

应用此技术效果好，适用范围广，经济效益显著，节能环保。

附：最大冲洗长度计算表见表 4-1。

表 4-1　最大冲洗长度计算表

管道规格 D×5	管道内径 DN	管道内截面积 F	砂启动速度 Uo	砂移动速度 Us	砂悬浮速度 Ug	最小冲洗速度 U_{min}	最经济冲洗速度 U_l	最大冲洗流量 Q	雷诺数 Re	k_1d	68Re	水沿程阻力系数 λ_1	ΔP_1L	QsU_1	QDUs	砂重量速度 Gs	水的重量速度 G_1
(mm)	(m)	(m^2)	(m/s)	(m/s)	(m/s)	(m/s)	(m/s)	(m^3/h)				($N/m^3 \cdot n$)				(N/s)	(N/s)
		$F=\frac{\pi}{4}DN^2$	$U_O=(\frac{DN^{0.14}}{d_{max}}(17.6\frac{\gamma_s-\gamma_1}{\gamma_1}+d_{max}+0.000000605\frac{10+DN}{DN^{0.72}})0.5$	$Us=\sqrt{\frac{d_{max}(\gamma_s-\gamma_1)g}{2.554\gamma_1}}$ $\sqrt{\frac{0.01(25506-9810)}{2.554\times9810}}$	$\frac{\Delta P_1}{L}+\lambda_1\frac{1}{D}\frac{U_1^2}{2g}\gamma_1$	$Ug=5.45\sqrt{\frac{d_{max}(\gamma_s-\gamma_1)}{\gamma_1}}$	$Umin=\sqrt{\frac{d_{max}\gamma_s\cdot f}{0.03366\gamma_1}}$		$U_1=\sqrt{U_s^2+U_o^2}$	$Re=\frac{V_d}{V_1}=\frac{V_d^{-6}}{1.31\times10}$		$\frac{0.046}{d}$	$\lambda_1=0.11(\frac{k}{d}+\frac{68}{Re})0.25$			设吹出重量为 0.11kg/s，Gs=0.1×9.81=0.981（N/s）	设泵出口 P=0.2MP ＝ 0.2MPaGs ＝ $1962N/m^2$ 当 P=0.1MPa 水的当量流量 $G_1=U_1\gamma1F=U_1\gamma_1\pi4D^2$
920×9	0.902	0.639	0.995	0.25	0.69	0.56	1.025	2416.87	0.71×108	0.051	95.77×10-6	0.0523	304.6	0.244	2.76	0.918	6425
820×8	0.804	0.51	0.980	0.25	0.69	0.56	1.284	2347.5	0.788×108	0.057	86.29×10-6	0.0538	55.16	0.195	2.76	0.918	6395
720×7	0.706	0.391	0.962	0.25	0.69	0.56	1.10	1705.25	0.539×108	0.065	114.67×10-6	0.556	47.65	0.273	2.76	0.918	3490

续表

管道规格 D×5	管道内径 DN	管道内截面积 F	砂启动速度 Uo	砂移动速度 Us	砂悬浮速度 Ug	最小冲洗速度 U_{min}	最经济冲洗速度 U_I	最大冲洗流量 Q	雷诺数 Re	k_1d	68Re	水沿程阻力系数 λ_1	ΔP_1L	QsU_1	QDUs	砂重量速度 Gs	水的重量速度 G_1
630×7	0.616	0.298	0.944	0.25	0.69	0.56	1.05	1182.86	0.494×108	0.075	137.65×10-6	0.058	51.9	0.238	2.76	0.918	3070
529×6	0.517	0.208	0.921	0.25	0.69	0.56	1.05	974	0.414×108	0.089	164.75×10-6	0.06	63.97	0.238	2.76	0.918	2160
426×6	0.414	0.135	0.893	0.25	0.69	0.56	1.05	508.84	0.332×108	0.112	204.82×10-6	0.064	85.22	0.238	2.76	0.918	1390
387×7	0.368	0.103	0.870	0.25	0.69	0.56	1.05	389	0.291×108	0.128	233.68×10-6	0.066	100.23	0.238	2.76	0.918	1070
352×7	0.311	0.076	0.866	0.25	0.69	0.56	1.05	287	0.299×108	0.148	273.09×10-6	0.068	120.53	0.238	2.76	0.918	780
273×7	0.259	0.053	0.836	0.25	0.69	0.56	1.05	168.75	0.208×108	0.178	326×92×10-6	0.071	151.11	0.238	2.76	0.918	540
219×6	0.207	0.034	0.810	0.25	0.69	0.56	1.05	118.22	0.166×108	0.222	409.64×10-6	0.076	203.39	0.238	2.76	0.918	350
159×4.5	0.150	0.018	0.774	0.25	0.69	0.56	1.00	63.62	0.155×108	0.31	591.30×10-6	0.082	273.33	0.25	2.76	0.918	170
133×4	0.125	0.012	0.755	0.25	0.69	0.56	1.00	44.18	0.095×108	0.368	715.79×10-6	0.086	344	0.25	2.76	0.918	120
108×4	0.100	0.008	0.732	0.25	0.69	0.56	1.00	36	0.076×108	0.46	894.70×10-6	0.091	455	0.25	2.76	0.918	80
76×3	0.069	0.004	0.695	0.25	0.69	0.56	1.00	13.46	0.053×108	0.667	1283.0×10-6	0.092	717.39	0.23	2.76	0.918	37
61×3	0.051	0.002	0.666	0.25	0.69	0.56	1.00	7.07	0.039×108	0.802	1743.59×10-6	0.107	1049	0.25	2.76	0.918	20

续表

M	A	B	HA+B	HA+B	I	$\Delta P_{弯}$	$\Delta P_{三}$	$\Delta P_{阀}$	$\Delta P_{套}$	$I+\Delta P_{弯}+\Delta P_{三}+\Delta P_{阀}+\Delta P_{套}$	H-P 出	最大冲洗长度 L_{max}	备注
					（$N/m^2\cdot m$）	（N/m^2 个）	（N/m^2 个）	（N/m^2 个）	（N/m^2 个）	（N/m^2 个）	（$N/m^2\cdot m$）		
$M=\frac{G_s}{G_1}$	$A=\frac{\lambda_s}{\lambda_1}\frac{U_s}{U_1}m$ 取 $\lambda_s=0.0072$	$B=\frac{2gD_mU}{\lambda_1U_1^2U_S}$	$1+A+B=\frac{\lambda_s}{\lambda_1}\frac{U_s}{U_1}m+\frac{2gD_mV_o}{\lambda_1V_1^2V_s}$	$1+A+B=\frac{\lambda_s}{\lambda_1}\frac{U_s}{U_1}m+\frac{2gD_mU_o}{\lambda_1U_1^2U_s}$	$I=\frac{\triangle P}{L}(1+\frac{\lambda_s}{\lambda_1}\frac{U_s}{U_1})m+\frac{2gD_mU_o}{\lambda_1U_1^2U_s}$	$\triangle P_{弯}=\xi_{弯}\frac{U_1^2}{2g}\gamma_1=0.5\frac{U_1^2}{2g}\gamma_1$	$\triangle P_{三}=\xi_{三}\frac{U_1^2}{2g}\gamma_1=0.5\frac{U_1^2}{2g}\gamma_1$	$\triangle P_{阀}=\xi_{阀}\frac{U_1^2}{2g}\gamma_1=0.1\frac{U_1^2}{2g}\gamma_1$	$\triangle P_{套}=\xi_{套}\frac{U_1^2}{2g}\gamma_1=0.2\frac{U_1^2}{2g}\gamma_1$			（H-P）/（$i+\Delta P_{弯}+\Delta P_{三}+\Delta P_{阀}+\Delta P_{套}$）	
1.53×10-4	0.051×10-4	0.136	1.136	1.136	34.6	260.65				295.25	2E+05	631	
1.53×10-4	0.04×10-4	0..075	1.075	1.075	59.3	412.16		55.13		526.59	2E+05	354	
2.81×10-4	0.099×10-4	0.124	1.124	1.124	53.56		302.63		121	477.19	2E+05	391	
3.20×10-4	0.09×10-4	0.167	1.167	1.167	60.57		275.65	55.13		391.35	2E+05	476	
4.54×10-4	0.13×10-4	0.202	1.202	1.202	76.89		275.65		110.26	426.8	2E+05	405	
7.06×10-4	0.19×10-4	0.224	1.224	1.224	104.31					104.31	2E+05	1787	
9.17×10-4	0.24×10-4	0.248	1.248	1.248	125.09		275.65	55.13	110.26	566.13	2E+05	329	

M	A	B	HA+B	HA+B	I	$\Delta P_{弯}$	$\Delta P_{三}$	$\Delta P_{阀}$	$\Delta P_{套}$	$I+\Delta P_{弯}+\Delta P_{三}+\Delta P_{阀}+\Delta P_{套}$	H-P 出	最大冲洗长度 L_{max}	备注
12.58×10-4	0.32×10-4	0.283	1.283	1.283	154.54		275.65	55.13	110.26	595.68	2E+05	313	
18.17×10-4	0.44×10-4	0.326	1.326	1.326	200.37		275.65		110.26	586.28	2E+05	318	
28.03×10-4	0.63×10-4	0.345	1.345	1.345	273.56				110.26	383.82	2E+05	486	
57.71×10-4	1.27×10-4	0.572	1.572	1.572	429.67					429.67	2E+05	434	
81.75×10-4	1.71×10-4	0.643	1.643	1.643	565.19			56	100	655.19	2E+05	280	
112.64×10-4	2.23×10-4	0.67	1.67	1.67	759.85				100	859.85	2E+05	217	
365.34×10-4	4.82×10-4	1.001	2.001	2.001	1435.5				100	1535.5	2E+05	121	
490.50×10-4	8.25×10-4	1.226	2.226	2.226	2335.07				100	2435.07	2E+05	77	

第五章　薄壁不锈钢管道新型连接技术

一、技术综述

（一）国内外发展概述

给水管道中，取代镀锌钢管和塑料管道的薄壁金属管道的应用已越来越广泛，以薄壁不锈钢管和薄壁铜管为代表，连接方式也越来越多，除焊接和黏结以外，机械密封式连接的种类最多。因机械密封式连接无套丝作业、无焊接作业、无黏结作业，污染少，连接快速简便，有发展前景，越来越受到用户青睐。

20 世纪 60 年代，欧洲的管业发明了卡压式管件并广泛应用，现已在世界各国被广泛采用。卡压式管件，在德国被称为“曼勒斯曼接头”，在日本被称为“铆乐哥接头”，在美国被称为“快速接头”。

目前，世界各地、全国各地都有大量的专业厂家生产薄壁不锈钢管和薄壁铜管，自主开发了各种连接技术和管件，诸如：挤压式连接、卡压式连接、环压式连接、双卡压式连接、内插卡压式连接、扩环式连接、凸环式连接、卡凸式连接、锁扩式连接等等，各种产品已日趋成熟，技术可靠。

国际上通用的不锈钢管道连接方式主要有压缩式（卡凸式）、压紧式、推紧式、焊接式（承插氩弧焊接式和对接焊接式）等。

国内相关标准的陆续出台，也可反映随着铜管和不锈钢管的不断应用，新的连接方式正在不断地出现和被接受，并不断地得到规范。

CECS153：2003《建筑给水薄壁不锈钢管管道工程技术规程》

CECS171：2004《建筑给水铜管管道工程技术规程》

CECS228：2007《建筑铜管管道工程连接技术规程》

CECS277：2010《建筑给水排水薄壁不锈钢管连接技术规程》

（二）主要技术内容

1. 薄壁不锈钢管卡压式连接如图 5-1 所示：

（1）技术内容：配管插入管件承口（承口“U”型槽内带有橡胶密封圈）后，用专用卡压工具压紧管口成六角型而起密封和紧固作用的连接方式。

（2）技术指标。

1）材料标准。不锈钢卡压式管件执行标准 GB/T19228.1—2003；薄壁不锈钢水管执行标准 GB/19228.2—2003；O 型密封圈执行标准

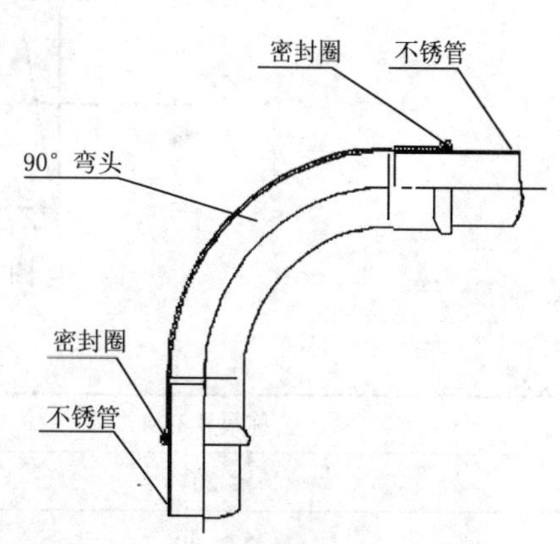

图 5-1　薄壁不锈钢卡压式连接示意图

GB/19228.3—2003。

薄壁不锈钢管及不锈钢卡压式管件的材料一般采用奥氏不锈钢。密封圈采用丁基橡胶，耐热水、抗老化、抗添加剂，适用于饮用水。

2）不同管径要求的插入深度不同，对应的插入长度具体尺寸见表 5-1。

表 5-1　插入长度尺寸表

单位 :mm

公称通径	15	20	25	32	40	50	65	80	100
插入长度	21	24	24	39	47	52	53	60	75

由于卡压压力不足可导致连接处有松弛现象，对于不同管径管道的卡压压力都有明确要求，采用液压分离式卡压工具对应不同管径的卡压压力见表 5-2：

表 5-2　卡压压力表

公称通径	卡压压力
DN15 ～ 25	40MPa
DN32 ～ 50	50MPa
DN65 ～ 100	60MPa

（3）技术要求和措施。

1）薄壁不锈钢管道切割。管径≤ 80mm 切割工具宜采用专用的电动切管机或手动切管器、手动管割刀。

管径≥ 100mm 时宜采用锯床切割，当必须采用砂轮锯时，应采用不锈钢专用砂轮片，且不得切割其他金属管材。切割后必须清除管内外毛刺。

在切割前，应先确认管材无损伤、无变形，并应扣除管件的长度再进行切割。

切割后管口的端面应平整，并垂直于管轴线，其切斜不得大于表 5-3 的规定如图 5-2 所示。切割后切口应无明显毛刺。

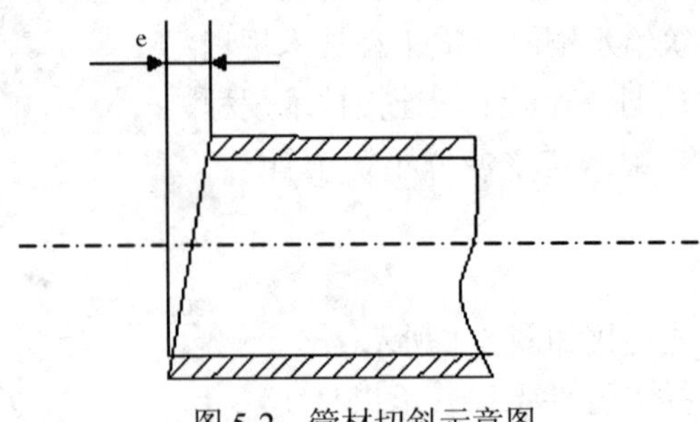

图 5-2　管材切斜示意图

表 5-3　切斜允许值

公称尺寸 DN	切斜允许值 e（mm）
≤ 20	0.5
25 ～ 40	0.6

续表

公称尺寸 DN	切斜允许值 e（mm）
50 ～ 80	0.8
100 ～ 150	1.2
≥ 200	1.5

2）卡压连接。用专用画线器或记号笔在管道端部画标记线一周，以确认管道的插入深度。

应确认 O 型密封圈已安装在正确的位置上；安装时 O 型密封圈严禁使用润滑油。

应将管道垂直插入卡压式管件中，不得歪斜，以免 O 型密封圈割伤或脱落造成漏水。

管道插入管件后应确认管件端部与画线位置相距 3mm 以内。

使用专用工具进行卡压，把卡压工具钳口的环状凹部对准管件端部内装有橡胶圈的环状凸部进行卡压，钳口应与管道轴心线呈垂直状。

卡压完成后，应采用六角量规检查确认卡压尺寸是否到位，卡压处能完全卡压入六角量规即卡压正确。

当与转换螺纹接头连接时，应在锁紧螺纹后再进行卡压。

2. 薄壁不锈钢卡凸式螺母型连接如图 5-3 所示

（1）技术内容：以专用扩管工具在薄壁不锈钢管端的适当位置，由内壁向外（径向）辊压使管子形成一道凸缘环，然后将带锥台形三元乙丙密封圈的管插进带有承插口的管件中，拧紧锁紧螺母时，靠凸缘环推进压缩三元乙丙密封圈而起密封作用。

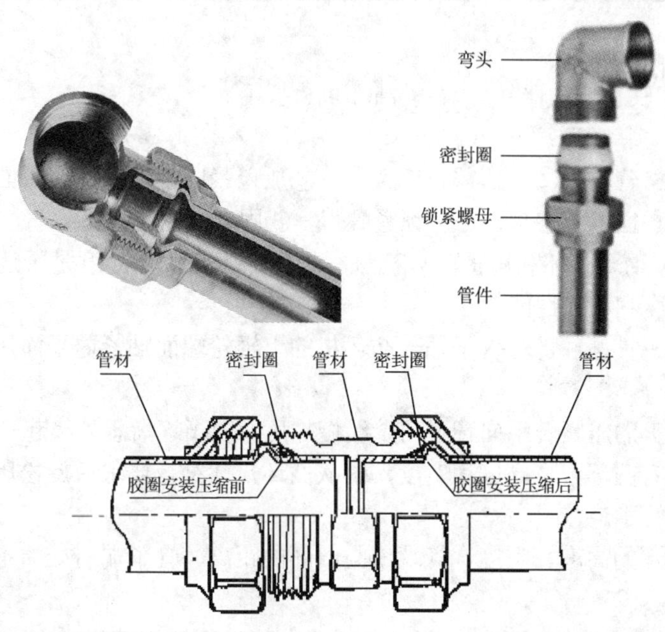

图 5-3 卡凸式螺母型连接示意图

（2）技术指标

1）卡凸式薄壁不锈钢管及连接管件是根据国家发明专利技术（ZL 01105997.4）设计和生产的，它的执行标准是 CJ/T151。

2）扩环高度如图 5-4 所示：相关尺寸符合表 5-4 的规定。

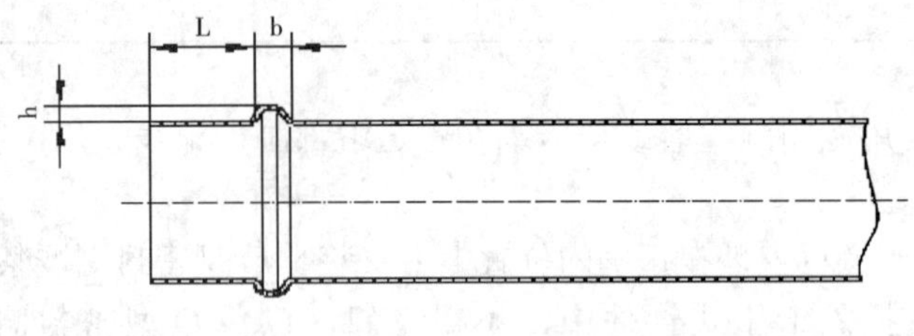

图 5-4　扩环示意图

表 5-4　扩环尺寸表　　单位 :mm

公称直径 DN	扩环高度 h	扩环宽度 b	承口长度 L
15	1.7	4	11.5
20	1.8	4	11.5
25	2.0	5.5	13.5
32	2.0	5.5	13.5
40	2.0	6	17
50	2.5	6	17

（3）技术要求和措施。

1）安装必备工具：切管器（机）、扩凸环机、扳手。

2）安装程序。

①选择所需规格管材→②按所需长度裁切→③放入紧固螺母→④辊压凸环→⑤套入三元乙丙密封胶圈→⑥插入管件承口→⑦锁紧螺母→⑧固定管路。

3）关键工序：辊压凸环利用扩凸环机进行扩环加工，扩环高度是否达到要求将直接影响管路的连接强度和密封性能。

用专用扩凸环机扩凸环，将管子插入凸环机的上辊轮端面贴紧内平面，并让管子轴线与辊轮轴线平行。

通过扩凸环机上的压紧转手向管子内壁缓慢加压，管子逐渐想外隆起一圈凸环；

扩凸环机已设有凸环限位高度和宽度，确认凸环尺寸符合要求后旋松压紧转手，从扩凸环机辊轮上推出管子。

检查凸环，凸环的高度、宽度、管端口与凸环的距离、管子端口处的不圆度等应符合相应的规定。

（4）不锈钢卡凸式法兰型连接如图 5-5 所示：薄壁不锈钢管道卡凸式法兰型适用于 DN40 ～ DN300 的管道。

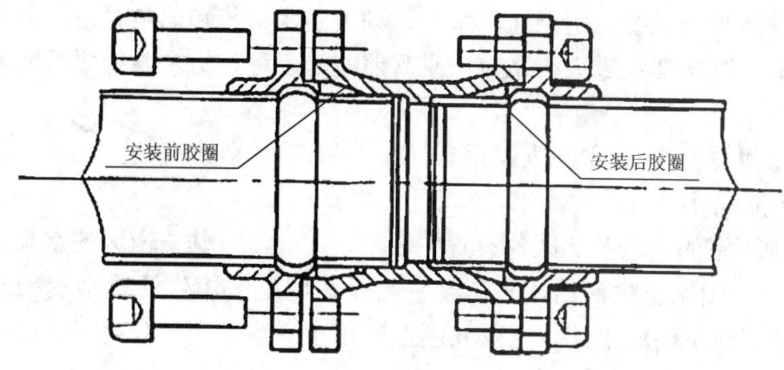

图 5-5 卡凸式法兰型连接示意图

（三）适用范围

不锈钢卡压式连接方式适用于给水、热水、饮用水、排水采暖等管道系统中。适用于公称通径不大于 DN100，公称压力不大于 1.6MPa 的薄壁不锈钢管道。

不锈钢卡凸式管件连接技术使薄壁不锈钢给水管道可以广泛地应用于给水、热水、饮用水、排水采暖等管道系统。

薄壁不锈钢卡凸式螺母型连接适用于 DN15 ～ DN50 的管道；卡凸式法兰型适用于 DN40 ～ DN300 的管道。

二、应用实例

（一）上海世博中国馆给水系统

1. 工程概况

中国馆（如图 5-6 所示）是中国 2010 年上海世博会的核心建筑之一，由国家馆、地区馆两个部分组成，国家馆居中升起、层叠出挑，成为凝聚中国元素、象征中国精神的造型主体——东方之冠；地区馆水平展开，平台基座以舒展的形态映衬国家馆，成为开放、柔性、亲民、层次丰富的城市广场，共同组成表达盛世大国主题的统一整体。

中国馆位于上海世博园的核心区域，北起北环路，南至南环路，西起上南路，东至云台路。占地面积约 6.52 公顷。总建筑面积 16 万 m^2，其中国家馆地上 16 层，地下 2 层，建筑高度约 68m，33m 以上部分为全钢结构，33m 以下部分为混凝土包钢结构；地区馆地上 2 层，地下 2 层，建筑高度约 13m，其地上部分为全钢结构。

图 5-6 上海世博会中国馆

2. 工程内容

中国馆机电安装工程包括给排水系统、中水系统、雨水系统、消防栓系统、消防喷淋系统、空调通风系统、动力照明系统和弱电系统、变配电系统、太阳能、雨水收集、高压细水雾灭火系统、景观照明等工程。给水系统采用薄壁不锈钢管卡凸式连接方式。

3. 总投资（概算）为 23 亿元人民币

4. 给水系统简介

中国馆在地下室的南区及北区各设置生活水泵房一座，其中南区的水泵房内设置 202t 生活贮水池一座、国家馆生活给水加压泵二台及南区地区馆生活给水变频泵组；北区电话水泵房内设置 78t 生活贮水池一座及北区地区馆生活给水变频泵组；在国家馆屋顶设置 40t 生活水箱一座及国家馆屋顶生活给水增压泵二台。

中国馆地下室利用市政给水管网的水压直接供水；所有地区馆的地上部分及国家馆首层至 14.4m 以下的部分，由设于生活水泵房内的恒压变频供水设备及市政给水管网联合供水；国家馆 14.4m 以上采用水池—加压水泵—水箱的联合供水方式供水，其中 60.3m 以上的用水点由屋顶设置的给水增压泵供水，以下各层由屋顶水箱重力供水。

生活给水管道系统全部采用材质为 SUS304 的薄壁不锈钢管材和管件，卡凸式连接方式。管材公称直径为 15 ～ 32mm 的管道与阀门和其他管材连接时必须采用卡套外螺纹或卡套内螺纹转换接头过渡连接；管材公称直径为 40 ～ 50mm 的管道与阀门和其他管材连接时可采用上述方法，也可以采用法兰连接（PN1.6）；公称直径为 65mm 以上的管道与阀门和其他管材连接时必须采用法兰连接（PN1.6）。

5. 给水系统不锈钢管实物工程量见表 5-5

表 5-5　薄壁不锈钢管道主要工程量

序号	材料名称	规格型号	单位	数量
1	保温不锈钢管	DN20	m	24
2	保温不锈钢管	DN25	m	12
3	不锈钢管 304	DN15	m	1440
4	不锈钢管 304	DN20	m	1164
5	不锈钢管 304	DN25	m	3810
6	不锈钢管 304	DN32	m	1248
7	不锈钢管 304	DN40	m	672
8	不锈钢管 304	DN50	m	2034
9	不锈钢管 304	DN65	m	516
10	不锈钢管 304	DN80	m	1092
11	不锈钢管 304	DN100	m	696
12	不锈钢管 304	DN125	m	816
13	不锈钢管 304	DN150	m	90
14	不锈钢管 304	DN200	m	12

6. 工程特点

(1) 施工场地狭小，周边环境复杂，文明施工形象要求高。

(2) 大型设备多，吊装过程中协调事宜多。

(3) 对机电设备运行噪声控制要求高。

(4) 确保展览大厅空调效果和节能的技术的难度大。

(5) 钢结构上安装机电管线支架的技术要求高，施工难度大。

(6) 绿色节能环保技术在工程中运用多。

(7) 工程界面复杂、工作衔接和协调配合多、确保工期的难度极大。

(8) 施工图纸深化设计和管线的综合管理要求特别高。

(9) 与布展单位和商业模块的接口施工和配合服务要求高。

(10) 对机电工程保驾护航的服务要求极高。

7. 工程目标

(1) 工程质量。工程质量达到合格等级，并符合国家专业质量检验评定标准的合格条件及设计标准或通过国家有关管理部门验收。按照国家工程施工质量验收标准达到一次验收合格率 100%。

(2) 工程安全。安全生产严格按照国务院令第 393 号《建设工程安全生产管理条例》进行施工，确保无重大责任事故、无重大伤亡事故以及火灾事故的发生。

(3) 文明施工。对本工程实施全过程的安全文明标准化管理，确保获得“市文明工地”称号。

(4) 工期要求。中国馆于 2007 年 12 月 18 日开工打桩，于 2008 年 8 月完成国家馆地下部分的土建施工；2008 年 12 月完成地区馆地下部分的土建施工，2009 年 1 月结构封顶，2009 年 11 月底竣工。机电分部开工日期为 2008 年 7 月 1 日，竣工日期 2009 年 11 月 30 日，总工期为 318 天。

8. 应用过程

(1) 薄壁不锈钢管卡凸式连接特点难点。中国馆给水系统的不锈钢管采用卡凸式连接工艺，需要在薄壁不锈钢管端的一定位置，由内壁向外辊压使管子形成一道凸缘环。扩环是保证接口不漏水的重要工序，过度辊压，会使管端形成喇叭口，使管子不能插入管件。压轧高度过低的凸环会影响管件的密封性能和连接强度。

(2) 关键技术特点。在轧压凸环的过程中，一定要保持管子与上下压轮和管子相平行。如果管子歪斜，会使轧出的凸环尺寸不精确，外观会有螺旋形划伤线。

(3) 施工工艺和流程。工艺流程如图 5-7 所示。工艺过程：

1) 施工准备。

①施工技术准备

A. 施工前收集施工图纸（有效版本）、合同文件、施工规范和标准等技术资料。

B. 熟悉图纸和有关技术规范，参加施工图设计交底，并做好记录。如图纸有局部变化或局部修改，应及时办理施工技术核定。

C. 依据施工图编制施工预算。

D. 编制施工方案和材料需用计划。如有外加工的材料需填写外加工委托单。

E. 对施工班组进行施工技术交底，并签发施工任务单。

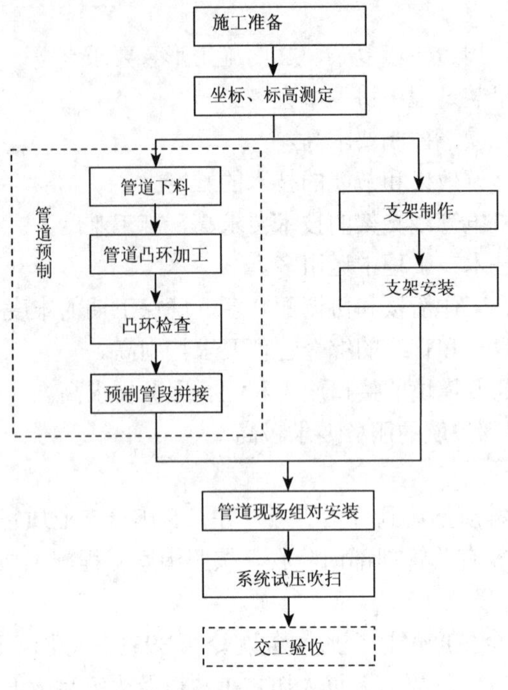

图 5-7　施工工艺流程图

②作业人员的准备。

A. 根据工程进度计划要求，编制劳动力需用计划，以劳动力计划为依据组织好施工人员进场。

B. 对参与施工的人员进行薄壁不锈钢管道卡凸式连接安装工艺的技术培训。

③施工机具和计量器具的准备。

A. 按施工进度计划和施工机具需用计划，分阶段组织施工机具进场，并确保其完好能满足过程施工能力。主要的施工机具见表 5-6。

表 5-6　主要施工机具表

序号	名称	型号规格	备注
1	直流电焊机	ZX7-400	包括电缆线、焊钳（支架焊接）
2	角向砂轮机	Φ100 ～ Φ150	根据工程需求选用（支架加工）
3	砂轮切割机	Φ400	根据需用配备（支架下料用）
4	砂轮切割机	Φ400	根据需用配备，专用切割 DN65 ～ DN200 不锈钢管道
5	氧乙炔割具	包括皮带、表、轧头、气割枪	（支架下料）
6	电动试压泵	2.5MPa	管道试压
7	手动扩凸机	DN15 ～ DN50	根据需用配备
8	电动扩凸机	DN65 ～ DN200	根据需用配备
9	管子割刀	DN15 ～ DN50	根据需用配备
10	活落扳手	8″ ～ 12″	根据需用配备

续表

序号	名称	型号规格	备注
11	台钻	Z4125	根据需用配备
12	冲击钻	GSB 20-2RE	根据需用配备

B. 按施工进度计划和计量器具需用计划，分阶段组织计量器具进场，并确保其在规定的周检期内。主要的计量器具见表 5-7。

表 5-7　主要计量器具表

序号	名称	型号规格	备注
1	钢卷尺	2 ～ 15 m	根据需用配备
2	水准仪	J2	根据需用配备
3	水平尺	8″ ～ 12″	根据需用配备
4	压力表	Y=100　0 ～ 2.5MPa	根据需用配备
5	环规	DN15 ～ DN200	根据需用配备

④材料的准备

A. 根据工程进度要求，制订要料计划，并按要料计划组织好材料的采购工作。

B. 进入现场的材料进行检验，材料检验要求，见表 5-8。材料检验合格后，运入仓库指定位置堆放。

表 5-8　材料检验对照表　　单位：mm

<table>
<tr><th>公称通径
（DN）</th><th>管道外径
（Φ）</th><th>外径
允许偏差</th><th>壁厚
（δ）</th><th>壁厚
允许偏差</th><th>外观
检查内容</th></tr>
<tr><td>15</td><td>16</td><td rowspan="3">±0.1</td><td>0.6</td><td rowspan="12">名义壁厚的±10%</td><td rowspan="12">水管焊缝表面应无裂缝、气孔、咬边、夹渣，内外面加工良好，不应有超出水管壁厚负公差的划伤、凹坑和矫直痕迹等缺陷。断口应无毛刺。</td></tr>
<tr><td>20</td><td>20</td><td>0.6</td></tr>
<tr><td>25</td><td>25.4</td><td>0.8</td></tr>
<tr><td>32</td><td>35</td><td rowspan="2">±0.12</td><td>1.0</td></tr>
<tr><td>40</td><td>40</td><td>1.0</td></tr>
<tr><td>50</td><td>50.8</td><td>±0.15</td><td>1.0</td></tr>
<tr><td>65</td><td>67</td><td>±0.18</td><td>1.2</td></tr>
<tr><td>80</td><td>76.1</td><td>±0.23</td><td>1.5</td></tr>
<tr><td>100</td><td>102</td><td rowspan="4">±0.4% DW</td><td>1.5</td></tr>
<tr><td>125</td><td>133</td><td>2.0</td></tr>
<tr><td>150</td><td>159</td><td>2.0</td></tr>
<tr><td>200</td><td>219</td><td>2.5</td></tr>
</table>

C. 运输和储存。搬运管材和管件时，应小心轻放，避免重压、敲击、碰撞、抛掷、折弯等易造成管材变形、开裂损伤等行为，严禁剧烈碰撞、抛摔滚地。

管材和管件应存放在室内，并应避免与油污接触。不得露天存放。

管材应水平堆放在平整的地面或水平支垫上。放在支垫上时，外悬端部分不得超过 0.5m，堆放高度不超过 1.5m；管件应按箱逐层码放，堆高应小于 6 箱。

2）坐标、标高的测定。

①测定是利用空间三轴坐标的原理，测量在 X、Y、Z 轴三个方向必要的尺寸和角度。

A. 在坐标和标高的测定前首先熟悉施工图纸，了解图纸上标注的是什么尺寸，是相对尺寸还是绝对尺寸。

B. 坐标和标高的测定首先要选择正确的基准点，正确的基准点选择是进行测量工作的基础。

②坐标和长度的测定采用钢卷尺，从结构上（如：梁中心、柱中心、墙中心）拉出测出需要的尺寸。

③标高测定采用水准仪或简便测量方法（液位塑料管），从已知结构上的标高线引出，测出管道敷设高度。

④角度测定采用经纬仪或简便测量方法（量角器或活动角尺），测量确定管道变向的位置。

3）支架制作、安装。

①支架制作

A. 根据支承的管道大小选择合理美观有足够强度和刚度的支吊架形式。

B. 管道支吊架制作前，确定管架标高、位置及支吊架形式，同时核对其他专业图纸，在条件允许的情况下，尽可能地采用共用支架。

C. 支吊架型钢开孔必须使用机械钻孔。

D. 支吊架焊接不得存在漏焊、欠焊、裂纹、咬肉等缺陷，焊接变形应予矫正。支架制作后应进行防锈处理。

②支架安装。

A. 管道支架间距见表 5-9。

表 5-9 支架间距 单位 :mm

公称直径	水平管	立管
DN15	1000	1500
DN20	1500	2000
DN25	1800	2200
DN32	2000	2500
DN40	2200	2800
DN50	2500	3000
≥ DN65	3000	3500

注：在距离各管件或阀门的 100mm 以内必须用管卡牢固固定，特别在干管支管处。

B. 管道支吊架的固定位置，应尽量选择设置在梁、柱、墙等部位，采用膨胀螺栓法固定。

C. 支架横梁必须保持水平，每个支架均与管道接触紧密。

D. 如采用管卡的形式，可采用金属和非金属材料。

E. 如采用碳钢支吊架时，必须在不锈钢管道与支架接触处加装橡皮板、塑料板等非金属衬垫如图 5-8 所示。

图 5-8　非金属衬垫

4）管道安装。薄壁不锈钢管道卡凸式连接主要有螺纹式卡凸连接和法兰式卡凸连接两种方式如图 5-9 所示。螺纹式卡凸连接，适用管径 DN15 ～ DN50；法兰式卡凸连接，适用管径 DN65 ～ DN200。

①螺纹式卡凸连接。根据设计图纸选择所需规格管材，按所需长度裁剪，然后放入紧固螺母，接着辊压凸环，再套入聚四氟乙烯密封胶圈，插入管件承口并锁紧螺母，最后固定管路。

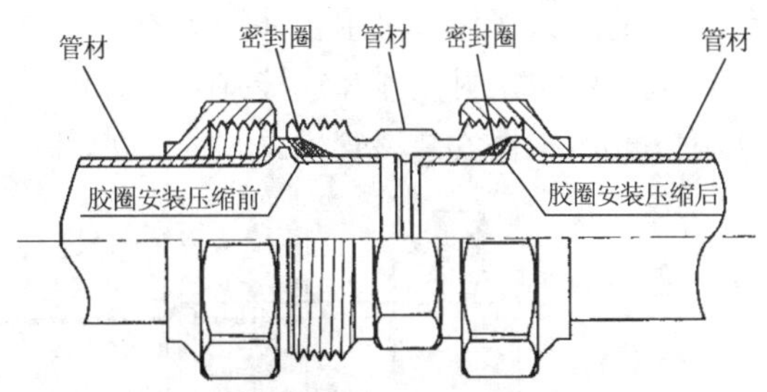

a）螺纹式卡凸中间接头结构图

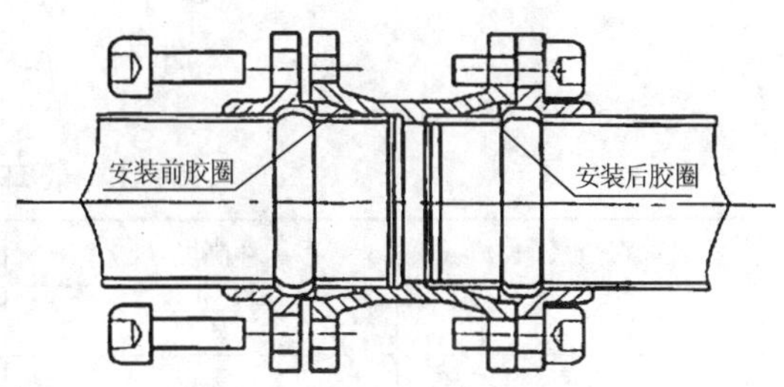

b）法兰式卡凸中间接头结构图

图 5-9　薄壁不锈钢管道卡凸式连接结构图

A. 管材下料。按管路安装的实际需要选择相应规格的管材，并根据安装位置计算测量所需管材的长度，如图 5-10 所示。

使用切管器或者切管机等切管工具将管材切至适合的长度。裁切长度应是安装长度加上两头管件螺纹长度，还要考虑管道扩凸后缩短的缩率。在辊压凸环处套上螺母时必须注意方向正确，螺母上有螺纹的一端朝向管口。

B. 辊压凸环（使用手动扩凸机，如图 5-11 所示）。

• 根据所需扩环的管材直径，选出相应的压轮。将对应的上压轮轴装入滑块套筒内，装上摇把并紧后面螺帽。

• 逆时针转动压紧螺杆手柄，把滑块

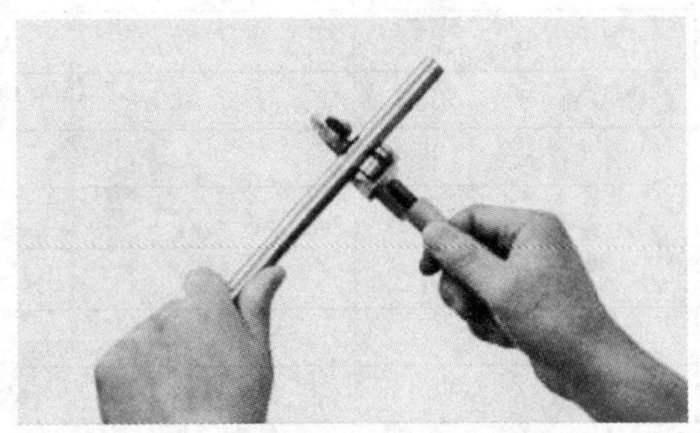

图 5-10　管道切割

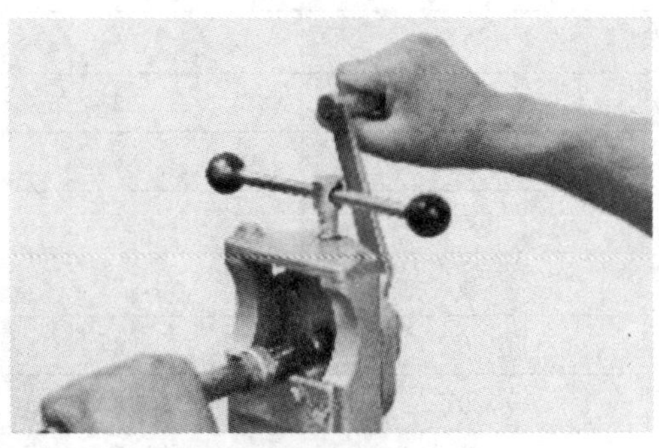

图 5-11　辊压凸环

升高到适当的位置，旋转转盘。把对应的一组下压轮对准上压轮轴，并反转压紧螺杆手柄，使上压轮轴下行至轻压对应的一组下压轮，并紧转盘螺帽以固定转盘。

• 逆时针转动扩凸机上面的压紧螺杆转把，升高上压轮离开下压轮至合适距离。将已套好管件锁紧部件（螺母或者法兰）的管子套入扩凸机的上压轮，管端顶住上压轮轴的限位截面。

• 顺时针转动手柄使上压轮下降，直至上压轮带动管子轻压住下压轮。

• 开始顺时针转动摇把，每转动摇把五圈，压紧螺杆转动 1/4 圈。以此类推可使管子上扎出的凸环逐渐加高，直至所需的高度。当凸环已轧压到所需尺寸后，要让转把逆时针回转 1/4 圆周，上压轮动五圈以上，可以使管子圆度均匀，然后再继续回转转把升高上压轮，取出管子。

C. 凸环检查。在管材的一头辊压凸环过程中，必须时时注意凸环是否已达到所需尺寸，如图 5-12 所示，见表 5-10，及时停止辊芯下降，如过度辊压，会使管端形成喇叭口，使管子不能插入管件。可用管件配套的凸环卡规作为检查凸环高度的标准，高度过低的凸环会影响管件的密封性能和连接强度。若管子在辊环时，出现裂缝或者凸环前端椭圆大于等于 0.2mm，不得安装该管子。

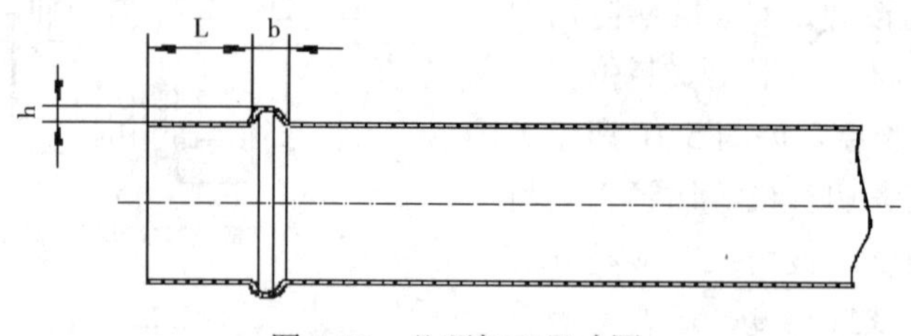

图 5-12　凸环加工尺寸图

表 5-10　凸环加工尺寸要求

单位 :mm

公称直径（DN）	扩环高度（h）	扩环宽度（b）	承口长度（L）
15	1.7	4	11.5
20	1.8	4	11.5
25	2.0	5.5	13.5
32	2.0	5.5	13.5
40	2.0	6	17
50	2.5	6	17
65	2.5	8	18
80	2.5	12	22
100	2.5	12	22
125	2.8	14	25
150	2.8	14	25
200	2.8	16	25

D. 管道连接

• 将聚四氟乙烯密封圈按正确的方向套入管端，密封圈厚的一端靠近管子的凸环，薄的一端靠近管口。将套好密封圈的管子插入管件，把锁紧螺母旋上管件，如图 5-13、图 5-14、图 5-15 所示。

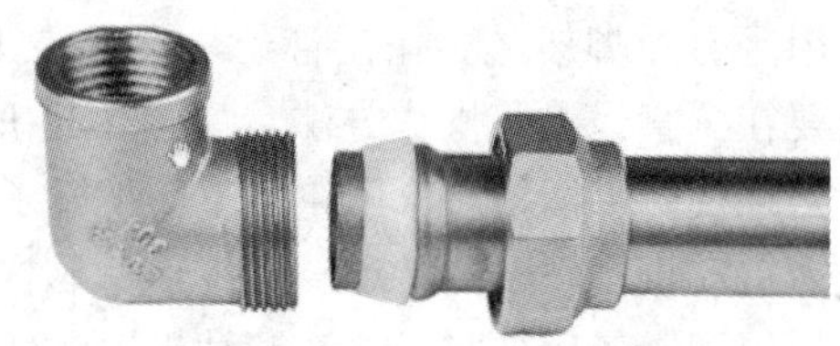

图 5-13 安装密封圈

• 将套好密封圈的管子插入管件时，应使密封圈的后缘与管件的端口平行，否则会影响密封性能，然后锁紧螺母。在管道组对时，在拧紧一头管件螺母时，要注意另一端的螺母随管子转动而松动。此时应让其他操作者同时用扳手卡住另一端管件的螺母以拧紧。

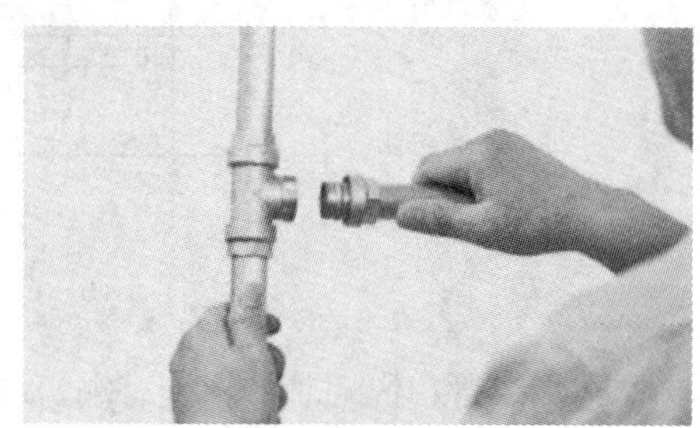

图 5-14 插入管件

②法兰式卡凸连接。根据设计图纸选择所需规格管材，按所需长度裁剪，然后放入紧固法兰盘，接着辊压凸环，再套入聚四氟乙烯密封胶圈，插入管件承口并锁紧法兰盘螺栓，最后固定管路。

A. 管材下料。大口径管道下料采用砂轮切割机进行切割，采用的切割片不得含有铁质成分，并且砂轮切割机不得用于其他金属材料切割。裁切长度应该是安装长度加上法兰后端凸起出的长度，还要考虑管道扩凸后拉伸和缩短的情况。

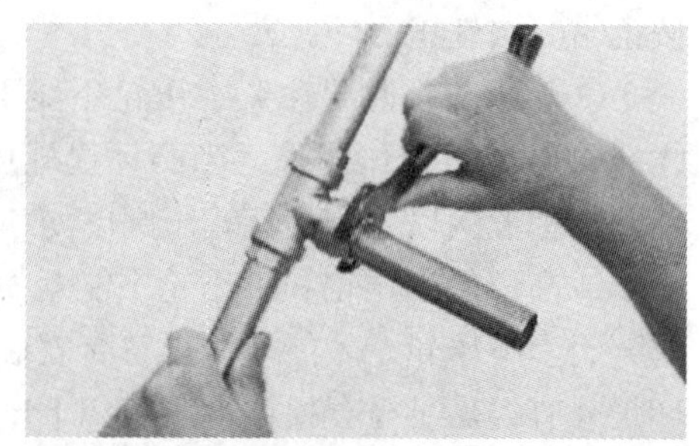

图 5-15 螺母锁紧

B. 辊压凸环（使用电动扩凸机）。

• 根据所需扩环的管材直径，选出相应的压轮。打开滑块盖板，将对应的一组上压轮装入滑块轴内，并盖上盖板，装紧螺帽，下压轮装入下主轴。

• 转动压紧螺杆手柄，把滑块升高到适当的位置，套上要扩环的管子，转动压紧螺栓稍用力压紧，以防轧压过程中后退。

• 如管子长度在 2m 内，可拉出机床附带托架支撑（注意：调节托架高度，保证管子一定要和主轴平行），如超出 2m 要用外带托架支撑。注意同样要求和主轴平行。

• 开动顺转电机，缓缓地转动转把，可使管子上扎出的凸环逐渐加高，直至所需的高度（见表 5-10）。轧压凸环时要注意下压轮不能下降过快，必须使转动五圈以上，才能再对辊芯的高度作调整。当凸环已轧压到所需尺寸后，要让转把逆时针回转小 1/4 圆周，下压轮动五圈以上，可使管子圆度均匀，然后在继续回转转把升高上压轮，取出管子。

C. 凸环检查。凸环检查要求同 P64“C. 凸环检查”中的内容。

D. 管道连接。将聚四氟乙烯密封圈按正确的方向套入管端，密封圈厚的一端靠近管子的凸环，薄的一端靠近管口。将套好密封圈的管子插入管件，把紧固法兰的螺栓锁紧，在紧固管件时，紧固法兰的螺栓紧固要对称锁紧。

（4）质量保证措施。

①在轧压凸环的过程中，一定要保持管子与上下压轮和管子相平行，如果管子歪斜，会使辊出的凸环尺寸不精确，并且造成外观有螺旋形划伤线。若管子长度较长时，需要使

用平台、脚架之类托住管子，一定要让管子和机器主轴保持平衡（H1 = H2），纵向轴线要在一直线上，操作方法，如图 5-16 所示。如碰到管子在轧压时会向外慢慢退出的现象，必须反转手柄抬起上压轮。重新把管子送到位，顺时针转动手柄，让上压轮重新压紧管子，点启动机器，一边转动一边下压，这样慢慢轧压一到两圈，让凸环初步凸起，管子就不会退出了。最后按常规方法开动机器，轧压直至到位。

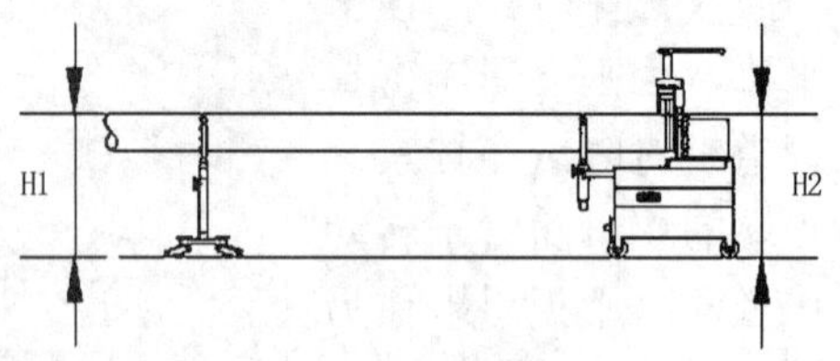

图 5-16　凸环加工管子和机械保持平行

②如果管口因切管的原因有缩口现象，导致管子在套入上压轮的时候被上压轮上的凸筋卡住，顶不到上压轮的限位面时，可先只将管子套入上压轮的前段，用辊压凸环的操作方法将管口稍微扩大，当管口扩大到能穿过上压轮上的凸筋时，再将管子全部套入，然后按正常方法轧压凸环。

③轧压凸环时要注意上压轮不能下降过快，每下降少许，必须使摇把转动五圈以上，才能再对上压轮作调整。当凸环已轧压到所需尺寸后，要让转把逆时针回转小 1/4 圆周，转动摇把五圈以上，可使管子圆度均匀，然后在继续回转转把升高上压轮，取出管子。

④凸环的上压轮和下压轮不能互换安装。在轧压不同规格的管材时，一定要使用相应的一组上下压轮，才能轧压出符合安装尺寸的凸缘环。使用不合适的上下压轮，会造成凸环尺寸有误，甚至会损坏上压轮和下压轮。

9. 技术经济评价安全质量

卡凸式管道安装相对于传统焊接及丝扣安装方式，节约了大量安装时间，减少渗漏点。

采用薄壁不锈钢管卡凸式连接技术，减少现场焊接工作量，有利于进行工厂化预制，提高了工作效率，减少劳动力消耗，加快工程进度，降低了管道接口的渗漏率，对渗漏点的修复和配件的更换更加方便快速。卡凸式管件可以拆卸，方便管道改造或维修，真正做到施工的安全、经济、省时、省力。

中国馆给水系统、热水系统共计 14000m 管道，如采用焊接连接，需 3100 工日完成，采用卡凸式连接，实际使用 2620 工日，节约 15.5%。

中国馆项目从建成至今，特别是经过了世博会期间大客流的考验，包括给水系统的机电各系统运行正常。

（二）上海世博村给水系统

1. 工程概况

世博村为世博会的配套工程，在世博会召开时，为世博服务的公寓式酒店。

主要功能为中档公寓式酒店，由七幢主楼，一层公建及地下车库组成，户数 922 户，配备适量的沿街商业功能。本项目机电总投资规模约为 1.3 亿元。

世博村——公寓式酒店位于世博园区内，工程基地面积为 43909m^2，地上建筑面积为 112705m^2，地下建筑面积 29937m^2，建筑高度小于 95m。其中 1#、2#、4# 楼为 16 层建筑，

3#、5#、6# 楼为 20 层建筑，7# 楼为 24 层建筑。主要建筑为框架剪力墙结构，裙房和地下车库为框架结构。

2. 工程范围

全部工程可分为：管道工程、电气工程、通风空调工程、弱电系统配管等。

采用薄壁不锈钢管道卡压式连接的有给水系统、热水系统、热媒系统。

主要工程量见表 5-11。

表 5-11　主要工程量

序号	名称	规格	单位	数量
1	不锈钢管道	各种规格	米	16000
2	生活泵	各类规格	台	42
3	生活冷水箱	各类规格	台	13
4	地下贮水池	90T	个	3
5	立式水—水热交换器	各类规格	个	16
6	水—水热交换器	各类规格	个	4
7	阀门	各类规格	个	500

3. 工程目标

（1）质量目标：整体工程和分部工程均达到一次验收合格率 100%。

（2）工期目标：2007 年 4 月 18 日至 2009 年 6 月 17 日。

（3）安全施工目标：确保无重大责任事故、无重大伤亡事故以及火灾事故的发生。

4. 管道系统概况

（1）机房管道概况。世博村（D 地块）公寓式酒店地下室设有 1 个锅炉房，7 个热交换机房。锅炉房内配备了 5 台燃气式热水锅炉。7 个热交换机房分别对 7 幢小高楼进行集中式 24 小时热水供应。其中 1#、2#、3#、4# 换热机房各配备了 4 台水—水式热交换器，其中 2 台为高区供应热水、2 台为低区供应热水。5#、6# 换热机房各配备了 5 台水—水式热交换器，其中 2 台为高区供应热水、2 台为低区供应热水、1 台为地下室淋浴房供应热水。7# 换热机房配备了 6 台水—水式热交换器，其中 2 台为低区供应热水，2 台为中区供应热水，2 台为高区供应热水。所有机房的给水、热水、热媒管道都采用薄壁不锈钢管，管径＞ DN80 采用沟槽式连接，管径≤ DN80 采用卡压式连接。

（2）给水系统。基地总用水量为：最高日用水量 1380.1m^3；最高时用水量 153.1m^3。地下车库及一层由市政管网直接供水，二层及二层以上均由屋顶水箱供水；屋顶水箱由设在地下车库设备机房的生活泵、贮水池联合供水。

7# 房给水系统的竖向分区为 B1 层、底层为一区，由市政管网直接供水；2 ～ 6 层为二区，7 ～ 14 层为三区，15 ～ 24 层为四区，二区、三区由屋顶水箱通过减压阀减压后供水，四区通过设在屋顶水箱内的给水潜水泵加压后供水。

3#，5#，6# 楼给水系统的竖向分区为 B1 层为一区，由市政管网直接供水；1 ～ 10 层为二区，11 ～ 20 层为三区，二区由屋顶水箱通过减压阀减压后供水，三区通过设在屋顶水箱内的给水潜水泵加压后供水。

1#，2#，4# 楼给水系统的竖向分区为 B1 层为一区，由市政管网直接供水；1 ～ 6 层为二区，7 ～ 16 层为三区，二区由屋顶水箱通过减压阀减压后供水，三区通过设在屋顶水箱内的给水潜水泵加压后供水。

（3）热水系统。酒店客房卫生间的热水系统采用集中热水供应系统，为全日制供应热水。

热水供应温度为 60℃，冷水系统计算温度为 5℃，管网末端热水供水温度不低于 50℃。本工程客房卫生间 60℃水的热水总用水量为每小时 65.6m^3。

7# 楼二、三、四区的每区各设置二台容积式导流、节能型水—水换热器。3#、5#、6# 二、三区的每区各设置二台容积式导流、节能型水—水换热器。1#、2#、4# 房二、三区的每区各设置二台容积式导流、节能型水—水换热器。每幢楼最高区的热水系统均为闭式系统，每个闭式系统均分别设置密闭式膨胀罐一台。

（4）热媒系统。基地客房卫生间的总耗热量为 4919kW。

换热机组的热媒为设置在地下锅炉房内的燃气常压热水炉的 80 ～ 85℃高温热水。

5. 应用过程介绍

（1）工程特点、难点。

1）该工程由于楼层较高，对于设备材料的垂直运输及施工人员的施工作业都带来较大困难。

2）该工程机电系统复杂、先进，业主对工程中采用的新技术、新工艺非常重视。

3）该工程为公寓式酒店，噪声控制要求很高，酒店内机电设备运行产生的噪声是一个非常重要的问题。空调、通风系统的风机及机械设备运行，将会产生较大的机械噪声，通过结构及管道传到各房间。因此，噪声产生是必然的，控制在一定范围内则是必须解决的难点。

4）该工程的空调系统、给排水系统、电气系统等的调试能否达到设计及使用要求，将直接影响整个项目功能的有效发挥。

5）该工程留给机电安装的实际施工周期较短，工作量又大。

6）确保整体工程和分部工程均达到一次验收合格率 100%，两幢单位确保市优质结构，二幢单位确保白玉兰奖。

（2）关键技术特点。薄壁不锈钢管卡压式连接施工工艺是一项较先进的管道连接施工工法，无论在管道材料运用和施工工艺方面，与传统的焊接、热熔连接和丝扣连接相比较，均能显示出它的优越性。卡压式连接在施工技术方面主要有以下要点：

1）同时卡压管道和管件的“O”型密封圈两侧，使“O”型密封圈均匀地紧贴在管道外壁和管件内壁上，保证了管道连接的密封性。

2）同时卡压管道和管件的“O”型密封圈两侧产生的变形，使管件有两处紧贴管道表面，保证了管道与管件连接的紧固性。

3）液压分离式卡压机（器）采用的上、下钳口封合限位和自动断压技术，可以确保管道连接施工工序一次到位、质量均一。

（3）施工工艺和施工流程。工艺流程，如图 5-17 所示。工艺流程：

1）安装准备。

①对图纸、施工方案或施工组织设计进行技术交底。

②施工机具、材料、施工人员、现场施工用水、用电都已到位。

③管路堆放处要平整、严禁与碳钢材料接触（避免发生电化学反应）。

④进行图纸深化设计，检查管道布置是否与结构、其他专业管道有交叉、矛盾的情况，须与有关专业人员及时沟通，并找出解决的办法;核对管道预埋件、套管位置、标高、坐标是否正确。

2）管道支架制作与安装。

①位置正确，埋设应平整牢固。

②固定支架与管道接触应紧密，固定应牢靠。

③滑动支架应灵活，滑托与滑槽两侧间隙应留有 3 ～ 5mm 的间隙，纵向间隙，

纵向移动量应符合设计要求。

④无热伸长的管道的吊架、吊杆应垂直安装。

⑤有热伸长的管道的吊架、吊杆应向热膨胀的反方向偏移。

⑥固定在建筑结构上的管道支、吊架不得影响结构的安全。

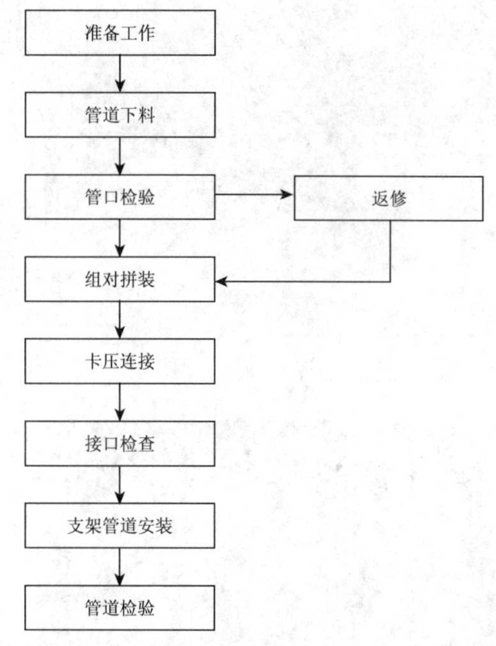

图 5-17　工艺流程图

⑦公称直径不大于 25mm 的管道安装时，可采用塑料管卡。采用金属制作的管卡或支架时，应在管道与支架之间加塑料带或橡胶等软物隔垫。

⑧薄壁不锈钢管固定支架的间距不宜大于 15m，固定支架宜设置在变径、分支、接口及穿越承重墙、楼板的两侧等处。

⑨不锈钢管垂直或水平安装的支架间距见表 5-12。

表 5-12　支架间距　　单位：mm

公称直径 DN	10 ～ 15	20 ～ 25	32 ～ 40	50 ～ 65	80 ～ 100
水平管支架间距	1000	1500	2000	2500	3000
立管支架间距	1500	2000	2500	3000	3500

3）管道连接。

①使用切管工具切断管子，为避免刺伤封圈，请使用专用除毛器或锉刀将毛刺完全除净。如图 5-18 所示。

②使用画线器在管端画线做记号，以保证管子插入长度，避免造成脱管。如图 5-19 所示，插入长度见表 5-13。

表 5-13　管径与插入的长度　　单位：mm

公称直径 DN	15	20	25	32	40	50	65	80	100
插入长度	21	24	24	39	47	52	53	60	75

图 5-18

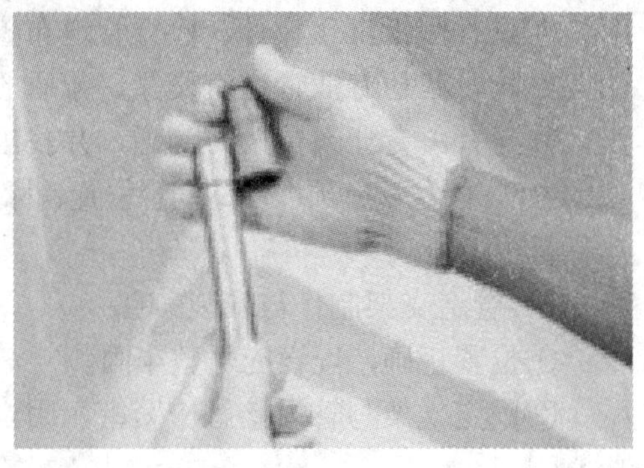

图 5-19

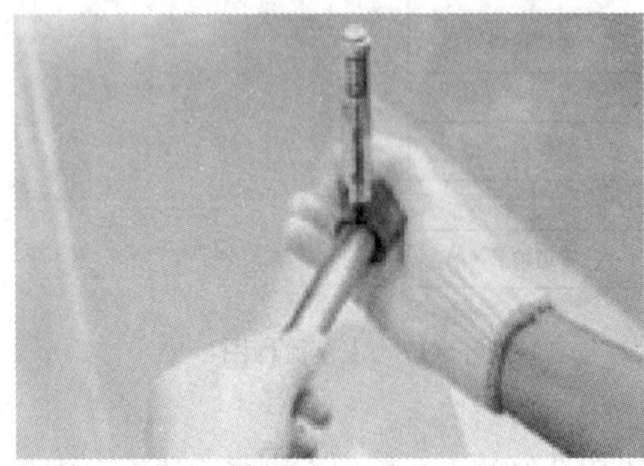

图 5-20

图 5-21

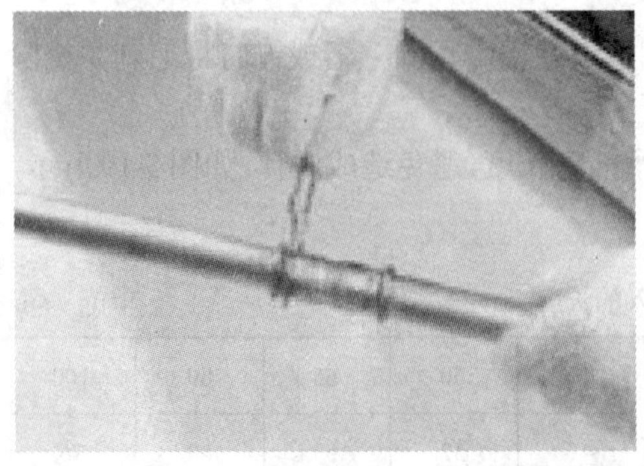

图 5-22

③将管子笔直地插入管件内，注意不要碰伤橡胶圈，并确认管件端部与画线位置相距 3mm 以内。如图 5-20 所示。

④把封压工具钳口的环状凹部对准管件端部内装有橡胶圈的环状凸部进行封压。如图 5-21 所示。

⑤用六角量规确认尺寸是否正确，封压处完全插入六角量规即封压正确，避免封压工具出现不良。如图 5-22 所示。

4）管道敷设。

①管道明敷时，应在土建工程粉饰完毕后进行安装。

②按设计图纸画出管路分路、管径、变径、预留管口、阀门及其他附件位置等的施工草图，在实际安装位置做好标记，按分段量出管道实际尺寸，按此进行预制加工。

③将预制好的管道按编号搬运到安装位置依次排开，然后按顺序安装管道，管道安装按干管、后支管的顺序进行。管道之间应保持一定的间距，当设计无规定时，其净间距不小于 100mm。

④明装管道成排安装时，直线部分应互相平行。曲线部分：当管道水平或垂直并行时，应与直线部分保持等距；管道水平上下并行时，管道部分的曲率半径应一致。

⑤当管道平行敷设时，薄壁不锈钢管道宜设置在镀锌钢管内侧。

⑥管道穿越结构伸缩缝、抗震缝及沉降缝敷设时，应根据情况采取下列保护措施：

a. 在墙体两侧采取柔性连接；

b. 在管道或保温层外皮上、下部留有不小于 150mm 的净空；

c. 在穿墙处做成方形补偿器，水平安装。

⑦由于钢筋混凝土结构的施工工序多，交叉作业频繁，隐蔽工程质量监督、管道试压及发现管壁破损补救困难，所以管道不得浇注在结构层内。

⑧屋面及管道井内的管道应有可靠的接地。

⑨嵌墙敷设的管道宜用覆塑型。埋地敷设的薄壁不锈钢管，其管材牌号宜采用 0Cr17Ni12Mo2（316），并应对管沟或外壁采取防腐措施。

5）管道强度试验。

①管道强度试验前，应检查系统管道各接口、节点是否已完善，管道支架是否牢固。试验时，管道接头均应明露。

②管道试验时，应缓慢向管道内注水，并将管路内的空气排除干净。升压时应缓慢升压。

③室内给水管道的水压试验压力必须符合设计要求。当设计未作注明时，给水管道系统试验压力均为工作压力的 1.5 倍。但不得小于 0.6MPa，热水管道试验压力为系统顶点的工作压力加 0.1MPa，同时在系统顶点的试验压力不小于 0.3MPa。

④检验方法：给水管道系统在试验压力下观测 10min，压力降不应大于 0.02MPa，然后降到工作压力进行检查，应不渗不漏。

⑤管道系统加压后发现有渗漏水或压力下降超过规定值时，应检查管道，在排除渗漏水原因后，再按上诉要求重新试压，直至符合要求。

⑥在温度低于 5℃的环境下进行水压试验和通水能力检查时，应采取可靠的防冻措施，试验结束后，应将存水放尽。

6）系统冲洗。

①管道在交付使用前必须冲洗和消毒，并经有关部门取样检验，符合国家《生活饮用水标准》方可使用。

②管道系统的冲洗和消毒在管道试压合格后进行。

③冲洗前，应对系统内的仪表加以保护，并将所有有碍冲洗工作的节流阀、止回阀等管道附件拆除，妥善保管，待冲洗后复位。

④管道冲洗进水口及排水口应选择适当位置，并能保证将管道系统内的杂物冲洗干净为宜。排水管截面积不小于被冲洗管道截面的 60%，排水管接至排水井或排水沟内。

⑤给水管道以系统最大流量、不小于 1.5m 流速进行管路冲洗，直至出口处的水色和透明度与入口处目测一致为合格。

⑥为防止氯离子腐蚀管道，消毒宜采用 0.03% 的高锰酸钾消毒液灌满管道进行消毒，消毒液在管道中应静置 24 小时排空后，再用饮用水进行冲洗。

7）材料。

①本工艺采用的薄壁不锈钢管及管件，管道主要材料为奥氏体不锈钢 0Cr18Ni9（304），耐腐蚀性能要求高的地方采用 0Cr17Ni12Mo2（316）或 00Cr17Ni14Mo2（316L）。密封材料牌号：氯化丁基橡胶（CIIR）。公称压力 1.6MPa，工作温度 −20℃～ 110℃。

②材料应具有中文质量合格证明文件，规格、型号和性能检测报告应符合国家技术标

准或设计要求。

③管材的内外壁应光滑平整，无明显的裂痕、凹陷。管件应完整，无缺损变形。管材、管件上应标明规格、公称压力、生产厂名或商标。

8）机具设备。主要机具为液压钳、割管器、六角量规、扳手、台钻、压力工作台、砂轮切割机、电锤等。薄壁不锈钢管压接主要机具如图 5-23 所示。

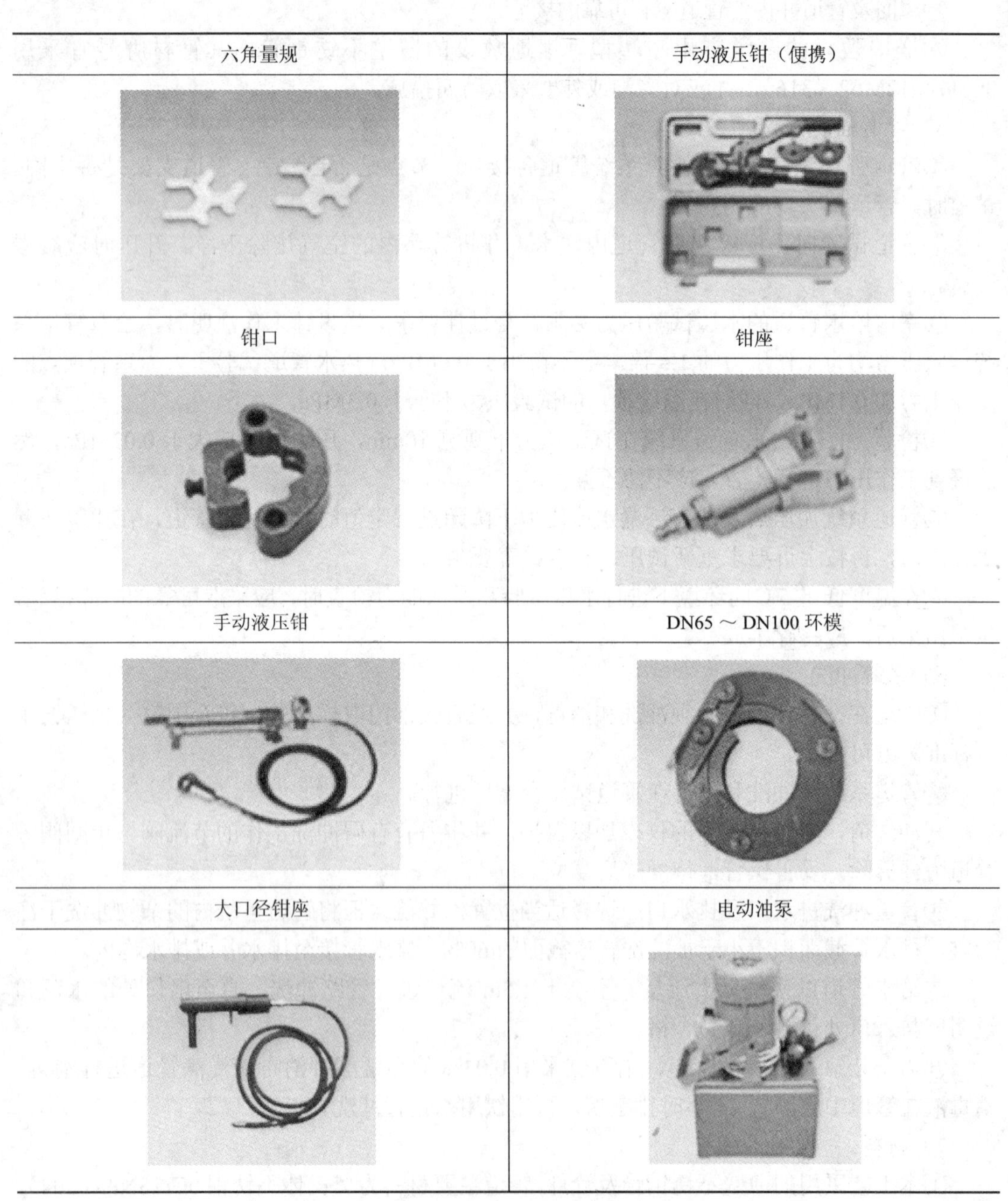

图 5-23　薄壁不锈钢管压接主要机具

9）质量标准。本工法质量标准依据《建筑给排水及采暖工程施工质量验收规范》

GB50242-2002 执行。见表 5-14。

表 5-14　管道安装的允许偏差和检验方法

管道安装部位		允许偏差（mm）	检验方法
水平管道纵横方向弯曲	每米 全长 25m 以上	1 ≯ 25	用水平尺、直尺、拉线和尺量检查
立管垂直度	每米 全长 25m 以上	3 ≯ 8	吊线和尺量检查
成排管道和成排阀门	在同一平面上间距	3	尺量检查

三、技术经济评价

通过应用薄壁不锈钢卡压式连接工艺，充分体现了新工艺的优越性。主要表现在以下几个方面：

（1）环保、安全、使用寿命长。卡压式连接的薄壁不锈钢管道使用寿命长，水质稳定。卡压连接施工过程清洁、安全、文明。

（2）节能降耗 。管道卡压式连接消耗的电能和不锈钢材料资源，与焊接连接相比，相对较少。

（3）质量可靠。管道卡压式连接施工，可保证管道连接施工工序质量一次到位。

（4）操作简单快捷，安装费用低。与不锈钢管道的焊接连接相比，安装费用相对较低，

四、点评

由于薄壁不锈钢卡压式、卡凸式等新型连接工艺的优越性，使得薄壁不锈钢管在近几年内得到迅速的推广和应用。

薄壁金属管道的新型连接方式的运用，大大减少了施工时对环境的影响，诸如焊接产生的烟气、套丝产生的油污等，符合目前发展低碳经济，节能减排，绿色施工的要求。

专用管件接头的一次性经济投入可能较大，但配合薄壁不锈钢管的推广运用，使用周期寿命较长，维护更新周期加长，相对来说单位时间经济投入可能更低，更节省投资。

从施工的角度来说，操作简单，方便快捷，质量可靠，可一定程度上降低施工人工费；可预制程度加大，材料损耗率也有所降低；施工成本得到有效控制。

第六章　管道工厂化预制技术

一、技术综述

（一）国内外发展概述

在国内，建筑机电安装工程正朝着工厂化预制和装配化安装相结合的方向发展，其基本特点是将全部机电安装工作明显地分为预制和装配两个部分。管道工程作为机电工程的重要组成部分，提高预制率和装配化率，将有效地提高工效和工程质量。管道工厂化预制技术也正在逐步发展成熟并不断得到运用。

在国外，管道工厂化预制已经覆盖了大部分的建筑机电工程。在日本，建筑工程中基本上看不到管道现场预制组装，95%以上的工作量均在预制工厂内完成预制，然后根据施工进度计划逐步配送至现场进行组合装配安装。在欧美等发达国家，管道工厂化预制技术均已达到相当高的的水平。

工业管道的工厂化预制技术在我国基本趋于成熟，近几年来，以上海、广州等大城市的一些标志性建筑为例，如上海环球金融中心、广州新电视塔、上海世博场馆、上海东方体育中心等工程，已经运用管道工厂化预制技术，并不断地得到总结和发展，前景广阔。

（二）基本原理和定义

1. 工厂预制的条件——有固定的生产场所、设备、人员、规章制度等，在其工厂内进行预制工作，应具有设备齐全、人员精干、高效运转的特点。

从原料到成品或半成品是工厂化预制技术的终极目标，所有预制均在工厂内完成，实现配送制，满足现场装配安装的条件。

2. 工厂化预制——是一种从原料到成品或半成品的加工技术，是以工厂化运作为主要特点，根据确定的预制内容，由固定的人员、技术图纸要求、技术规程、操作规程、检验方法制度来完成的预制工作。

由于施工项目多，分散，工程量大小不一，工期有长短，各大公司每年都有上百个项目同时在建，生产量集中、品种规格繁多集中进行工厂预制配送，难度太大。采取固定的专业化工厂预制势在必行，实施就近工厂化预制，效果与工厂预制相同，也是目前需要研究的重点。

3. 工厂化预制技术内容：

确定预制内容，完成图纸深化；

确定预制工艺，选定需用设备；

规划预制场地，布置预制设备；

确定操作工位，落实岗位人员；

实施预制工作，保证质量安全；

后续运输配送，现场装配安装。

（三）主要技术内容

1. 确定预制内容，完成图纸深化

管道安装涉及的预制，主要是根据管道用途、技术要求的不同以及连接方式和安装工艺，确定预制的对象和可预制的程度，通过图纸深化设计手段，进行加工图设计，供预制工厂（场）依图加工。

根据工程实际，根据不同的管道连接方式，如目前建筑管道工程中最常用的螺纹连接、沟槽式连接、焊接连接、黏结连接、卡压式连接等连接工艺，因各工艺方法均有自己的特性，故要对不同连接方式的管道进行分类，并确定预制范围和深度。最大程度地满足现场可实现装配。

对设计蓝图进行分析，结合工程现状进行实测，进行图纸深化，完成加工图、管段分类编号、装配图，满足不同阶段（预制、仓储、运输配送、现场装配）的需求。

2. 确定预制工艺，选定需用设备

根据管道不同的连接方式，确定预制工艺，从管道下料（机械切断、火焰切割等）、管道加工（套丝、滚槽、坡口、扩环等）、连接（上螺纹、上卡箍、焊接、黏结等）、检验（尺寸复测、试压等）、涂装、标识编号、仓储等工序工况考虑，制定流水预制操作工艺。

根据确定的预制工艺，选定预制需用的设备。设备选用原则：实用、高效。如：砂轮切割机、带锯机、火焰切割器、套丝机、滚槽机、坡口机、扩环机、焊机、自动焊机、检测台、试压泵等。

3. 规划预制场地，布置预制设备

根据工程规模、预制工艺流程、选定的设备情况，进行预制场地的选址、需用面积的确定，并合理布置设备。

根据连接方式的不同，可确定相应规模的预制场地设备布置模块，如：原料存储复检模块、下料切割模块、螺纹加工连接模块、沟槽加工连接模块、焊接组对连接模块、黏结加工连接模块、质量检测模块、试压试验模块、标识认知模块、成品仓储模块等。

根据各功能模块的需求，进行预制设备的定位布置，确定操作工位，形成流水作业线。

4. 确定操作岗位，落实岗位人员

根据设备流水作业线的布置，确定操作工位，落实岗位人员，明确岗位职责，明确操作规程，岗位人员各司其职，分工明确。建立相关的规章制度。

5. 实施预制工作，保证质量安全

各岗位工作人员，依据图纸规范、操作规程、安全规程，实施预制工作。全过程施行质量和安全控制，保证预制质量，实现过程安全。

6. 后续工作：运输配送、现场安装（不作具体介绍）

（四）技术指标与技术措施

1. 加工图设计要求

（1）简要性：应严格按照施工深化图、单线图以及现场实测尺寸出具加工图。

（2）准确性：图纸要清晰、技术要求标准明确，分段合理（由主到次，由大到小；由系统到楼层依次拆分）。

（3）加工管段：管段编号、配件编号、口径标注、尺寸标注要逐一对应，不得混乱不清。材料明细表应与加工图一一对应，一目了然。

（4）可追溯性：加工图出具审定后，应存档，以便今后复核审查，对有修改的部分，应重新出具加工图，并再次存档备查。

2. 预制加工

加工图经确认后，交付给预制加工厂，由其按图尺寸进行预制加工。根据现场施工进度计划，按时保质完成相应管段成品或半成品的预制加工工作；预制加工过程中，质量检验人员依据国家规范、设计要求、施工深化图以及预制加工图，对加工后的成品和半成品及时进行质量检验，防止不合格品进入施工现场。

3. 预制加工厂（场）建设

有条件的尽可能建设固定预制加工厂。

特点：设备齐全，生产稳定、流动性小，生产技术、生产设备、生产人员保证；管理规范、制度完善、产品质量稳定可实现仓储、配送；适时满足现场施工安装进度要求。

预制加工场地有条件的也可以选择在施工现场附近，加工基地一般根据工程规模、预制加工类别、预制加工量而定。特点：流动性大，无须配送，功能实现可变组合。

4. 预制工艺流程：原料存储检验—管道下料—管道加工—连接—检验—涂装—标识编号—成品仓储

5. 预制功能模块

主要包括：原料存储复检模块、下料切割模块、螺纹加工连接模块、沟槽加工连接模块、焊接连接模块、黏结连接模块、质量检测模块、试压试验模块、标识认知模块、成品仓储模块等。可根据需要组合使用。

（五）适用范围与应用前景

管道工厂化预制技术适用于民用、工业建设项目，特别适合中、大型建筑机电管道安装工程，尤其是超大、超高层民用建筑。

管道工厂化预制技术的优越性在于既不受天气影响，也不受土建和现场设备安装条件的限制，即可先行进行预制施工，待现场条件具备时，即可将预制好的管段及组合件运至现场进行安装。这对于缩短施工周期，加快施工进度，减少高空作业和高空作业辅助设施的架设，保证施工质量和安全，提高技术水平和平衡施工力量等都具有十分重要的意义。

随着管道工厂化预制技术的日渐成熟运用，越来越多的工程建设将应用此项技术，前景十分广阔。

二、应用实例

（一）上海东方体育中心——机房管道工厂化预制

1. 工程概况

上海东方体育中心位于黄浦江以东、川杨河以南、济阳路以西、中环线以北ES4地块范围，紧邻世博园。上海东方体育中心工程包括综合体育馆、游泳馆、室外跳水池、新闻服务中心等主要建筑。项目总用地面积 34.75 万 m^2，总建筑面积 16.38 万 m^2。

其中：综合体育馆如图 6-1 所示。是上海东方体育中心场馆群中的重要组成部分，位于体育中心东北侧。建筑面积约 70000m^2，观众席容量为 18000 座，按照体育建筑中体育馆规模分类属于特大型体育馆。建筑耐火等级为一级。建筑主体高度 48.05m。室内游泳馆如图 6-2 所示。建筑面积约 47479m^2，建筑高度 23m，室外跳水馆如图 6-3 所示。总建筑面积约为 10500m^2，地下一层及地上二层，屋面最高高度为 33.56m。该项目地下室主要为设备用房，地上主要为商业、办公用房及看台。新闻服务中心如图 6-4 所示。是上海东方体育中心体育场馆群中的重要组成部分，位于体育中心东北侧体育馆西侧，建筑面积约 10000m^2。建筑物内设置体育博物馆、媒体中心、办公区等。设地下一层及地上十五层。

图 6-1　综合体育馆

图 6-2　游泳馆

图 6-3　室外跳水馆

图 6-4　新闻服务中心

2. 工程范围

该工程包括给排水系统、中水系统、消防栓系统、消防喷淋系统、空调通风系统、动力照明系统、弱电系统以及变配电系统、虹吸式雨水系统、消防给水系统、自动喷水灭火系统、气体灭火系统等工程。

主要工程实物量见表 6-1。

表 6-1　主要工程实物量

序号	名称	规格	数量（m）	备注
一	给排水、消防系统			
1	给水系统			
	钢塑复合管	DN15 ~ DN100	4628	
	不锈钢管	DN15 ~ DN100	3350	
	沟槽配件	DN100 ~ DN200	7543	
	镀锌无缝钢管	DN100 ~ DN200	388	
	球墨铸铁管	DN100 ~ DN400	425	
2	污废水系统			
	焊接钢管	DN80 ~ DN200	2865	
	U-PVC 管	DN50 ~ DN160	278	
3	雨水系统			
	虹吸雨水管	DN100 ~ DN200	7260	
	U-PVC 管	DN100 ~ DN150	4588	
4	屋顶生活水泵房			
	镀锌无缝钢管	DN100 ~ DN200	2231	
	镀锌钢管	DN15 ~ DN80	4256	
5	自动喷淋系统			
	镀锌无缝钢管	DN100 ~ DN150	33260	
	镀锌钢管	DN25 ~ DN80	56780	
6	消火栓箱消防系统			
	镀锌无缝钢管	DN100 ~ DN150	33482	
	镀锌钢管	DN25 ~ DN80	15885	
7	屋顶生活消防泵房			
	镀锌无缝钢管	DN100 ~ DN150	122	
	镀锌钢管	DN25 ~ DN70	256	
8	地下室消防泵房			
	镀锌无缝钢管	DN100 ~ DN150	286	
	阀门	DN20 ~ DN200	86	

续表

序号	名称	规格	数量（m）	备注
	沟槽配件	DN100 ~ DN200	264	
	支架型钢		22.6t	
9	水喷雾系统			
	雨淋阀组	DN100	12	
	高速水雾喷头		48	
	阀门		128	
10	气体灭火系统			
	气体灭火系统		388	
二	通风空调、冷却水系统			
1	通风系统			
	镀锌薄钢板风管		86090	
2	空调供回水系统			
	无缝钢管	DN100 ~ DN450	14360	
	镀锌钢管	DN15 ~ DN80	12890	
	各类阀门	DN15 ~ DN450	1442	
	支架型钢		86.8t	
3	冷冻机房			
	无缝钢管	DN100 ~ DN450	1280	
	镀锌钢管	DN15 ~ DN80	656	
	各类阀门	DN25 ~ DN600	268	
	支架型钢		46.6t	

3. 工程主要目标

(1)工期目标。上海东方体育中心于2008年12月30日开工，2010年12月28日竣工，工程工期24个月。

（2）质量目标。执行国家工程施工质量验收标准，一次性验收合格。

（3）安全目标。确保无重大责任事故、无重大伤亡事故以及火灾事故的发生。

4. 工程特点

上海东方体育中心项目，工程量大，技术标准要求高，工程须满足FINA验收要求，工程位于2010年上海世博会核心控制区，施工管理应达到上海市人民政府“关于加强2010年上海世博会筹备和举办期间本市建设工程施工管理的通告”的要求。

该工程主要安装设备有锅炉、冷冻机组、消防水箱、水泵等，它们主要分布在地下一层，消防水箱位于屋顶层。设备的吊装时间集中，需对其供应时间、安装顺序、拖运通道、与土建的协调配合等细节认真研究，制订最佳的施工方案。

5. 工厂化预制范围

配管预制—冷冻机房项目，该项目位于新闻服务中心地下二层，建筑面积 400m^2，主要设备有冷水机组 6 台、供回水泵 25 台、冷却塔 6 组 12 台，各类规格管道外径为 27 ～ 480m 共 21496m，其中计划采用自动焊接的管道外径为 76 ～ 480m 共 12446m，占机房设备配管总量的 60%。

机房管道管径规格范围还是比较宽，泵站和机房的管道组对形式主要是短管 + 短管、短管 + 法兰、短管 + 弯头、短管 + 三通或大小头等的组对和焊接，活动口占总量的 60% ～ 70%，有 10% ～ 20% 的固定焊口，还有不到 10% 属偏心的非常规焊口。通过技术分析，如果条件具备，60% 以上的短管 + 短管、短管 + 管配件大多数活动口可以采用工厂化预制技术来完成。经初步测算，该冷冻机房管道采用工厂化预制技术生产，其自动化焊接与全部手工焊接相比，将提高工作效率近 30% 以上。

6. 应用过程

（1）工程特点、难点。东方体育中心的冷冻机房、消防泵房等机房内，管道规格多，为 Φ89 ～ 630mm，长度约 1600m，配件多，均为焊接连接方式，焊接工作量大，焊缝约 23150 寸 / 径。

（2）关键技术、现场条件。由于工期短，土建机房施工未交付机电安装，为保证工程进度，采取管道工厂化预制，事先将大量的焊接工作量完成，待土建作业和设备就位后，进行管道装配安装。

（3）实施情况。

1）确定预制内容，完成图纸深化。

①管道安装涉及的预制，主要是根据管道的不同连接方式和安装工艺，确定预制的对象和可预制的深度，通过图纸深化设计手段，将可预制件绘制加工图，预制工厂依图加工。

②由于是机房内的管道安装，配件多，短管多，最终确定管道预制深度在总长的 80%左右，自动焊接在总长的 60%左右。将其深化设计为管段加工图，图纸要求精确，并考虑预留合口，便于在安装时的尺寸调节。

③加工图样：如图 6-5、图 6-6 所示。

④深化设计采用先进的“管道预制三维设计系统”软件，实现管道单线图和管段深化设计施工图的快速绘制和转换，实现设计和施工间的无缝对接。

2）确定预制工艺，选定需用设备。

①碳钢管道采用火焰切割加工设备自动下料、坡口，不锈钢管采用高效切割带锯床或机械加工坡口。

②管道焊口采用机械组对，手工钨极氩弧焊接点固。

③焊接采用工序采用 NZFG630×30 短管—法兰及管—管件焊接机完成。

④整个焊接和物流输送采用了工位架、滚轮架和电动小车，电动铲车进行较远距离的机械物流输送，利用工位架进行工件组对、定位焊接和较近距离的工序间传递。

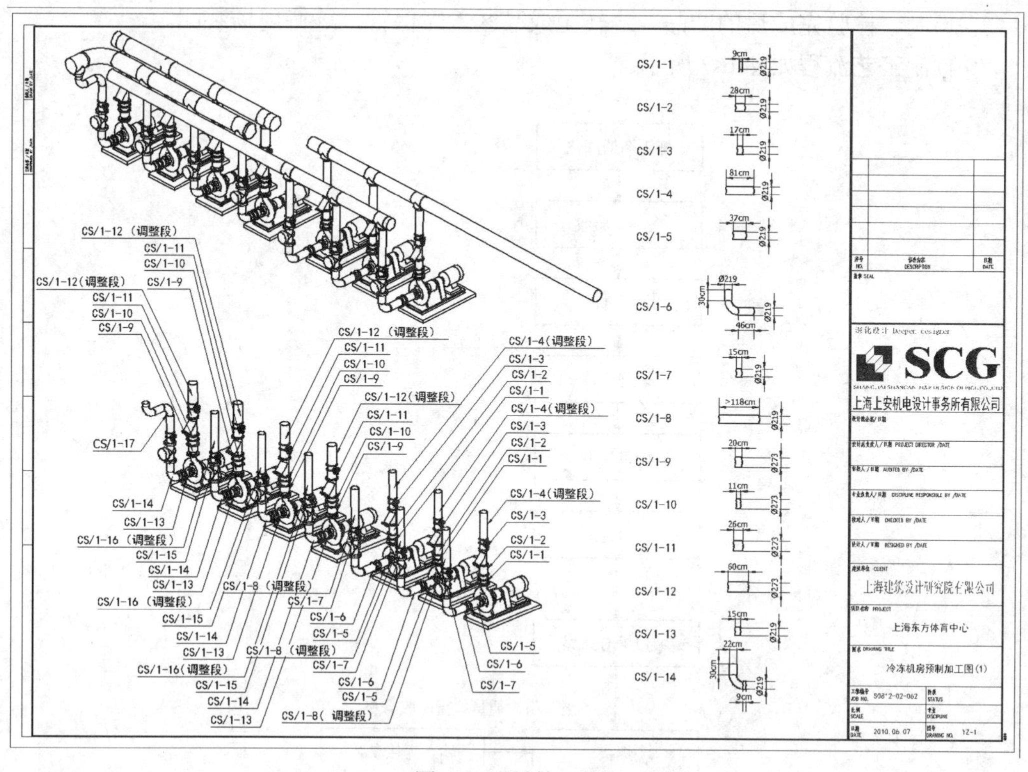

图 6-5　预制加工图

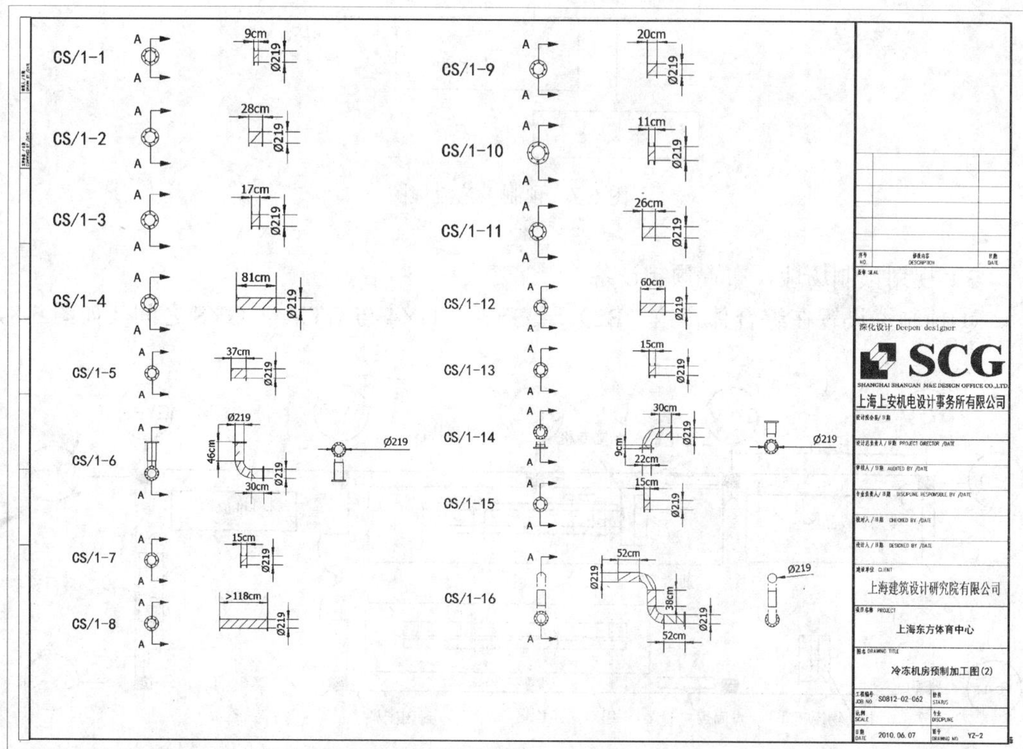

图 6-6　预制加工图

⑤预制、检验完成后的产品，运转至成品区入库保管，等待现场装配。

⑥预制工艺流程如图 6-7 所示。

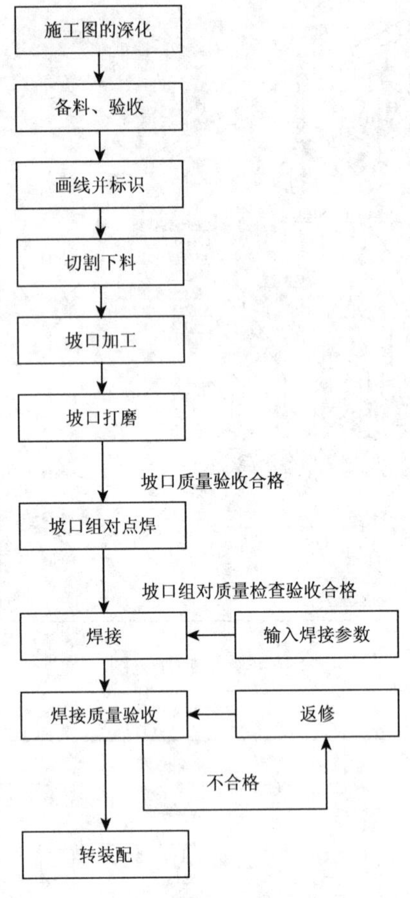

图 6-7　预制工艺流程图

3）规划预制场地，布置预制设备。

①预制场设置在综合体育馆（B2）层 GY3 ～ GY4 与 GYV ～ GYS 之间（如图 6-8），

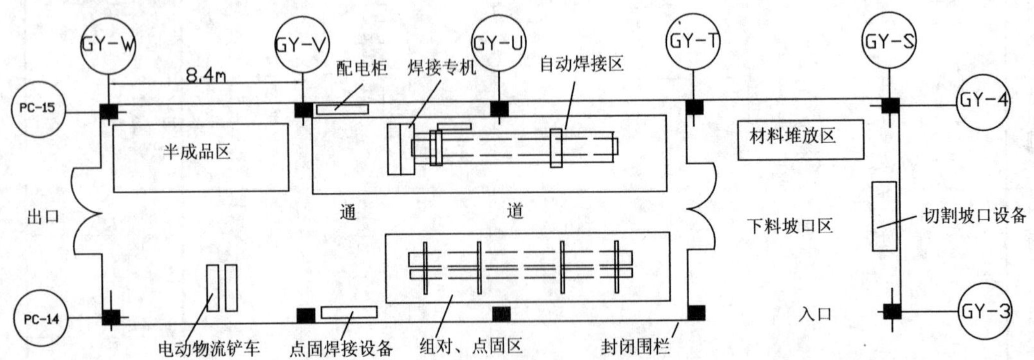

图 6-8　预制场地和设备布置图

轴间跨距为 8.4m，预制场总面积 282.24m^2。根据管道预制加工的工序要求，预制场设下料坡口区、组对点焊区、自动焊接区和半成品。

②根据管道预制加工工序的需要，配置相关的设备，如表 6-2 所示。

表 6-2 机房管道预制焊接设备清单

序号	设备名称	数量	规格	备注
1	NZFG630×30 管—法兰、管—管件预制专机	1（套）	Φ89-630	预制自动焊接主机
2	自动火焰切割机（切割管道）	2（套）	Φ89-630	切割下料、坡口
3	移动铲车	2（台）	2t	辅助装夹、工件搬运物流设备
4	砂轮打磨机	2	Φ100mm	打磨坡口、修光焊缝
5	手工钨极氩弧焊机	2（台）	300A	焊缝坡口组对定位点固焊
6	氩气瓶、CO_2 气瓶、乙炔气瓶	各 1	40L	
7	气体流量计	3	15L/min	

③根据焊接连接方式及管道预制的工序特点，确定相应规模的预制场地设备布置模块，有：原料存储复检模块、下料切割模块、焊接组对连接模块、质量检测模块、试压试验模块、标识认知模块、成品仓储模块等。

④根据各功能模块的需求，进行预制设备的定位布置，确定操作工位，形成流水作业线。

（4）确定操作工位，落实岗位人员。根据工艺流水作业线的布置，确定操作工位，落实岗位人员，明确岗位职责，明确操作规程，岗位人员各司其职，分工明确。建立相关的规章制度。

下料坡口：2 人，负责断管、坡口加工。

组对点固：2 人，负责焊接工件的组对，点焊固定。

自动焊操作：2 人，负责完成自动焊。

辅助工人：2 人，负责搬运、上架等辅助工作。

整个机房管道预制区域内固定的人员 8 名，按工位确定，各司其职。

（5）预制工作，保证质量、安全，高效完成。各岗位工作人员，依据加工图纸、规范、操作规程、安全规程，实施预制工作。全过程施行质量和安全控制，保证预制质量，实现过程安全。

此项预制工作是以自动焊连接方式为主，效率高，质量好。

（6）后续工作：运输配送、现场安装。

7. 应用效果分析

由于焊接技术实现了质的飞跃，逐步减少了对人工技能的依赖；同时也大大改善了工人的劳动强度和工作环境。

我们将自动焊接专机和手工电弧焊接作了比较，优势明显。

与手工电弧焊接相比，自动焊接机的焊接效率可提高 3 ～ 5 倍。见表 6-3、表 6-4、表 6-5。

表 6-3 焊接加工质量对照表

序号	施工步骤	手工焊接	自动焊接	比较
1	切割、坡口	手工切割、坡口质量难以保证	自动切割，坡口尺寸较给	自动切割有优势
2	焊前清理	焊前打磨，要求一般	焊前打磨，要求较高	自动焊坡口要求高一点
3	组对坡口	组对要求一般	组对质量较高	自动焊比手工焊要求高
4	焊接	效率低，原始作业	方便、快捷	自动焊优势明显
5	焊接外观质量		成型美观，一般不须打磨	自动焊优势明显
6	焊缝质量	质量不稳定，对人的技能和态度依赖很大	质量稳定，要求焊工操作认真	自动焊优势明显

表 6-4 焊口焊接速度对照表（mm）

工序	Φ158×8		Φ219×8		Φ273×8		Φ325×10		Φ377×10	
	手工	自动	手工	自动	手工	自动	手工	自动	手工	自动
切割下料、坡口	8	4	10	4	10	5	11	6	15	8
坡口打磨	2	4	2	3	3	5	3	5	3	6
工件装卡	2	3	2	3	2	3	3	4	3	5
焊接	30	7	35	8	40	10	50	11	60	12
焊后清理	3		5	0	3	0	5	0	6	0
时间合计	45	18	54	18	58	23	72	26	87	31

表 6-5 法兰盘与管口角焊缝焊接速度对照表（mm）

工序	Φ219×8		Φ273×8		Φ325×10		Φ377×10	
	手工	自动	手工	自动	手工	自动	手工	自动
切割下料、坡口	5	4	8	5	10	6	15	8
坡口打磨	3	5	3	7	3	8	3	9
工件装卡	2	5	2	5	2	5	2	5
焊接	30	25	40	30	50	35	60	40
焊后清理	10	0	10	0	10	0	10	0
时间合计	50	39	63	47	75	54	90	62

焊缝合格率为 100%，焊接质量得到根本保证。

对机房管道实施工厂化预制加工，实现了标准化生产，方便了管理，提高了施工质量，缩短了安装施工周期。

（二）京沪高铁虹桥站——消防喷淋管道预制

1. 工程实例概况

京沪高速铁路上海虹桥站位于上海虹桥交通枢纽的核心区域，是京沪高速铁路的终点站，是上海虹桥综合交通枢纽的重要组成部分。

高铁虹桥站用地面积为 22.42 万 m^2，站房总建筑面积为 239717m^2，无站台立柱雨棚建筑面积为 68842m²，南北辅助办公楼建筑面积为 17814m²，客站设高速和城际，普速两个车场，总规模按 16 台 30 线（含正线）设计。其中高速场 10 台 19 线（含正线），城际、普速 6 台 11 线（含正线）。

2. 工程范围

高铁站房和南北辅楼的机电安装工程，包括站房给水排水、暖通空调、消防、电梯及强弱电工程；无站台柱雨棚的排水（雨水）及南北辅助办公楼的给水排水、暖通空调、消防、电梯及强弱电工程。

该站房消防系统安装各类管道 40 多万 m，喷淋管道全部采用涂塑镀锌钢管，工程中部分喷淋管道采用了公司预制加工厂的管道预制产品，预制各类管道总长度 7000m，各类管道支架合计 33t，主要规格为 DN25mm ～ DN80mm（螺纹连接）。

3. 工期目标

虹桥站站房，站场工程竣工日期与京沪高速铁路沪宁段通车同步。

开工日期：2008 年 9 月 30 日。

竣工日期：2010 年 5 月 19 日。

4. 工程造价控制目标

安装工程工作量 63417 万元。

5. 质量目标

本项目的质量目标为合格。

6. 工程应用过程

（1）工程特点。

京沪高速铁路上海虹桥站站房工程，工程量较大，工期紧，技术准备中认为消防喷淋系统喷淋头布置较为规则，比较适合管道工厂化预制，喷淋管道 DN100mm 以下的管道接口为丝接，三通、弯头、大小头等配件较多，每个喷头之间的距离基本相同，比较适合管道预制工厂化生产。

（2）工程难点。

1）绘制出准确的预制加工图的工作，是管道预制的一关键点。预制加工图是管道预制工作的依据，预制产品能否按施工图要求在施工现场装配到位，预制加工图中组件的相关尺寸的准确性是关键，需要项目部技术人员在预制委托加工之前，要做好细致的前期技术准备工作。

2）预制产品组件的标识。管道预制组件的编号标识；一个系统要出现 100 多个的编号，编号标识简洁、明了、统一是管道预制工程中的一项缜密的重要工作。

（3）技术关键点。

1）对预制加工图进行深化设计。绘制出准确的预制加工图是工厂化预制的关键，在绘制出准确预制加工图的同时，管道技术人员应与通风、电气专业进行图纸会审，将图纸中相互交叉矛盾的地方进行沟通协调与解决，尤其是通风管的走向位置，管道安装必须让出位置。在深化设计时考虑周全，减少甚至杜绝预制完成的半成品运送到现场发生与实际不符出现返工情况。

2）组件标识的要求、方法。管道组件的标识从绘制预制加工图开始，必须给予明确规定，加工图详应细标明图纸号、管线编号、管段编号、管道材质、预制尺寸、加工数量、材料列表、质量要求以及支架图、支架编号、支架数量、防腐要求等内容。

3）预制管道组对完成后还要进行管段编号标识，编号按预制加工图的编号要求标识。

4）标识清楚的预制加工管段，登记、造册、入库分类码放整齐。

（4）管道预制施工工艺。

1）管道预制工艺流程，如图 6-9 所示。

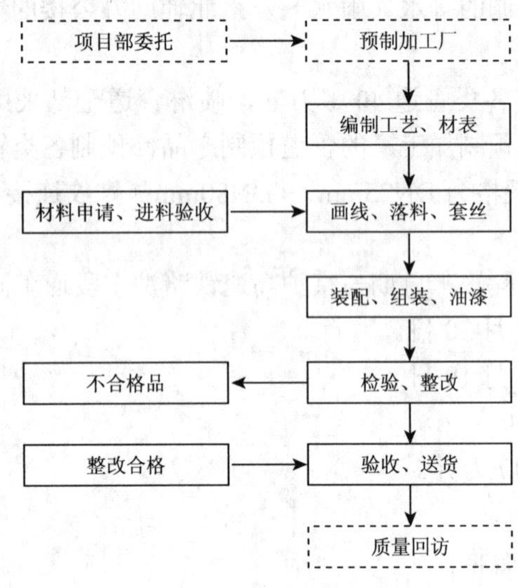

图 6-9 预制工艺流程

2）预制加工厂在接到订单后，技术人员根据项目部要求编制材料预算、预制件工艺流程卡，根据预制工艺卡（见表 6-6）对生产班组进行工作量、技术、安全交底。

表 6-6 预制件工艺流程卡

项目名称：京沪高铁　　产品名称：虹桥地铁西站付费区喷淋管预制　　第 1 页共 X 页

编号	名称	图号	材料名称、规格	断料尺寸（mm）	断料方式	断料数量	技术要求	工时	合计工时（分钟）
3	喷淋管	1#	DN32 镀锌钢管（Φ43）	2745	砂轮切割机	138 根	断料、管两端去毛刺、套丝，按图一端装配 DN32×25 三通。另一端装配 DN40×32 大小头小口	8 分钟 / 根	1104
3－1	喷淋管	1#	DN40 镀锌钢管（Φ48）	200	砂轮切割机	138 根	断料、管两端去毛刺、套丝，按图一端装配 DN40×25 三通。另一端与（编号 3）管上 DN40×32 大小头大口接装	7 分钟 / 根	966
4－1	喷淋管	1#	DN50 镀锌钢管（Φ61）	200	砂轮切割机	84 根	断料、管两端去毛刺、套丝，按图一端装配 DN50×25 三通。另一端与（编号 4）管上 DN50×40 大小头大口接装	7 分钟 / 根	588

续表

编号	名称	图号	材料名称、规格	断料尺寸（mm）	断料方式	断料数量	技术要求	工时	合计工时（分钟）
6	喷淋管	1#	DN50 镀锌钢管（Φ61）	2730	砂轮切割机	76 根	断料、管两端去毛刺、套丝，按图一端装配 DN50×25 三通。另一端装配 DN65×50 大小头小口	8 分钟 / 根	608
6－1	喷淋管	1#	DN65 镀锌钢管（Φ76）	200	砂轮切割机	76 根	断料、管两端去毛刺、套丝，按图一端装配 DN65×25 三通。另一端与（编号 6）管上 DN65×50 大小头大口接装	8 分钟 / 根	608
7	喷淋管	1#	DN65 镀锌钢管（Φ76）	2724	砂轮切割机	60 根	断料、管两端去毛刺、套丝，按图一端装配 DN65×25 三通。另一端装配 DN80×65 大小头小口	9 分钟 / 根	540
7－1	喷淋管	1#	DN80 镀锌钢管（Φ89）	200	砂轮切割机	60 根	断料、管两端去毛刺、套丝，按图一端装配 DN80×25 三通。另一端与（编 7）管上 DN80×65 大小头大口接装	9 分钟 / 根	540

编制人：　　日期：　年　月　日　操作人：　　日期：　年　月　日　验收人：　　日期：　年　月　日

3）生产车间（班组）按预制加工图、工艺卡定额要求安排操作工人进行管道预制，从每一根支管最末端算起，依次向主干管方向加工，按管道水流方向，终点侧的每个丝口与管件的连接，管道预制在保证质量的前提下，以最快的速度按加工清单的要求分批预制、交货。

①下料如图 6-10 所示。

A. 根据材料表领用材料。

B. 根据下料表进行下料，下料时应根据配件（弯头、三通等）的实际尺寸进行管道下料尺寸的修正。

C. 下料完成后的管子和配件均根据相关工艺卡进行外表面去除毛刺和杂物。

图 6-10　下料及管口保护

②套丝如图6-11所示。根据工艺卡进行套丝，严格按管道预制加工图、工艺卡参数执行，不得更改参数。

图 6-11 切割及套丝

套丝采用套丝机加工，为了保证螺纹的质量，套丝时宜在低速运转中进行，螺纹的切削分 1 ～ 3 次进行，以免损坏板牙或螺纹产生烂牙。

螺纹的加工长度与配件内螺纹相配，螺纹的加工做到端正、清晰、完整光滑。

③组对。根据单线图进行组对。 组对完成后进行自检，根据单线图复核管段尺寸及所装管件符否等。

螺纹连接，填料采用白厚漆麻丝或生料带，拧紧后留有螺纹 2 ～ 3 圈。

管道连接后，把挤到螺纹外面的填料清理干净，同时对裸露的螺纹进行防腐处理。

④试压。注水时应将管内的空气排净，并缓慢升压，达到试验压力后，稳压 30min，应无泄露和变形，并且压力降≯ 0.05MPa，进行详细检查，并作记录。

试验压力应和该工程项目该系统管道的压力一致。

⑤检验。根据单线图检验预制成形管道的相关尺寸。如发现尺寸不符合的，要求及时进行返修。

●检验的外观质量，如发现外观质量不符合的，要求及时进行返修。

●经管道尺寸外观检验合格的，应做管口（丝扣）封闭保护。

●经检测发现不合格的，填写返修单，所有返修记录及报告存档。

图 6-12 编号、堆放

●所有自检和质检员专检报告交资料室合并其他资料存档。

⑥标识。组对完成后的管段进行编号，编号必须按项目部预制加工图的编号要求标识。

●经过编号的管段按工程项目各系统各层面分别堆放整齐。如图 6-12 所示。

⑦不合格品管理。经检验不合格的，全部要求返修。预制管道经检验全部合格后才能进入施工场地。

⑧产品交接管理。经检验合格的管道组件，

及相关资料转交京沪高铁上海虹桥站现场安装方进行安装。

●产品交接时，签收交接记录，该记录归口资料室存档。

（5）技术经济评价。

管道预制完成经检验合格后，分批及时送到施工现场，因预制的管道和配件组合在一起，管件运到现场后，立即进行安装，减少现场预制的时间，保证了施工质量，大大提高了工效，确保了施工工期。

在封闭付费区和站房候车层西南模块共完成 DN20 ～ DN80 各类管道 7000m，主材损耗降低 2%，辅材损耗降低 16%，预制加工厂人工成本控制在 30% 左右，因预制加工厂采取工厂流水作业方式，工作效率较高，较好地控制了施工成本。

1）材料分析。在对高铁主站房 10m 层西南模块喷淋管道预制加工管道施工过程中，对 DN25mm ～ DN80mm 的管道全部实行工厂化预制，无论是主材还是辅材，在施工现场几乎再没有发生过工程材料费，而 DN25mm 和 DN80mm 部分工厂化预制的管道、三通、弯头等材料，材料的损耗量明显增大，现场查看，高铁站房西南模块消防施工时各专业人员众多，施工单位太多，施工人员组成复杂，零星丢失现象不时出现，而预制的管道和配件组合在一起，相对来说并不规则，其他兄弟单位随手使用也不方便，无论看管还是零星存放，都容易得多。工厂化预制时对降低施工单位材料无谓的损耗意义很大，尤其是各施工单位交叉施工的高峰期。

2）工程质量。工厂化预制因预制时，套丝及丝口连接均在车间进行，工作环境相对来说方便安全，丝口的连接质量得到一定的保证，技术工作在预制时进行流水作业，切割、套丝、丝口连接均流水施工，各工序均可追溯到个人，此次预制从管道末端开始加工，换句话说，顺管道水流方向的后端管件的接口套丝及连接均是加工厂完成，顺管道水流方向的前端套丝由加工厂完成，连接现场由施工班组完成。因分工明确，如出现质量问题均可追溯，从实施效果来看，试压一次性成功，质量得到较为可靠的保证。

3）工程安全。预制加工厂相比施工现场而言，坠落、电击、防火等安全事故发生的几率较少，安全管理也比较容易落实到位，因现场减少了切割、套丝、管道连接等工程内容，相对减低了工程现场施工安全事故的发生，给安全施工现场管理减轻了压力。

4）工期目标。工厂化预制将部分施工任务搬离了施工现场，在现场机电工作面还没有的时候，预制即可开始，对于工期紧、任务重的机电安装工程可节省较多的施工工作时间。站房西南模块面积近 1 万 m^2，业主提供的工期只有 45 天，预制工作提前进行，相当于在不具备施工条件的前提下提前在现场外组织施工，基本保证了后期装饰施工工作任务。

5）经济效益。小口径管道工厂化预制所带来的经济效益是非常明显的，主材、辅材的损耗明显减少，因现场切割、套丝不规范所带来的返工现象也几乎杜绝，人工、材料费减低明显。唯一增加的运输和人工装卸车成本，因目前预制加工量不大，运输费用就显得较大，但可以考虑整车预制和运输，适当减低此项成本的增加。从本工程实施效果来看，管道工厂化预制对工程整体成本降低 5% 左右。

三、点评

采用工厂化生产的技术手段和工艺（生产工厂和现场加工）进行预制加工，将成品或半成品送至施工现场进行装配式组合安装，可大量节约原材料、节省施工机械、减少现场施工作业人员，提高机械设备利用率，提高安装工效，可大幅度地降低施工成本。

管道工厂化预制技术的运用，大大减少了施工时对现场环境的影响，诸如焊接产生的烟气、套丝产生的油污等，符合目前发展低碳经济，节能减排，绿色施工的要求。

根据管道连接方式的不同，建立运用不同的预制加工模块，以工厂式的生产管理方式，进行管道的预制加工，可以灵活地满足不同项目的不同需求。关键是要设计预制加工工艺和相应的标准，以标准作为生产依据，这样就可达到工厂化生产的目的和效果。

从民用建筑工程的管道工程来分析，涉及的管道材质主要有：铜管、不锈钢管、碳钢管、塑料管、铸铁管等；主要的连接方式有：焊接、螺纹、卡压、沟槽、黏结、熔接等；主要涵盖的工程部位有：机房、管廊（沟）、管井、楼层等。根据上述的工程需求和管道的不同特性，我们都可以建立相应的标准的预制加工模块，根据工厂化预制技术内容，实施管道工厂化预制：

①确定预制内容，完成图纸深化；

②确定预制工艺，选定需用设备；

③规划预制场地，布置预制设备；

④确定操作工位，落实岗位人员；

⑤实施预制工作，保证质量安全；

⑥后续运输配送，现场装配安装。

通过应用实例可以证明：管道的工厂化预制技术，切实可行，对工程质量、安全、工期均有帮助，对提高工程管理水平和降低工程成本都有好处，应该加以推广应用。并在今后的应用过程中，不断地改进我们的传统施工工艺，比如自动焊代替手工焊，半自动或自动化生产代替手工操作，以标准化、先进性、创新性、高效性作为我们的发展目标，将我们的管道工厂化预制技术不断完善和发展。

第七章　超高层电缆敷设技术

一、主要技术内容

目前在超高层建筑供电系统中，多采用一种特殊结构的高压垂吊式电缆，这种电缆不管有多长多重，都能靠自身结构保证在安装与运行过程中技术性能不变，解决了电缆在长距离的垂直敷设中容易被自身重量拉伤的问题。

超高层建筑电缆的敷设，通常由上水平敷设段、垂直敷设段、下水平敷设段组成，其结构设计为：垂直敷设段电缆内附有 3 根钢丝绳，并配吊装圆盘，钢丝绳用扇形塑料包覆，与 3 根电缆芯绞合，水平敷设段电缆内不带钢丝绳。

吊装圆盘为整个吊装电缆敷设的主要部件，由吊环、吊具本体、连接螺栓和钢板卡具组成，其作用是在电缆敷设时承担吊具的功能；当电缆敷设到位后承载垂直段电缆的全部重量。其电缆承重钢丝绳与吊具连接采用锌铜合金浇铸工艺。

（一）施工要点

（1）吊装工艺选择：利用多台卷扬机自下而上垂直吊装敷设。

（2）安装前对每个井口的尺寸、中心垂直偏差进行实测，安装固定电缆台架。

（3）设计安装穿井梭头，用以辅助吊装圆盘让其顺利穿过井口。

（4）吊装设备布置：吊装卷扬机布置在电气竖井的最高设备层或所需楼面，除吊装最高设备层的高压垂吊式电缆外，还要考虑吊装同一井道内其他设备层的高压垂吊式电缆。

（5）选用专用通信设备，在电气竖井内每一层备有电话接口。指挥人员、主吊操作人员、放盘区负责人必须配备对讲机。

（6）如电气竖井内光线弱，要设置临时照明。

（7）电缆盘架设：电缆盘至井口应设有缓冲区和下水平段电缆脱盘后的摆放区，面积大约 30 ～ 40m^2。架设电缆盘的起重设备通常利用施工现场在用的塔吊、汽车吊、履带吊等起重设备。

（8）吊装过程：选用有垂直受力锁紧特性的活套型网套，为确保吊装安全可靠，附设一根直径 12.5mm 的保险绳，当上水平段电缆全部吊起，将主吊绳与吊装圆盘连接，同时将垂直段电缆钢丝绳与吊装圆盘连接。当吊装圆盘连接后，组装穿井梭头。在吊装过程中，在电气竖井井口安装防摆动定位装置，可以有效地控制电缆摆动。将上水平段电缆与主吊绳并拢，并用绑扎带捆绑，应由下而上每隔 2m 捆绑，直至绑到电缆头，吊运上水平段和垂直段电缆。吊装圆盘在电缆固定台架上固定后，还要让其辅助吊挂，目的是使电缆固定更为安全可靠。在吊装圆盘及其辅助吊索安装完成后，电缆处于自重垂直状态下，将每个楼层井口的电缆用抱箍固定在槽钢台架上。水平段电缆通常采用人力敷设。在桥架水平段每隔 2m 设置一组滚轮，用来滑动托运水平段电缆。电缆敷设（提升）示意图如图 7-1 所示。

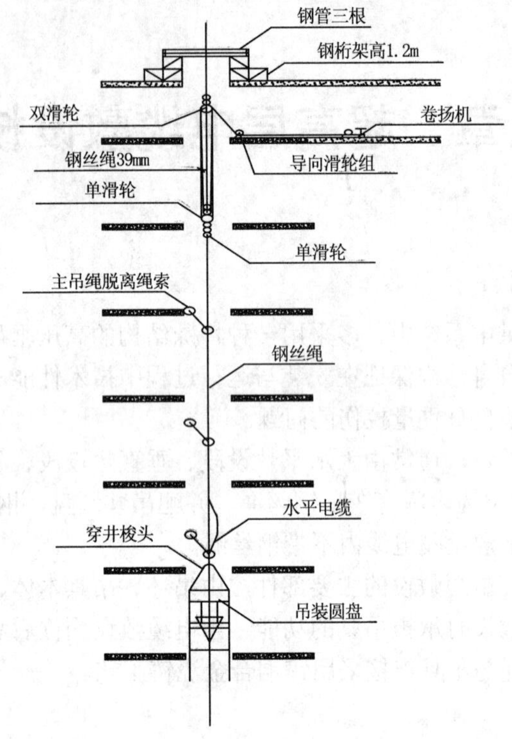

图 7-1 电缆敷设（提升）示意图

（二）技术特点

（1）电缆结构设计独特，垂直段内的钢丝绳和吊装圆盘分别起到了支撑电缆和吊装吊具的作用，不管电缆有多长、多重，都能靠其自身支撑自重，依靠吊装圆盘将其吊起。

（2）吊装圆盘采用可调节螺栓，在起吊过程中可以调节电缆内三根钢丝绳的长度，保证电缆各部分受力均匀。

（3）采用相互提升和分段提升方法，可使主吊绳长度由多节组成，电缆起吊高度不受卷扬机容绳量的限制，通过楼面跑绳或在电气竖井内选择跑绳合适的起重设备。

（4）设计专用的穿井梭头，解决吊装圆盘穿越各楼层电气井口的问题，并能防止电缆吊运中卡阻和划伤。

（5）设置专门的防摆动定位装置，有效减少电缆摆动，防止刮伤电缆。

（三）适用范围

适用于在超高层建筑电气竖井内的高压垂吊式电缆敷设，尤其适用于长距离大截面电缆的垂直敷设。

二、应用实例

上海环球金融中心工程

1. 工程概况

上海环球金融中心位于上海浦东陆家嘴，是一幢具有国际一流设施和一流管理水平的智能型、超大型综合建筑。总建筑面积约为 38 万 m^2，其地下建筑为三层，地上为 101 层，总高度达 492m。结构形式为钢筋混凝土核心筒，外框钢骨混凝土柱及钢柱。其建筑功能划分为：B3F、B1F 为地下设备层，B2F 设为主变电所和地下停车场，1F、2F 为大堂，2F、3F 为店铺，3F—5F 为会议中心，6F-78F 为办公层，79F-88F 为酒店，89F-101F 为观光设施层。

环球金融中心的供电基本上按上述建筑物的几大功能分区设置，在 B1F、B2F、6F、18F、30F、42F、54F、66F、89F、90F 分别设置副变电所。

该工程为 35kV 高压供电，配有：

设计容量为 12.5MVA×3=37.5MVA；10kV 变电所；

设计容量为 1600kVA×14+1250kVA×48=86400kVA；10kV 高压电机；

设计容量为 7000kW；10kV 柴油发电机，容量为 2500kVA×4=10000kVA。

强电设计范围：35kV、10kV、0.4 ～ 0.23 供配电系统；备用发电机系统；蓄电池供电系统；低压干线配电系统；照明系统；动力配电系统；防雷接地系统。

电气安装工程合同工期 37 个月，工程质量合格。

工程施工场地狭小；强电设备安装施工与土建、结构、装饰、空调、弱电等其他专业施工配合要求高，综合协调管理难度大；地处上海浦东繁华的商业中心陆家嘴，人流量和车流量大，交通条件复杂，对物流运输提出了较高要求；工程施工周期长，订货时间间隔长，要求设备到货时间准确。

2. 应用过程

（1）工程特点、难点。地下 2 层设置 35kV 主变电所 1 座，主楼 6F、18F、30F、42F、54F、66F、89F、90F 设置 10kV 副变电所 14 座，10kV 供电干线电缆从 35kV 主变电所引出，经 EPS1、EPS3、EPS5、EPS7 电气竖井引至各副变电所。除 66F10kV 供电干线电缆为 3×300mm^2 外，其余均为 3×400mm^2。至 90F 副变电所的 10kV 供电干线电缆总长 708m，垂直段长 405m，总重 14t，垂直段重 8t，为最长最重的一根。

（2）关键技术特点。

1）电缆结构设计独特，垂直段内的钢丝绳和吊装圆盘分别起到了支撑电缆和吊装吊具的作用，不管电缆有多长、多重，都能靠其自身支撑自重，依靠吊装圆盘将其吊起。

2）吊装圆盘采用可调节螺栓，在起吊过程中可以调节电缆内三根钢丝绳的长度，保证电缆各部分受力均匀。

3）采用相互提升和分段提升方法，可使主吊绳长度由多节组成，电缆起吊高度不受卷扬机容绳量的限制，通过楼面跑绳或在电气竖井内选择合适的起重设备。

4）设计专用的穿井梭头，解决了吊装圆盘穿越楼层电气井口的问题，并能防止电缆吊运中卡位和划伤。

5）专门设置的防摆动定位装置，有效减少了电缆摆动，防止刮伤电缆。

（3）该技术适用于复杂的高层建筑。

1）电缆结构特殊。

2）电气竖井起吊高度为 405m，现场条件限制大容绳量、大吨位卷扬机的使用，整根主吊绳的长度不能达到起吊高度。

3）电气井口小，宽度仅为 300mm，吊装圆盘加钢丝绳后的最大直径部位为 326mm，穿越楼层须作重点看护，防止电缆吊运中卡位和划伤。

4）该电缆不仅水平段有电缆头，而且垂直段三根钢丝上端还带有吊装圆盘，捆绑方法不同。

（4）施工工艺。

1）工艺流程，如图 7-2 所示。

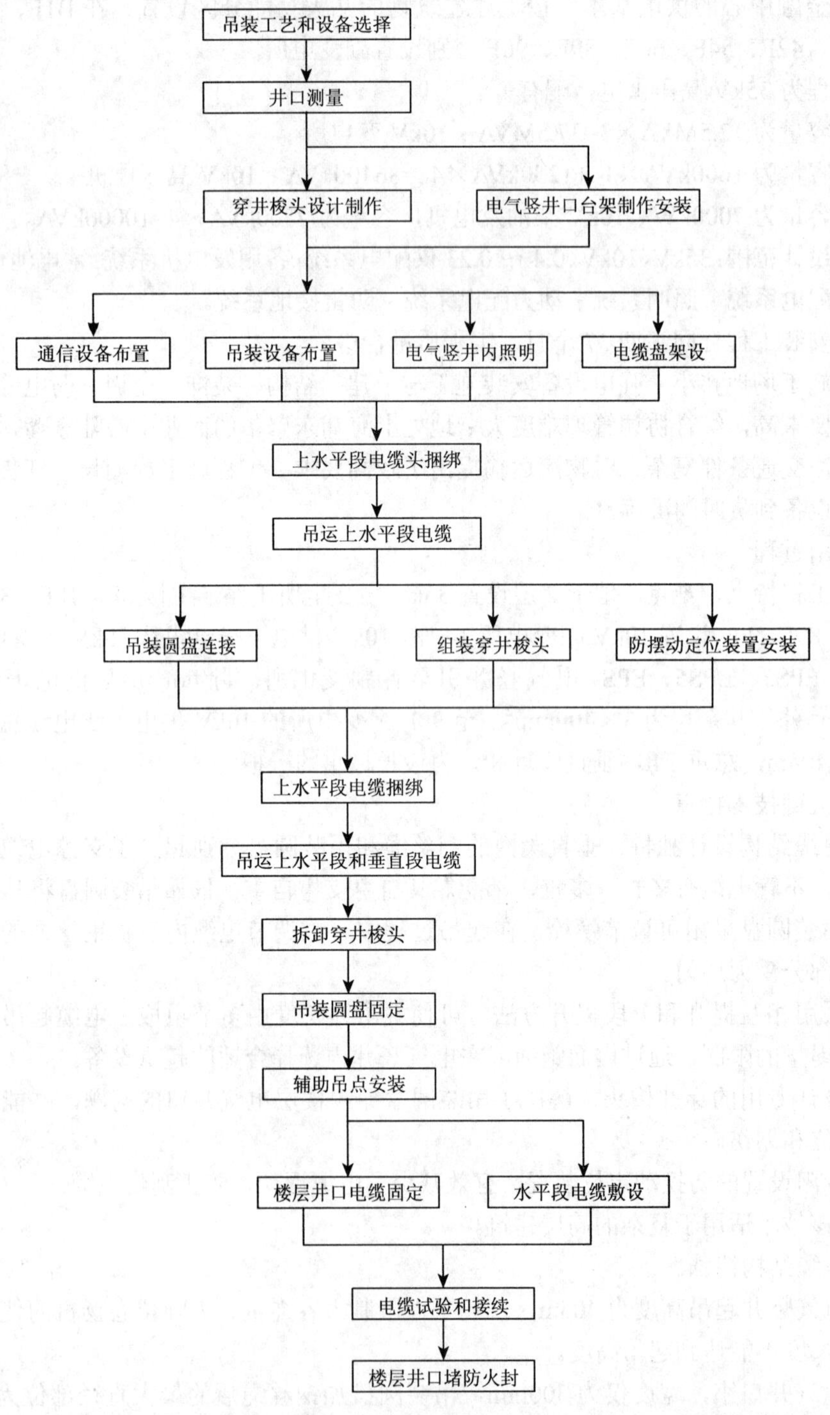

图 7-2 工艺流程示意图

2）吊装工艺选择。根据场地条件和吊装高度选择跑绳方式，对布置在面积较大、吊装高度较低的楼层上的卷扬机，采用水平跑绳，分别由2台主吊卷扬机互换提升的方法，如图7-3所示。

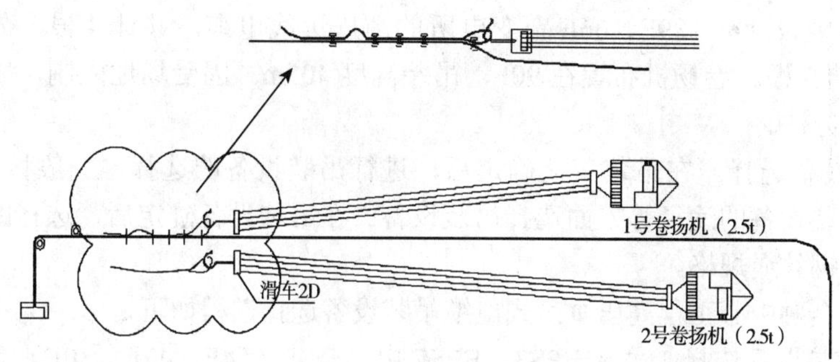

图7-3　互换提升吊装示意图

对布置在面积较小、吊装高度较高楼层上的卷扬机，采用在电气竖井内垂直跑绳，通过主吊绳换钩、绳索脱离的分段提升的方法，如图7-4所示。

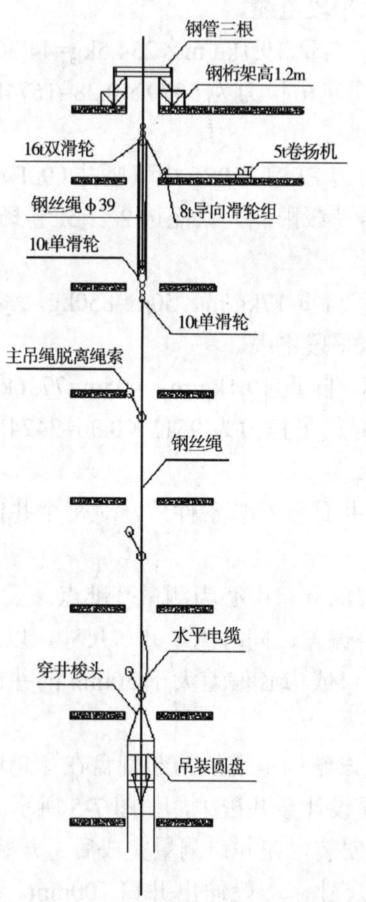

图7-4　卷扬机分段提升示意图

上海环球金融中心工程高压垂吊式电缆根据主体结构进度分两个阶段敷设。

第一阶段敷设54F、42F、30F副变电所的高压进线电缆，共计6根，分别在EPS3、EPS7内各吊装3根。卷扬机布置在56F，吊装高度235m，卷扬机的位置至导向滑轮的距离约48m，采用两台卷扬机互换提升的方法。

第二阶段敷设90F、89F、66F副变电所的高压进线电缆，共计4根，分别在EPS1、EPS5内各吊装2根。卷扬机布置在90F，吊装高度405m。因受场地限制，采用二台卷扬机分段提升的方法。

3）吊装设备选择。在吊装工艺确定后，进行吊装设备的选择。一般按照起重吨位、场地条件、吊装设备的途径等方面选择吊装设备。在吊装设备确定后，选择跑绳数，最后经计算后选择钢丝绳规格。

上海环球金融中心工程高压垂吊式电缆吊装设备选择过程如下：

① 56F吊装设备选择。吊装EPS3、EPS7电气竖井（54F、42F、30F）高压垂吊式电缆时，大楼玻璃幕墙施工，卸货平台已拆除。因此吊装设备只能通过施工电梯运输，根据其载重量和空间大小，只能选择3台2.5t卷扬机，其中2台吊运垂直段电缆，1台吊运上水平段电缆。

电缆上水平段最长57m，自重17kg/m×57m=969kg，索具重约200kg，共计1169kg。选用2.5t卷扬机能够吊装上水平段电缆。

电缆垂直段最长234.5m，自重19.1kg/m×234.5kg=4479.4kg，绳索、吊具梭头合计约1500kg，共计5979kg。跑四绳起吊拉力为5979×0.28=1674N，选用2.5t卷扬机，采用水平跑四绳能够满足吊装要求。

② 90F吊装设备选择。吊装EPS1、EPS5电气竖井（90F、89F、66F）高压垂吊式电缆时，因受90F楼面空间和卸货平台荷载限制，只能选2台5t卷扬机用于吊运垂直段电缆，1台2.5t卷扬机吊运上水平段电缆。

电缆上水平段最长50m，自重17kg/m×50m=850kg，索具重约338kg，共计1188kg。选用2.5t卷扬机能够吊装上水平段电缆。

电缆垂直段最长405m，自重19.1kg/m×405m=7736kg，绳索、吊具梭头合计约1775kg，共计9511kg。跑三绳起吊拉力为9511×0.36=3424N。选用5t卷扬机，采用垂直跑三绳能够满足吊装要求。

4）井口测量。在电气竖井具备安装条件后，对每个井口的尺寸及中心垂直偏差进行测量。方法如下：

以每个电气竖井的最高层的井口中心为测量基准点。采用吊线坠的测量方法，从上往下吊线坠，测量井口中心垂直偏差，同时测量井口尺寸，以图表形式做好测量记录。对宽面尺寸在270～280mm的井口或中心偏差大于30mm的井口应进行标识，在吊装圆盘过井口时为重点观察对象。

5）穿井梭头设计制作。该结构电缆的吊装圆盘在穿越电气竖井口时，很容易被井口卡住，造成电缆受损，因此要设计穿井梭头，如图7-5所示。

6）电气竖井口台架制作安装。在井口测量完成后，开始安装槽钢台架，要求如下：

①按井口尺寸设计台架尺寸，一般伸出井口100mm。例如，井口300mm×1200mm的台架尺寸为500mm×1400mm。

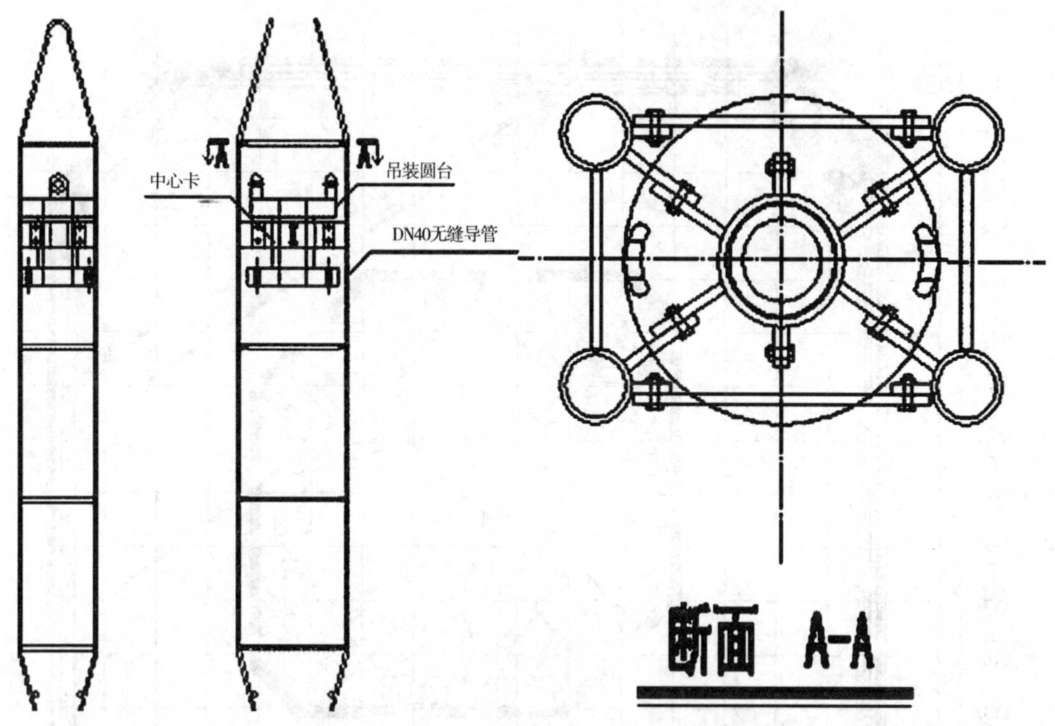

图 7-5　穿井梭头示意图

②槽钢台架选用 10# 槽钢制作，采用焊接连接，台架应除锈，刷防锈漆和灰色面漆。

③按电缆排列顺序在台架上开螺栓连接孔，开孔尺寸应与固定电缆的卡具和固定吊装圆盘的吊装板孔径一致。

④槽钢台架应坐落在井口底边的钢梁上，在槽钢台架的四角处采用 Φ12 的膨胀螺栓固定在井口边上。

7）吊装设备布置。

①卷扬机设置要求。吊装卷扬机布置在电气竖井的最高设备层或以上楼面，除吊装最高设备层的高压垂吊式电缆外，还要吊装同一井道内其他设备层的高压垂吊式电缆，设备布置要求如下：

A. 牵引用导向滑轮与卷扬机设于同一楼面上，导向滑轮与卷扬机配套使用。

B. 利用结构钢梁或钢柱作为卷扬机、导向滑轮的锚点；若没有可借用的锚点，预埋 Φ28 圆钢锚环。

C. 卷扬机采用带槽卷筒，安装时卷扬机与导向滑轮之间的距离应大于卷筒宽度的 15 倍，确保当钢丝绳在卷筒中心位置时滑轮的位置与卷筒轴心垂直。

卷扬机为正反转操作，安装时卷筒旋转方向应和操作开关上的指示方向一致。

卷扬机与定滑轮组设置：高压垂吊式电缆吊装卷扬机分别设在 56F 和 90F 楼面上，56F 楼面卷扬机布置，如图 7-6 所示，90F 楼面卷扬机布置，如图 7-7 所示。56F 楼面卷扬机吊装 54F、42F、30F 的高压垂吊式电缆，共计 6 根。90F 楼面卷扬机吊装 90F、89F、66F 高压垂吊式电缆，共计 4 根。

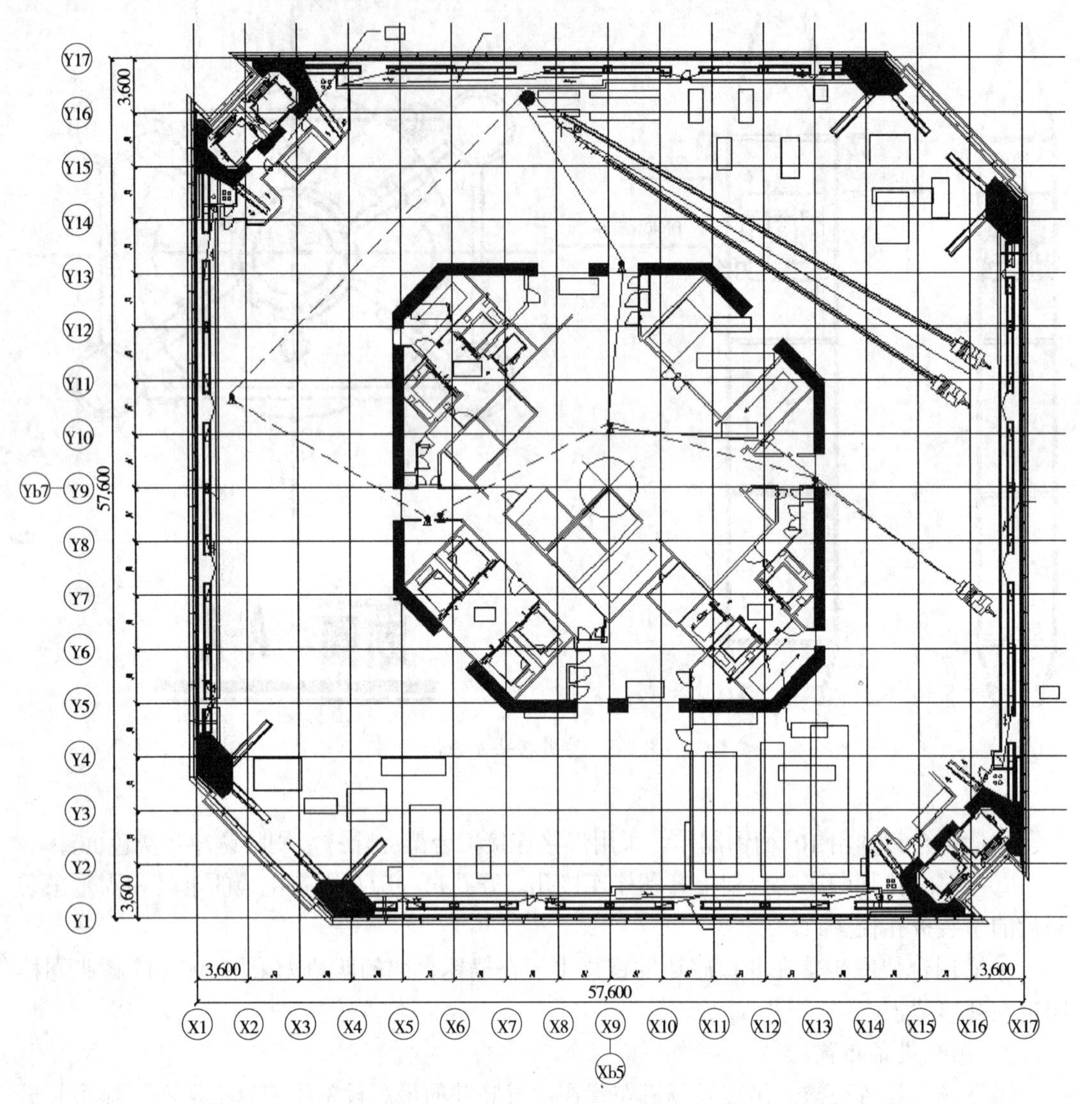

图 7-6　56F 楼面卷扬机布置

说明：1. 固定导向滑轮用的钢丝绳与核心筒内钢梁必须连接牢固。

2. 上水平段电缆吊装到位后沿桥架敷设。

3. 1 号和 2 号卷扬机的安装位置距离相距 800 ～ 1200mm。

4. 高压电缆在吊装过程中 56FEPS−3、7 电气井隔墙不进行施工作业。

5. 各台卷扬机用 Φ24 钢丝绳固定在外围结构柱上。

6. 虚线表示吊 EPS7 号电缆示意图。

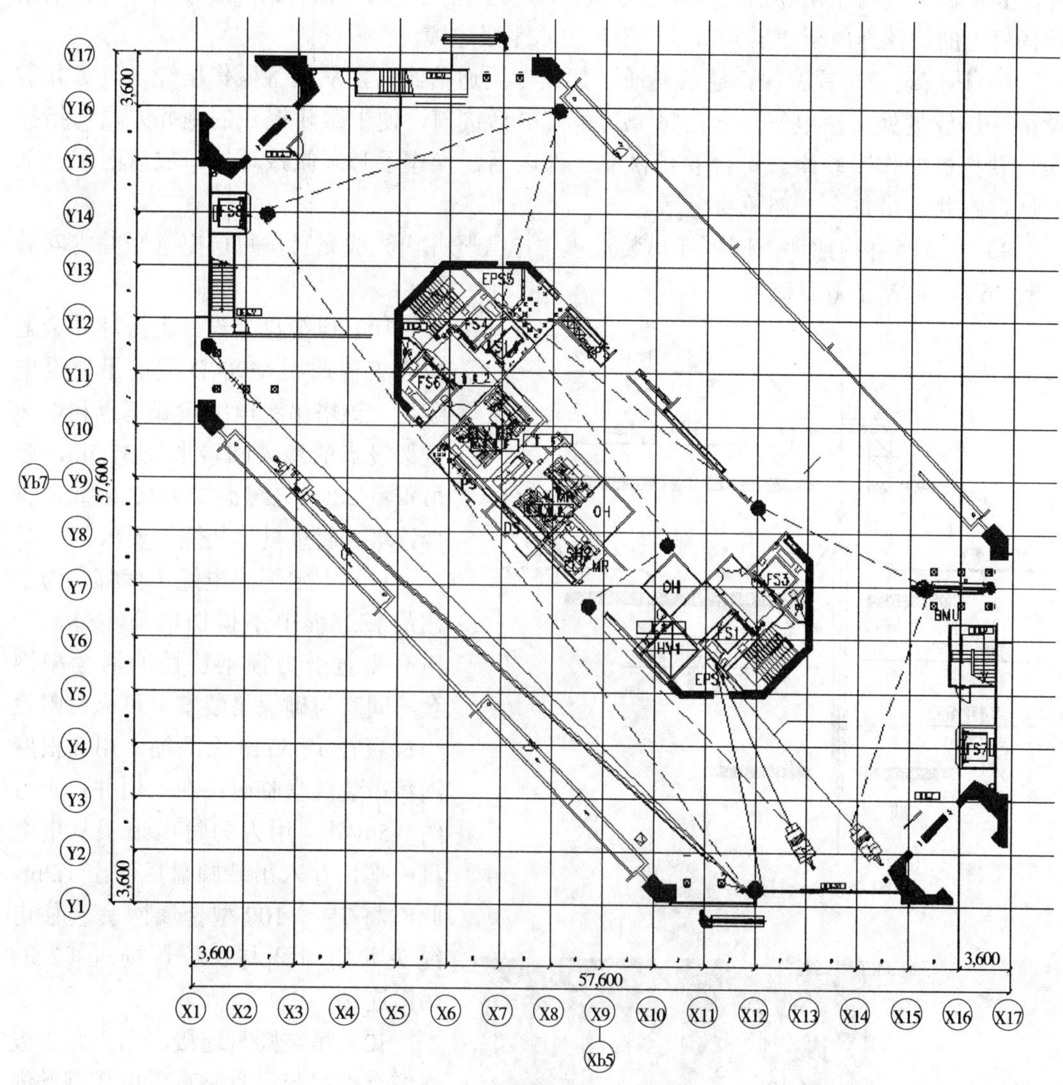

图 7-7　90F 楼面卷扬机布置

说明：1. 固定导向滑轮用的钢丝绳与核心筒内钢梁必须连接牢固。

2. 5 号井的主吊绳和辅助滑轮布置与 1 号井相同。

3. 卷扬机用 Φ24 钢丝绳固定在外围结构柱上。

4. 高压电缆吊装施工过程中 90F、EPS-1 电气井隔墙停止施工作业。

5. 虚线表示吊 EPS5 号电缆示意图。

在 57F、91F 井口处设置高 1.2m 的钢桁架，横置 3 根 114mm×2000mm，壁厚 22mm 的无缝钢管作为悬挂定滑轮的受力横担，如图 7-8 所示。

②卷扬机、滑轮组绳索的连接。在卷扬机布置完成后，穿滑轮组跑绳，并在电气竖井内放主吊绳。主吊绳可通过辅吊卷扬机从设备操作层放下，或由辅吊卷扬机从一层向上提

升，到位后上端与主吊卷扬机滑轮组连接，构成主吊绳索系。辅吊钢丝绳较细，可将辅吊卷扬机上的钢丝绳放至2层井口，用于吊上水平段电缆。

8）通信设备布置。保证通信畅通，架设专用通信线路，从设备操作层经电气竖井敷设至一层放盘处。在电气竖井内每一层备有电话接口，便于跟随梭头的跑井人员与指挥人、卷扬机操作手联络。每台卷扬机配一部电话，操作手必须佩戴耳机，放盘区配一部电话，跑井人员每人一部随身电话。

9）电气竖井内照明。应保证吊装过程中电气竖井内光线充足，每层电气竖井内安装一套36V，60W的灯具照明。

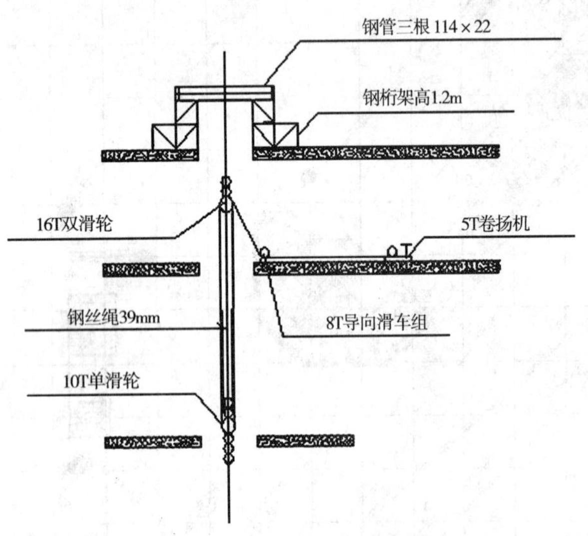

图7-8　悬挂滑轮示意图

图7-9　连接后的吊装圆盘

10）电缆盘架设。上海环球金融中心工程选用M900D型塔吊架设电缆盘，该塔吊距电缆盘卸车点和电缆盘架设点的最大回转半径37.5m，起吊重量28t，电缆盘重14t。因此，符合该塔式起重机吊装性能要求。

11）上水平段电缆头捆绑。为了在吊装过程中不损伤电缆本体，选用有垂直受力锁紧特性的活套型网套，同时为确保吊装安全可靠，附设一根直径12.5mm保险绳。用2根麻绳将吊装圆盘临时吊在二层井口上方约0.5m处，用人力将电缆头从电缆盘中拖出穿入吊装圆盘后伸出1.2m，此时将75～100型金属网套套住电缆头并用卡环与3号卷扬机（2.5t）吊绳连接。

12）吊装圆盘连接。当上水平段电缆全部吊起，且垂直段电缆钢丝绳连接螺栓接近吊装圆盘时停止起吊，将主吊绳与吊装圆盘吊索（千斤绳）用卡环连接，同时将垂直段电缆钢丝绳与吊装圆盘用接螺栓连接。连接时，应调整连接螺栓，使垂直段电缆内3根钢丝绳受力均匀，调整后紧固连接螺栓，如图7-9所示。

13）组装穿井梭头。当吊装圆盘连接后，组装穿井梭头。组装时，吊装圆盘2个吊环必须保持在穿井梭头侧面的中心位置，以保证高压垂吊式电缆在千斤绳的夹角空间内，不与其发生摩擦，在穿井时吊环侧始终沿着井口长面上升，如图 7-10、图 7-11 所示。

图 7-10 穿井梭头组装

图 7-11 组装后的穿井梭头

14）防摆动定位装置安装。电缆在吊装过程中，由人力将电缆盘上的电缆经水平滚轮拖至一层井口，供卷扬机提升。电缆在卷扬机提升时产生摆动，电缆从地面向上方井口传递的弧度越大，在电气竖井内的摆动就越大，如图 7-12 所示。当电缆摆动较大时，将会被井口刮伤，因而必须采取措施控制电缆摆动。

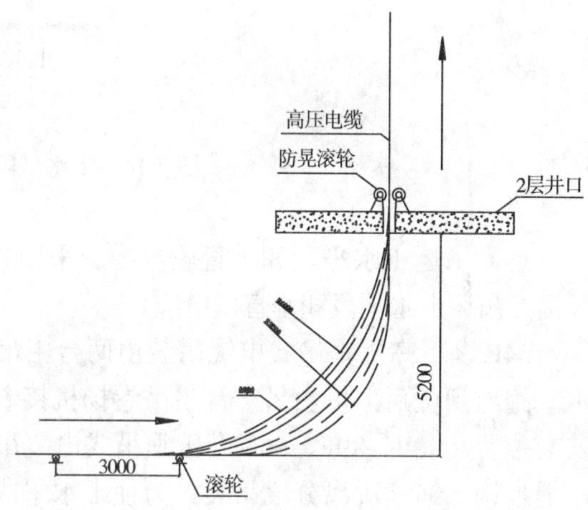

图 7-12 电缆波动曲线图

二层电气竖井井口为卷扬机摆动和人力结合部，在此处安装防摆动定位装置，可以有效地控制电缆摆动，同时起到了保持电缆垂直吊装的定位作用。防摆动定位装置安装在二层电气竖井口的槽钢台架上，如图 7-13 所示。

防摆动定位装置由两个滚轮组成，滚轮内镶装轴承，使其转动灵活。

在穿井梭头尾端离二层井口上方 2m 处时停止起吊，安装防摆动定位装置，电缆全部吊装完后，方可拆除。

15）上水平段电缆捆绑。主吊绳已受力，上水平段电缆处于松弛状态，这时将上水平段电缆附在主吊绳上，并用绑扎带捆绑，应由下而上每隔 2m 捆绑一道，直至绑到电缆头。全部捆绑完后，方可启动由主吊卷扬机提升，如图 7-14 所示。

图 7-13 防摆动装置安装图

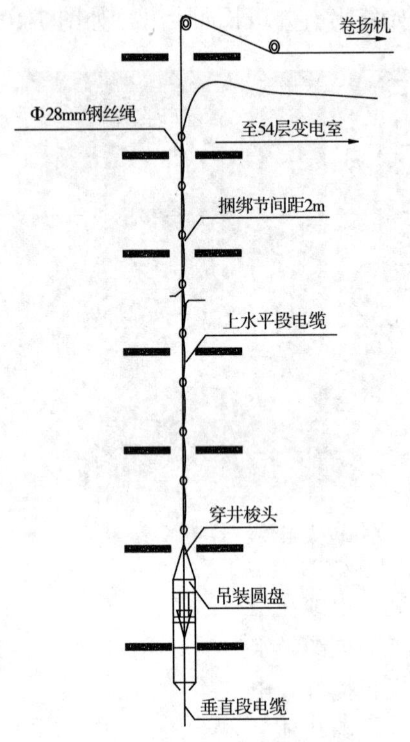

图 7-14　上水平段电缆捆绑示意图

16）吊运上水平段和垂直段电缆。采用二台主吊卷扬机互换提升或二台主吊卷扬机分段提升吊运上水平段和垂直段电缆。

54F 以下高压垂吊式电缆吊装由两台主吊卷扬机以接力方式跑绳，当一台主吊卷扬机水平跑绳到位后，再由另一台主吊卷扬机接着水平跑绳。以此互换，直至将吊装圆盘吊到安装位置。90F、89F、66F 高压垂吊式电缆吊装先由一台主吊卷扬机采用垂直跑绳，通过吊绳换钩、绳索脱离分段吊装。为使上水平段电缆能够继续随着主吊绳提升，再由另一台主吊卷扬机采用水平跑绳吊完余下较短的部分。

现以 90F 高压垂吊式电缆吊装为例介绍分段吊装过程。当穿井梭头到达 23F，吊装圆盘离井口上方约 350mm 时叫停，垂直段电缆已提升 100m，第二节主吊绳上端头已提升到 69F，这时将预先放置 69F 的 2 号卷扬机主吊绳与第二节主吊绳连接，并提升 300 ～ 500mm 叫停。3 号卷扬机与第一节主吊绳上端头连接，1 号卷扬机滑轮组与第一节主吊绳脱离，然后往下放至 69F 与第二节主吊绳连接，2 号主吊卷扬机脱钩，第一节主吊绳由 3 号卷扬机放在 69F，共进行三次这样的换钩脱绳方式。第三次绳索脱离时，垂直段电缆已提升到 300m 高度，吊装圆盘已到 69F，这时将 2 号卷扬机主吊绳与吊装圆盘吊索连接，并提升 300 ～ 500mm 叫停，解除捆绑在第三节主吊绳上的上水平段电缆，同时再将其捆绑在 2 号卷扬机主吊绳上。由 2 号卷扬机水平跑绳三次，即能把吊装圆盘吊到 90F，在水平跑绳过程中，每次锁绳必须用三个骑马式绳夹将吊绳卡牢。

吊装 90F 高压垂吊式电缆过程，如图 7-15 ～图 7-22 所示。

当上水平段电缆吊至设备层，第二绑节露出井口时叫停，解除第一绑节，以下绑节都

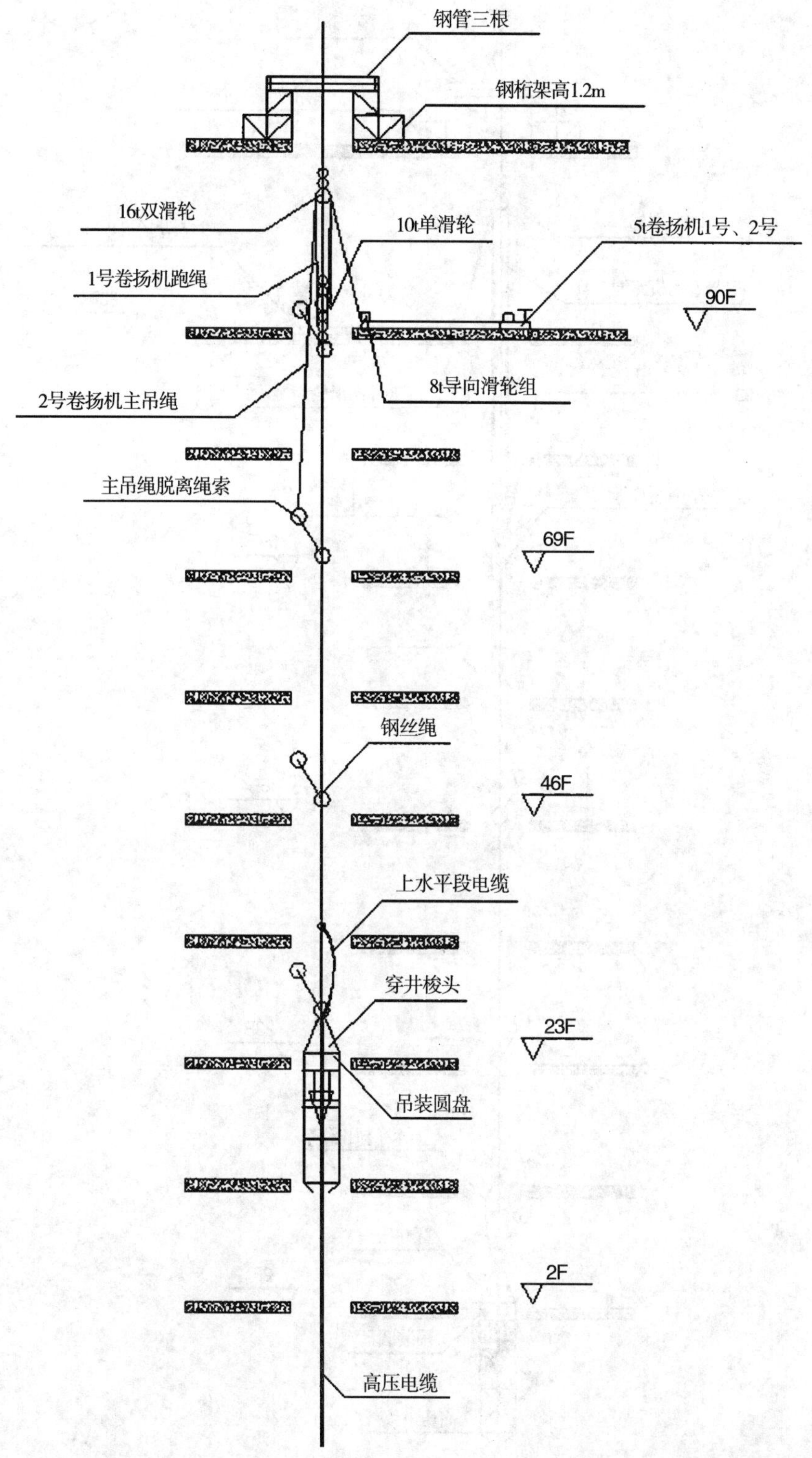

图 7-15 吊装 90F 电缆过程 1

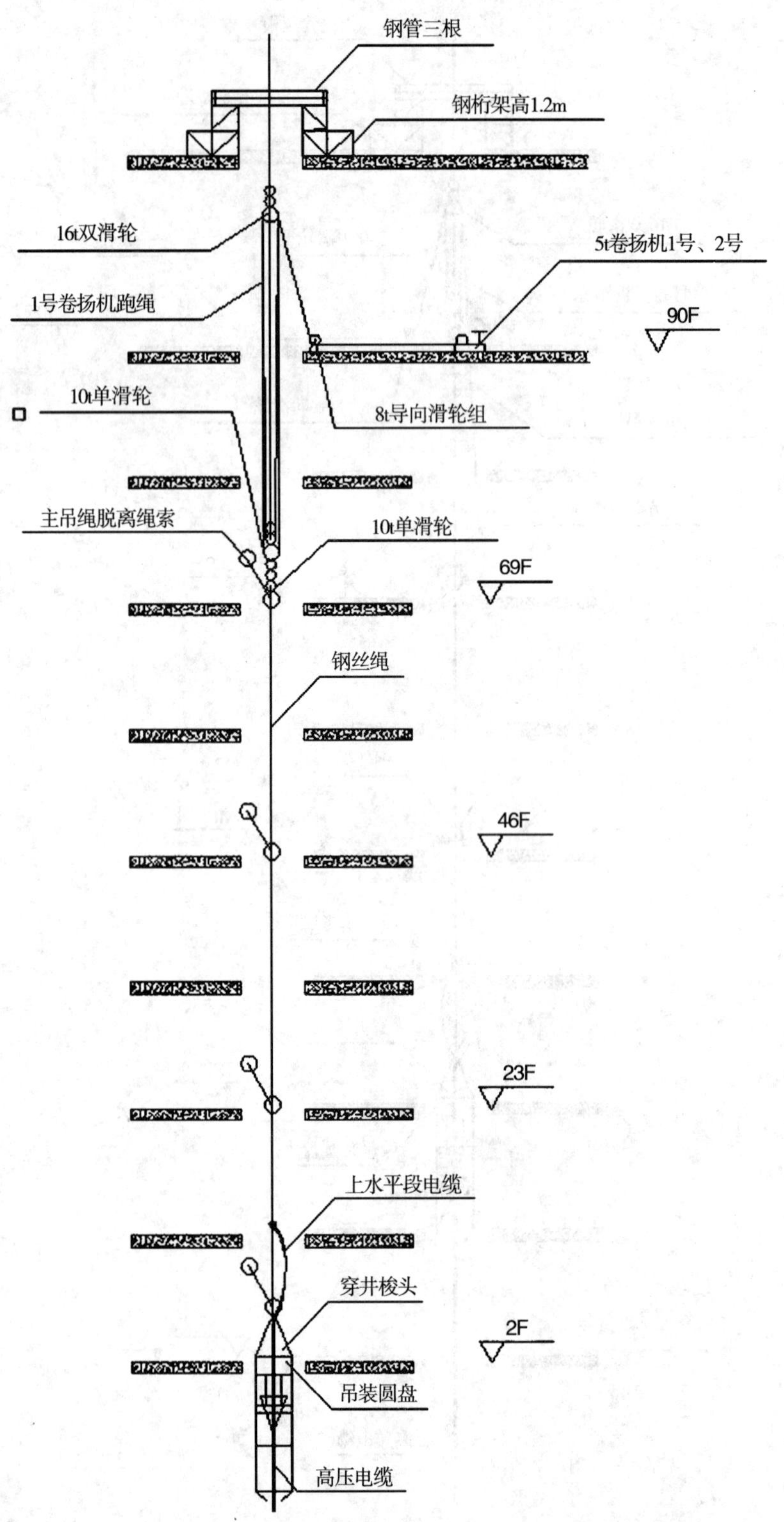

图 7-16 吊装 90F 电缆过程 2

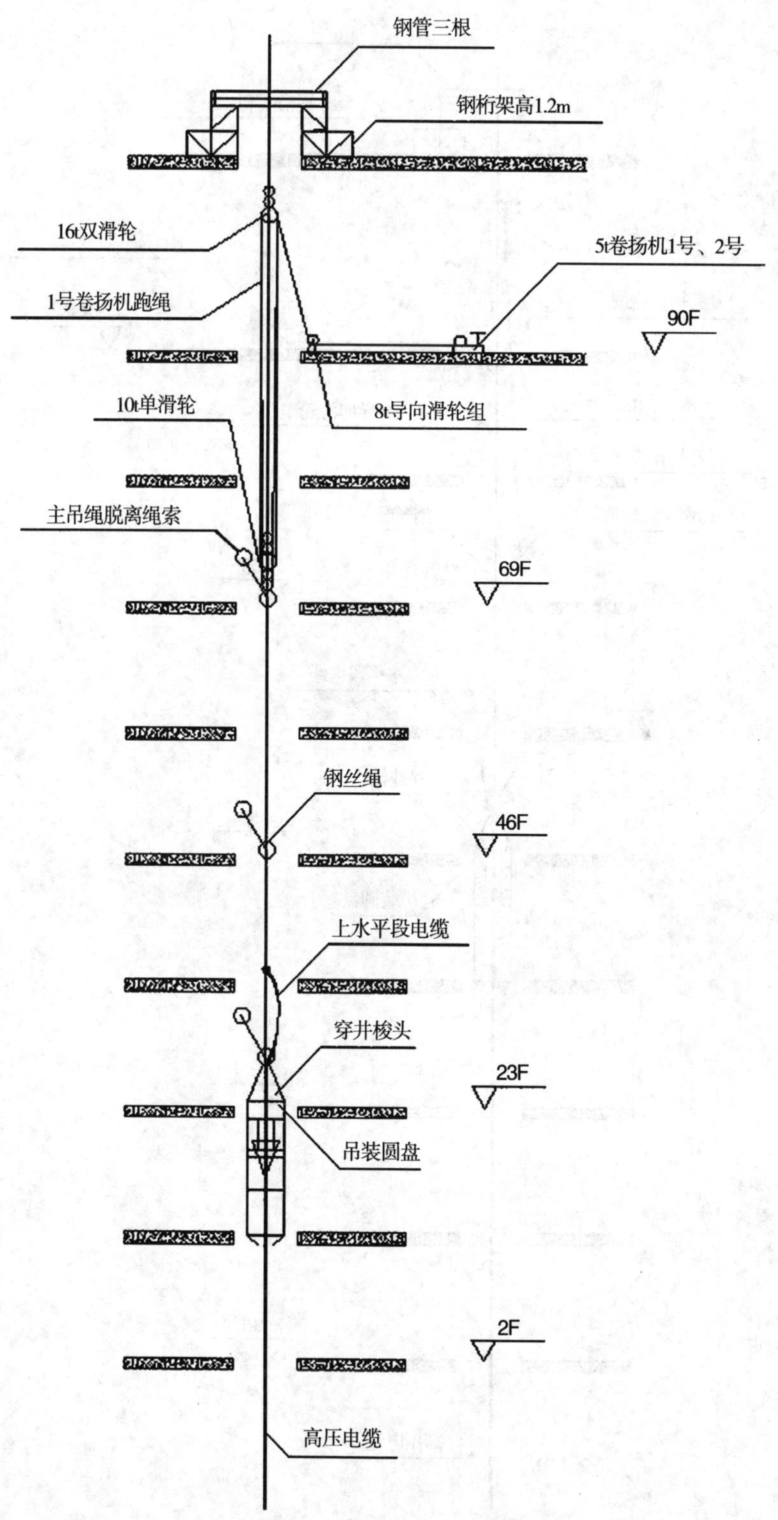

图 7-17　吊装 90F 电缆过程 3

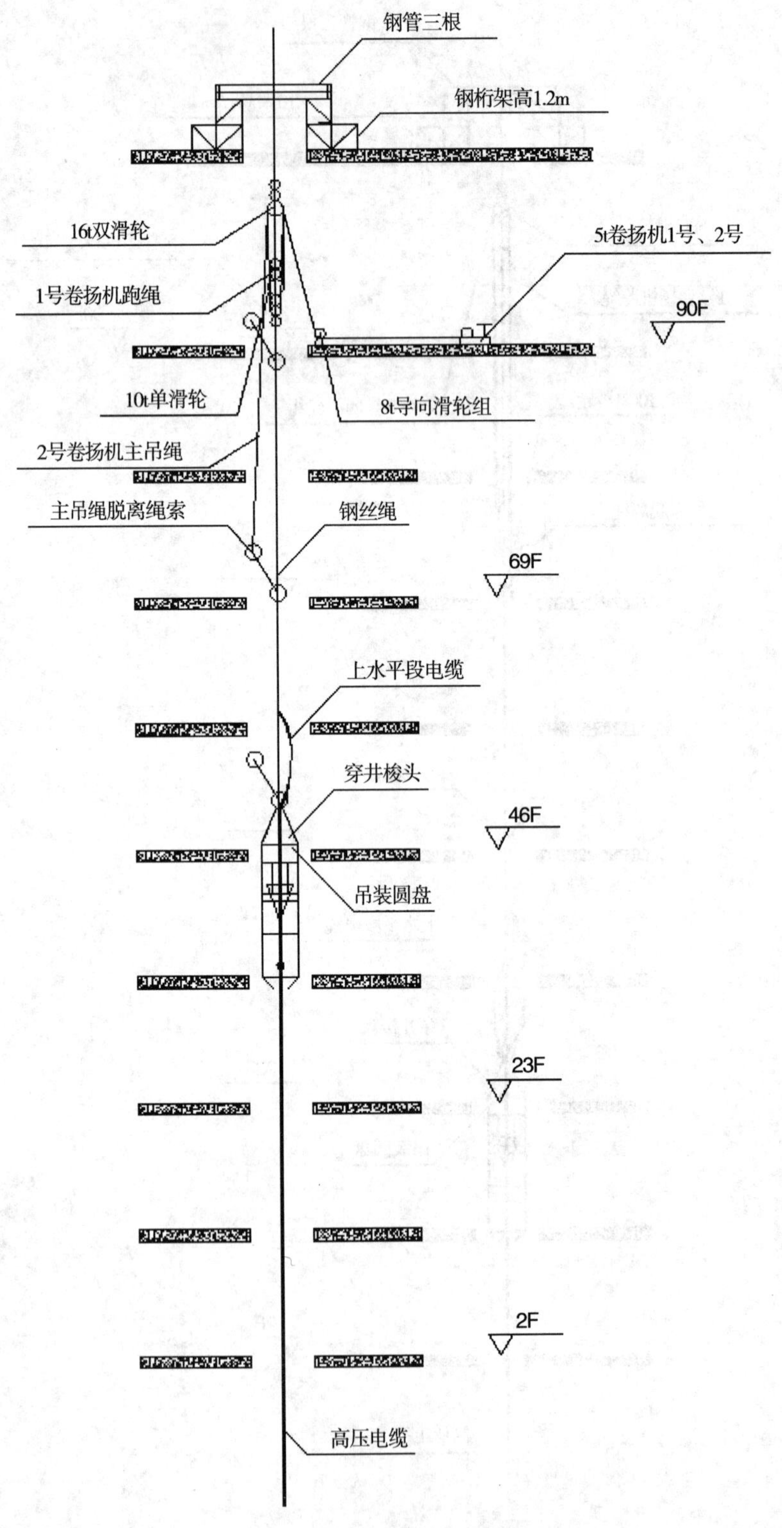

图 7-18　吊装 90F 电缆过程 4

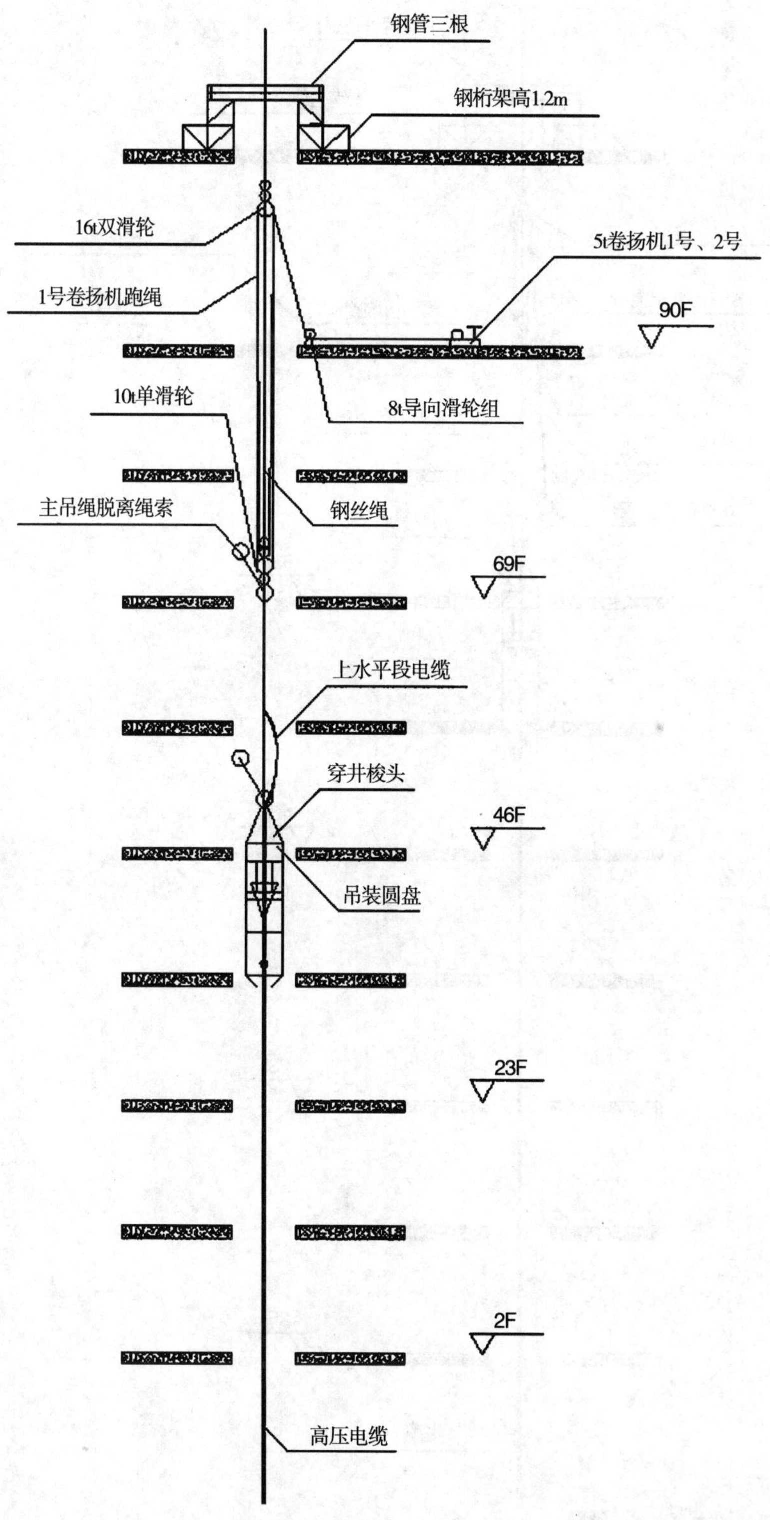

图 7-19　吊装 90F 电缆过程 5

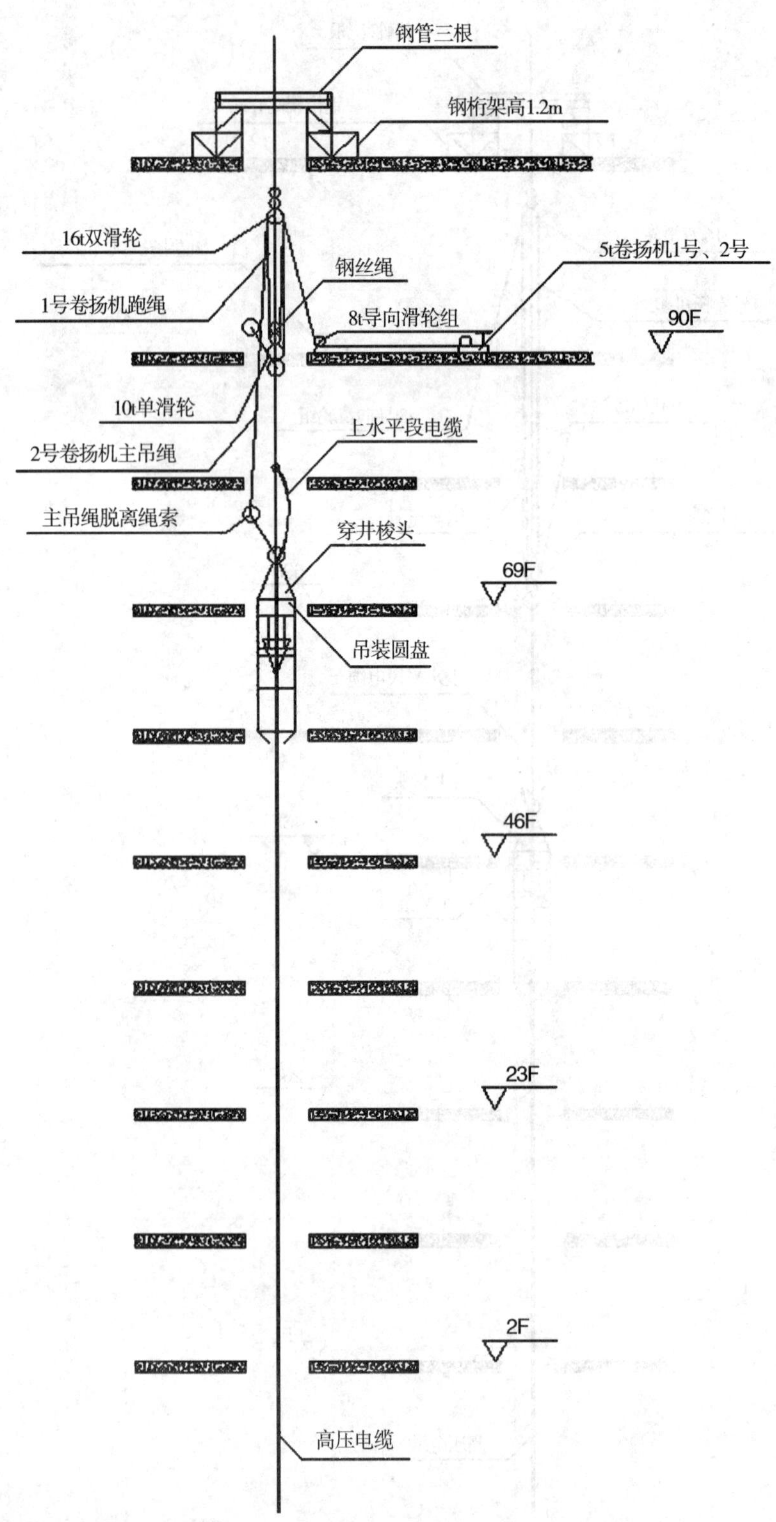

图 7-20　吊装 90F 电缆过程 6

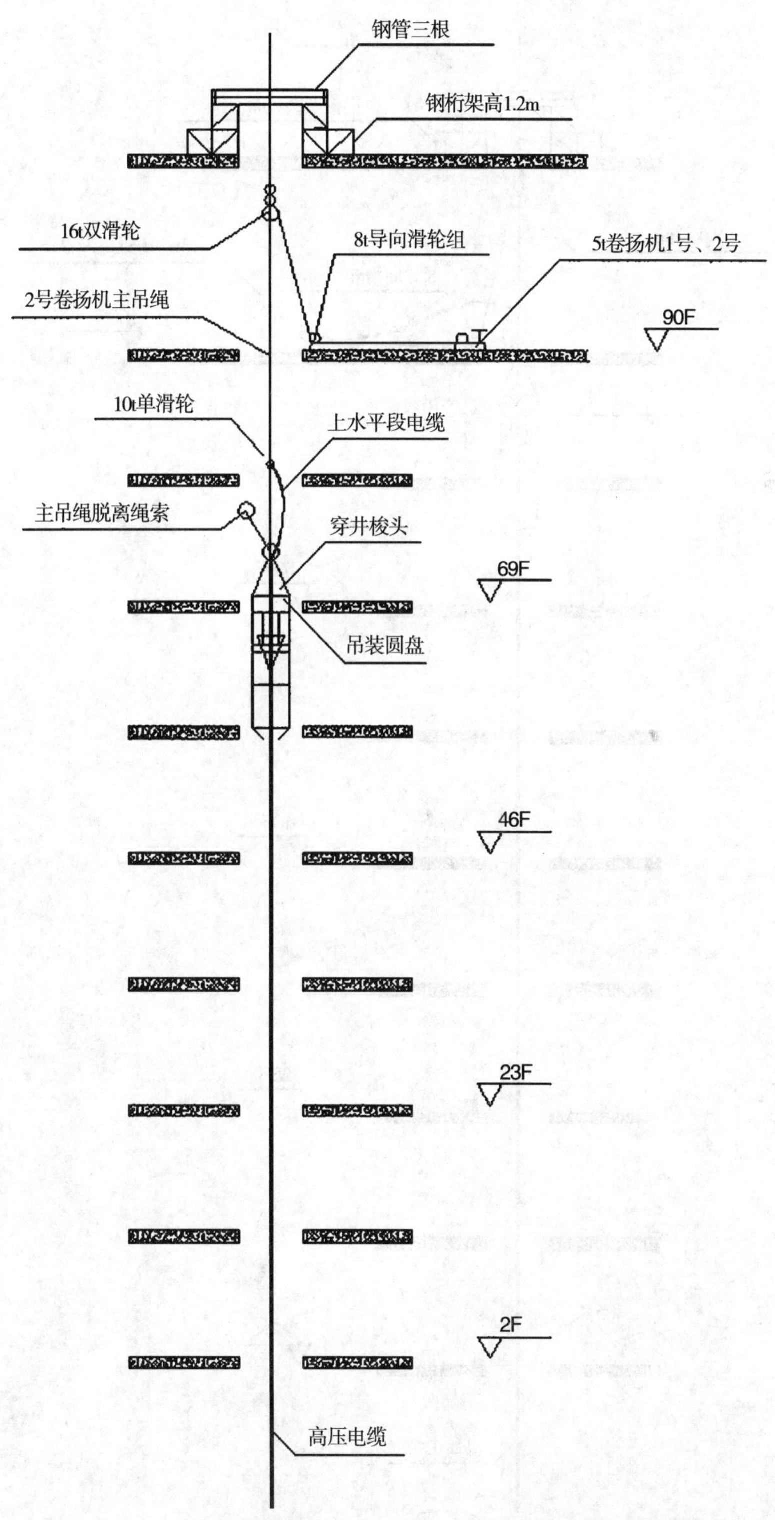

图 7-21　吊装 90F 电缆过程 7

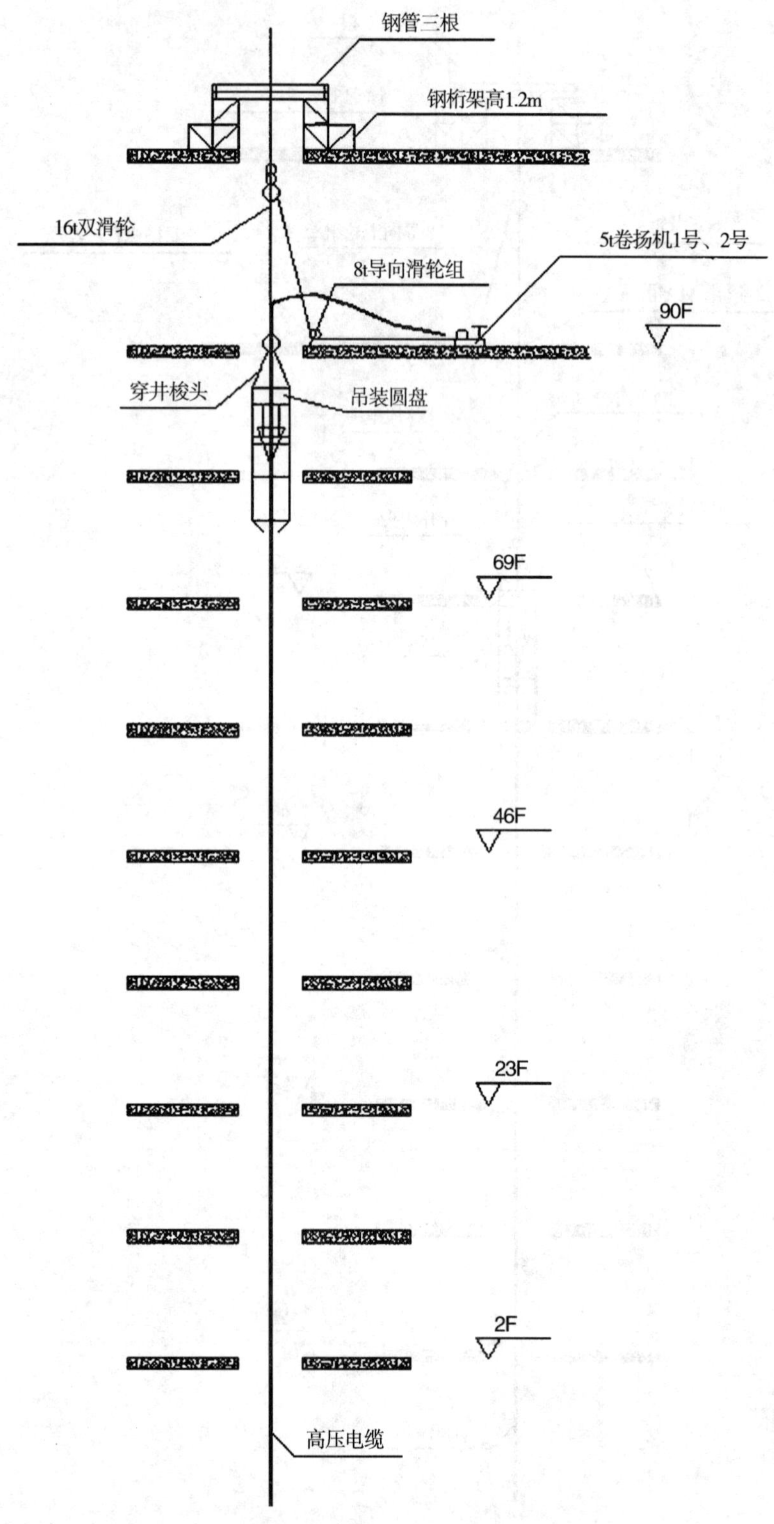

图 7-22 吊装 90F 电缆过程 8

以这种方式解除，需要注意的是必须待下绑节露出井口时才能解除上绑节，避免电缆与井口摩擦，解绳后的上水平段电缆用人力沿桥架敷设。

17）拆卸穿井梭头。当穿井梭头穿至所在设备层的下一层时叫停，拆卸穿井梭头（见图 7-23）。拆卸时要将该层井口临时封闭，以防坠物。拆卸完后，应检查复测吊装电缆 3 根钢丝绳的受力情况，必要时调整与吊装圆盘连接的螺栓，使其受力均衡。

18）吊装圆盘固定。当吊装圆盘吊至所在设备层井口台架上方 60 ～ 70mm 处时叫停，将吊装板卡进吊装圆盘的上颈部。此时应使吊装板螺栓孔对准槽钢台架的螺栓孔，用 M12X80 的螺栓将吊装板与槽钢台架连接固定。然后卷扬机松绳、停止，使吊装板压在槽钢台架上，至此电缆吊装工作完成，如图 7-24 所示。

19）辅助吊索安装。吊装圆盘在槽钢台架上固定后，还要对其辅助吊挂，目的是使电缆固定更为安全可靠，起到了加强保护作用。

图 7-23　拆卸穿井梭头

图 7-24　吊装圆盘安装在电气竖井槽钢台架上

辅助吊点设在所在设备层的上一层，吊架选用 14# 槽钢，用 M12X60 螺栓与槽钢台架连接固定。吊索选用 Φ20mm 钢丝绳，通过厚 10 钢板固定在吊架上。

辅助吊装点与吊装圆盘中心应在同一垂直线上，二根吊索应带有紧线器，安装后长度应一致，并处于受力状态。

辅助吊索安装，如图 7-25 所示。

20）楼层井口电缆固定。在吊装圆盘及其辅助吊索安装完成后，电缆处于自重垂直状态下，将每个楼层井口的电缆用抱箍固定在槽钢台架上，电缆与抱箍之间应垫有胶皮，以免电缆受损伤，如图 7-26 所示。

21）水平段电缆敷设。上水平段电缆在提升到设备层后开始敷设。

下水平段电缆在上水平段电缆和垂直段电缆敷设完成后进行。先把地面清扫干净，垫两层彩条纤维布，再将电缆盘上的电缆盘拖出，成 8 字形摆放在上面，然后对其敷设。

通常采用人力敷设水平段电缆。为减轻劳动强度，提高效率，在桥架水平段每隔 2m 设置一组滚轮。

电缆敷设完成后，应排列整齐，绑扎牢固，按要求挂电缆标志牌。

22）电缆试验和接续。高压垂吊式电缆安装固定后，应做电缆实验，试验合格即可制

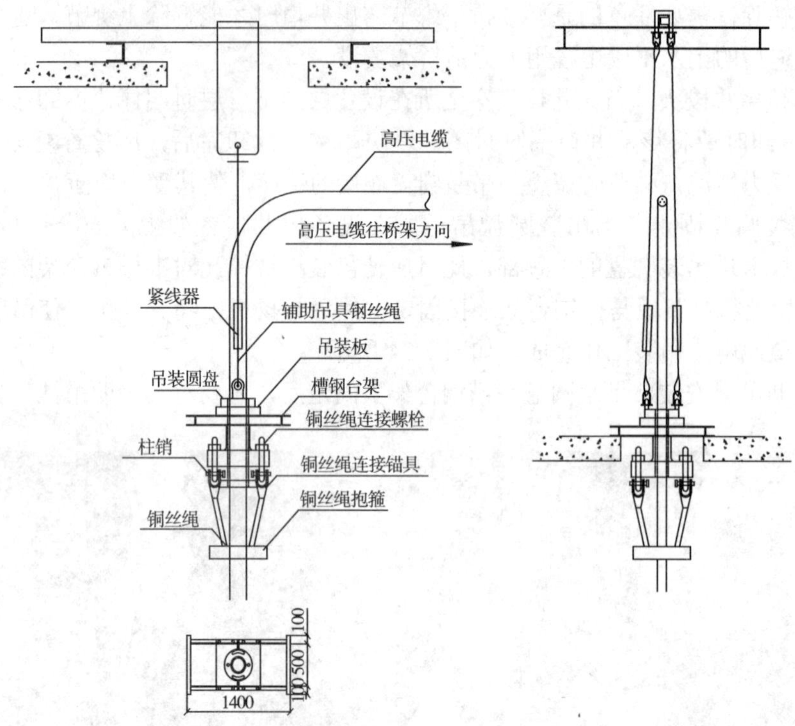

图 7-25 辅助吊索安装示意图

图 7-26 楼层井口电缆固定

作电缆头，通常采用 10kV 交联热缩型电缆终端头制作工艺，电缆头制作完成后，再次做电缆试验，试验合格进行电缆头的安装。

电缆试验应进行绝缘电阻，直流电阻，直流耐压，泄漏电流等试验项目。试验结果符合 GB501501—2006《电气装置工程电气设备交接试验标准》，即为合格。

23）楼层井口防火封堵。在高压垂吊式电缆敷设完成后应进行防火封堵，楼层井口防火封堵采用膨胀螺栓将防火板固定在井口下，然后在防火板上堆砌防火包，在井口上方四周采用无机防火材料砌 50mm 高的防火导墙，最后用防火泥将防火包抹平。

楼层井口电缆防火封堵，如图 7-27 所示。

（5）编制依据。

1）电气装置安装工程电缆线路施工技术验收规范 GB50168—2006。

2）建筑电气工程质量验收规范 GB50303—2002。

3）电气装置安装工程电气设备交接试验标准 GB50150—2006。

4）建筑机械使用安全技术规程：JGJ33-2001、J119—2001。

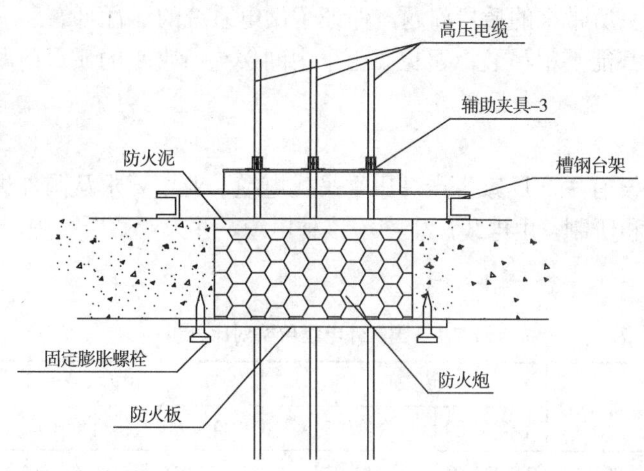

图 7-27　楼层井口电缆防火封堵图

5）施工现场临时用电安全技术规范：JGJ46—2005。

三、社会效益分析

（1）该电缆生产和安装均为国内企业自主完成，电缆和专用吊具、安装用具均申请了国家专利（国家知识产权局已经受理），通过在上海环球金融中心工程的成功应用，扩大了国内企业的知名度和影响力。

（2）吊装工艺独特，在超高层建筑电气竖井内，采用互换提升和分段提升方法吊装高压电缆技术，提高了企业生产技术水平和企业的总体实力，积累了宝贵的施工经验，为今后承接类似工程打下了坚实基础。

（3）高压垂吊式电缆的安装技术，施工快捷，占用竖井空间少，加快了工程进度，维护成本低，节约了工程投资，将会得到广泛的应用。

四、点评

该技术包括应用效果分析，实施后对各项质量、安全等项目目标的控制、技术与经济指标完成情况的概要评论及提高与改进的设想。

以上海环球金融中心工程为例，从工期、质量、成本和社会效益等几个方面进行效益分析。

1. 工期

高层垂吊式电缆在电气竖井内安装，依靠其钢丝绳和吊具承载自重，施工快捷，效率高。以在 30 层电气竖井内高压电缆敷设为例，采用高压垂吊式电缆，井道内电缆施工 7 天，如用普通电缆，井道内电缆施工 12 天，由此可知提前 4 天完工，工期缩短了 42%。

2. 质量

（1）由于高压垂吊式电缆本身带有钢丝绳，因此不易拉伤，施工质量得到保证。所有敷设后的高压垂吊式电缆外表无破损，检验合格。

（2）不管电气竖井内起吊高度有多高，不受电缆长度限制，所有电缆都为整根电缆，避免了由于中间接头所带来的质量问题，保证了供电系统的运行可靠。

（3）所有电缆都能整根吊装，避免了由于中间接头所带来的质量问题，保证了供电系统的运行可靠。

3. 成本分析

由于此前国内没有生产厂家生产高压垂吊式电缆，业主要求从国外进口。通过我们提供资料，参与设计和研制，由电缆厂生产了该种电缆，并为业主所接受，降低了工程成本，见表 7-1。

表 7-1　国内外电缆价格对比分析

电缆规格（mm^2）	工程量（m）	国外		国内		节约资金（元）
		单价（元）	合价（元）	单价（元）	合价（元）	
3×400	4083	3，833.40	15，651，772.20	2，123.16	8，668，862.28	6，982，909.92
3×300	1024	3，271.00	3，349，504.00	1，676.34	1，716，572.16	1，632，931.84

合计节约：8，615，841.76 元。

另外国外进口电缆需设中间接头，附加附件费用 211，309.22 元。因此，该工程共计节约了 8,827，150.98 元。

第八章　预分支电缆施工技术

一、新技术综述

（一）国内外应用概况

（1）采用电缆作为中、低压电网及用户输送和分配电能的方式，已被国内外广泛采用，架空线路的绝缘化程度也在不断上升。为解决城市绿化而出现的“树、线矛盾”，减少故障率，增加供电可靠性，我国在对《城市中低压配电网改造导则》的补充意见中，也明确提出了今后配电网络将逐步用架空绝缘电缆替代架空裸线，新建项目，一律采用架空绝缘电缆。

（2）通过工程实际分析主干线电缆和分路干线电缆的接头处理，变成了供、配电网路施工中的突出问题。传统的施工方法是在现场剥开一段主干线电缆上的外层护套、内层绝缘，再将分路干线电缆端部剥去护套，制作绝缘电缆头，并接至剥去绝缘层的主干线电缆导体上，用液压钳或其他方式，通过导体连接件进行压接，最后用环氧树脂或其他绝缘材料包封处理。这种现场施工的方法，难度大、技术要求高、周期时间长、现场施工费用高；同时还存在绝缘强度难以保证，可靠性、一致性差的缺陷。

（3）随着电缆应用范围的扩大，生产工艺和技术的发展，工业发达国家在20世纪70年代就已出现了工厂预制的带分支电缆——预分支电缆。由于预分支电缆生产场地占用多、设备投资大、工艺复杂、技术要求高，国内于90年代中后期开始试制，到目前为止，已形成了一定的产品市场。

（二）技术要点

（1）预分支电缆，顾名思义，即是工厂按照电缆用户要求的主、分支电缆型号、规格、截面、长度及分支位置等指标，通过工厂内一系列专用生产设备，在流水线上将其制作成带分支的电缆，主干线电缆与分支电缆在工厂内完成分支连接。

（2）预分支电缆技术多应用于树干式配电方式的中高层建筑配电线路中。采用预分支电缆时，应根据使用场所的实际情况，如：竖井高度、层高、每层分支接头位置等先行测量，再根据电缆的实际尺寸、主分支电缆型号、规格、截面、量身定制。为避免因建筑使用功能改变引起容量的变动，宜将预分支电缆的干线和支线截面均放大一级，特殊情况下还应预留分支线以供备用。

（3）在定制预分支电缆的过程中，需同时提供预分支电缆的各种附件，其中钢丝吊头（钢丝网套）规格的选择非常重要，一般要考虑到电缆的外径和重量。

（4）预分支电缆的安装可以吊装或放装，采用放装时，应向制造厂家提出电缆出厂复绕时需逆向复绕。无论是吊装还是放装，安装时每一层楼都要有专人监护，以免电缆刮伤。在电缆全部吊放完成后应及时将电缆固定在安装支架上，以减少网套承受的拉力，从而避免因拉力过大把电缆外护套拉坏。

（5）当确定配电线路采用预分支电缆后，在垂直敷设时，应充分考虑安装预分支电缆吊挂横梁部位的承受强度。

（6）电缆敷设完毕后应对电缆进行整理，桥架内电缆应排列整齐，固定点一致。电缆固定采用尼龙扎带，间距1m以内，每20m用金属电缆卡做加强固定。选用单芯预分支电缆时，必须采用非导磁材料的电缆卡做加强固定。

（7）安装完成通电之前，必须用1000V兆欧表，测出吊头与电缆芯线之间的绝缘电阻，如绝缘电阻小于100MΩ，要通知生产厂家进行检查。检查主线端头的相位标记与分支线相位标记应对应，检查无误方可通电。

（8）技术指标。

1）主、分电缆均应符合GB5023《额定电压450/750V及以下聚氯乙烯绝缘电缆》的相关技术指标和要求。

2）主、分电缆均应符合用户指定的规格、型号、截面要求。

3）吊头的耐压：AC3500V、5min不出现击穿；绝缘电阻≥200MΩ。

4）吊头应能承受预分支电缆自重2倍的重力，且连续承重24h不脱落。

5）电缆安装时应符合GB50168《电气装置安装工程电缆线路施工及验收规范》、GB50303《建筑电气工程施工质量验收规范》、标准图集00D101-7《预制分支电力电缆安装》的相关技术指标和要求。

（9）技术措施。

1）预分支电缆的选型及定货。

①预分支电缆应根据使用场合对阻燃、耐火的要求程度，选择相应的电缆型号。

②由于单芯电力电缆在空气中敷设长期允许载流量是相同截面三芯电力电缆的1.4倍左右，直埋在土壤热阻系数为80℃·cm/W的环境下，单芯电力电缆是相同截面三芯电力电缆的1.5倍以上。因此，无论是从经济性或是从便于安装维护的角度出发，都宜选用单芯电力电缆作为预分支电缆的主体。

③根据建筑电气总体设计图确定各配电箱（柜）具体位置，并标明接头的准确位置尺寸。

④在上述基础上，绘制预分支电缆整体图纸，在该图纸上标明主电缆的型号、截面、总长，各分支电缆的型号、截面、各分支有效长度，各分支接头在主电缆上的准确位置（尺寸），安装方式（垂直、水平、地埋、架空敷设）；所需附件型号、规格、数量等。

2）安装及施工。以中高层建筑垂直电缆井道内安装预分支电缆为例，其安装施工步骤和方法如下：

①将吊挂横梁安装在预定位置。

②将用于悬挂吊头的吊钩安装在吊挂横梁上。

③按规范和厂家安装说明要求，在电缆井道内设置电缆固定支架。

④确定敷设预分支电缆的方法，采用人工或者机械设备开始起吊（吊放）预分支电缆；

⑤将电缆起吊（吊放）到预定位置后将吊头挂于吊钩上。

⑥按设计图纸要求对电缆进行整理，并及时用缆夹将主电缆固定在电缆固定支架上，使电缆重量均匀地分布在支架上，尽量减少建筑主体吊挂横梁部位和电缆吊头的

承重时间。

⑦按设计图纸要求，将各分支电缆和主电缆分别接至相应的配电箱（柜）上。

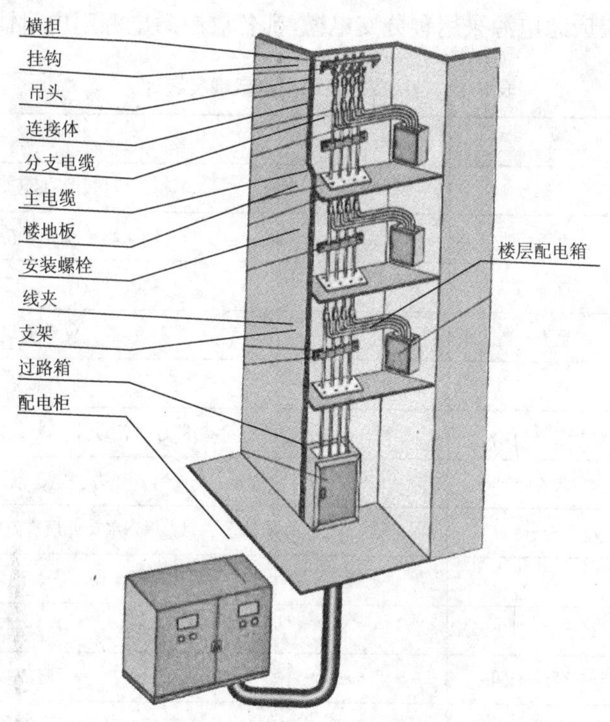

图 8-1　预分支电缆安装示意图

（三）适用范围

适用于交流额定电压为 0.6/1kV 的配电线路中。主要用于中小负荷的配电线路，目前其最大载流已做到 1600A，（240mm^2 规格电缆其载电流约 500 ～ 600A）。

二、应用实例

西湖文化广场高层商务楼工程

1. 项目概况

西湖文化广场高层商务楼是一座集商务、办公等为一体的综合性、超高层、平面随楼的高度而变化的多样建筑，地处杭州西湖文化广场内，总建筑面积为 106308m^2，地下二层，地上 41 层，建筑高度为 170m，裙房高度为 40m。工程范围包括给排水、暖通、电气、通风、消防（水消防、部分防排烟）等管线及相关设备的安装，机电安装投资额 6500 万元，其中电气工作量 1944.54 万元，电缆工作量 79.52 万元，分支电缆工作量 21.15 万元。

工程质量目标：达到《建筑工程施工质量验收统一标准》（GB-30300—2001）中的“合格”标准。

工期目标：合同工期日历天数为 940 天，竣工日期满足总承包管理单位的工程进度，力争提前。

工程造价控制目标：6000 万元。

安全文明施工目标：创省、市级“双标化”。

2. 应用过程介绍

该大楼 23 ～ 41 层应急电源采用预分支电缆，其各层应急电源用电量情况统计见表 8-1。

表 8-1 各层应急电源用电量情况统计

层高（m）	层数	每层用电量 kW	功能
地下部分	二		车库、机房、高低配、水池、泵房
	一		文化商场、观光等待厅、售票厅
0.00	首		门厅、文化商场
5	二至五		文化商场
5	六		厨房、餐厅
5	七		多功能厅、活动室、屋顶体育花园、冷却塔
5	八		办公室、活动室
3.9	九至十五		办公室（九层有虹吸雨水斗）
3.9	十六		避难层、设备房、消防泵房及水箱
3.9	十七至二十二		办公室
3.9	二十三至二十四	5	办公室
4.8	二十五	5	办公室（平面开始成八角型）
3.9	二十六至二十七	5	办公室（平面成八角型）
3.9	二十八	5	空调机房、泵房（平面成八角型）
4.2	二十九	10	避难区、消防水池（平面成八角型）
3	三十	5	观光、休闲（平面成八角型）
3.9	三十一至三十七	5	办公室（平面成八角型）
3.9	三十八	5	办公室（平面开始成十二角型）
3.9	三十九至四十	5	办公室（平面成十二角型）
3.1	四十一	5	电梯机房（平面成十二角型）

根据各层楼应急照明的用电量、本工程设计与现场的实际用电负荷确定使用预分支电缆，规格型号为：FZ-NH-YJV-4×70+1×25+FZ-NH-YJV-4×25+1×16。

根据上述表所列层高选择分支数量、分支部位和分支线长度，根据供电部位确定第一段分支的部位，本工程第一分支部位由第 23 层开始分支，根据配电箱安装高度和分支线路的走向，确定分支线缆的长度。分支电缆干线由低压配电间内指定开关柜开始沿水平桥架和垂直电缆梯架敷设至 41 层，垂直电缆梯架采用预分支电缆厂家提供的专用支架。垂直电缆部分采用水平排列。

实物照片如图 8-2、图 8-3 所示。

图 8-2　井道内预分支电缆敷设

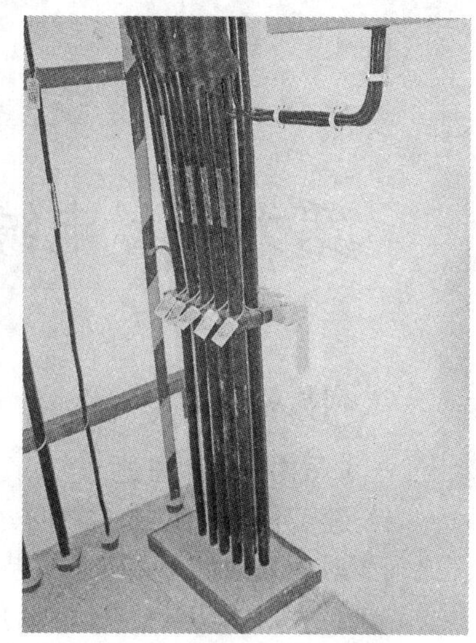

图 8-3　预分支电缆标识

三、点评

预制分支电力电缆是为适应供配电系统不断发展而出现的新型电缆产品，预制分支电力电缆改变了长期以来在施工现场制作电缆接头的历史，从而使线路供电可靠性大大提高。

预制分支电力电缆主要优点：

（1）电缆分支接头在工厂一次预制成形，大大提高了供电可靠性。

（2）占用空间尺寸小，使用环境条件要求低。

（3）安装方便，可用支架、电缆托盘、线槽等将电缆固定好即可，在高层建筑中，安装时用卷扬机提升电缆，电缆就位后各层分别固定好，使施工既简单又方便。

（4）在正常运行中预制分支电力电缆不需要做任何维护保养。

（5）预制分支电力电缆可采用在电缆沟、电缆隧道、电气竖井、厂房内采用支架、桥架、线槽、沿墙明敷等多种方式敷设。

（6）品种规格多，主干电缆截面与分支电缆截面可根据设计要求任意组合，选用灵活。

（7）预制分支电力电缆的分支接头可根据楼层层高及用电点的需要任意设定分接头由工厂预制。

预制分支电力电缆具有以上优点，在高层建筑、多层建筑、民用住宅、工厂、车间生产线、桥梁道路及隧道等动力与照明配电线路中得到广泛应用。

随着我国国民经济的快速增长，基础建施、基本建设和房地产开发速度的加快，采用电力电缆作为各种建筑、设施供、配主干线已是事实。寻求先进、经济、性能优越、占用有效空间小、施工周期短的供配电施工技术和方法是电气施工领域技术人员的共同要求，也正是在这样的历史环境下，预分支电缆快速地进入了我国建筑电气行列，随着城化建设步伐的加快，城市中低压配电网改造的推进，建筑业新技术的全面推广运用，将为该项技术的应用起到积极的推动作用。

第九章　电缆绝缘穿刺线夹施工技术

一、技术综述

（一）国内外发展概述

（1）随着社会的发展，建筑技术水平的不断提高，城市的建筑向大规模，高层化发展，随之而来对建筑的供电要求越来越高，社会的信息化，建筑的现代化，使建筑对供电的依赖也越来越大，尤其是一些重要的公共建筑。电缆绝缘穿刺线夹分支技术巧妙地配合了电缆供电方式，以其特有的优点，为电缆分支提供快速、简便、可靠的连接，完整地解决了电缆分支的各种技术难题，从而可能成为最有发展前途的供电线路分支技术。电缆绝缘穿刺线夹分支的关键技术是穿刺密封分支结构，并利用了现代科技的新成果，采用添加强力纤维塑料和特殊合金，提高分支接头的机械强度、防水防腐蚀性能和分支的电接触性能。

（2）电缆绝缘穿刺线夹是我国近几年从国外引进和自主开发出来代替预分支电缆和传统连接的一种新型连接器，适用于小容量动力与照明供电系统的新型电缆 T 接产品。电缆绝缘穿刺线夹的使用是继电缆分线箱、预分支电缆后的又一种电缆 T 接方式。它具有配电更安全可靠、安装简单方便、防水、环境要求低、免维修、更经济等特点。在高层建筑、民用住宅、路灯配电、户外架空线等低压动力和照明配电线路中均可应用，竖井内、露天均可实施安装。

（3）电缆绝缘穿刺线夹早已在发达国家大量使用，并已有 37 年安全运行的历史，大量应用于建筑物内配电、室外架空线路和电缆直埋线路，电气性能产品符合 IEC 及欧洲电气标准。采用电缆作为中小型高层建筑的竖向大容量供电干线，使用电缆绝缘穿刺技术作为新型电缆分支，使供电线路具有最佳性能价格比，使供电方式多样化，满足各种建筑物和不同环境的配电需求，达到最佳的社会效益、经济效益和环境效益。

（二）技术要点

（1）电缆绝缘穿刺线夹主要用于建筑配电、隧道照明等电缆分支。将需要对接的两根电缆剥去电缆保护层和铠甲，将其中需对接的一对电缆线（带绝缘层）置于线夹的两组穿刺接触刀片内，如图 9-1a 所示，用专用扳手拧紧力矩螺母。此时，经过精确力度计算的线夹紧固力矩螺母当拧至最佳穿刺力度时，力矩螺母便会自动脱落，两组穿刺刀片刺破电缆线绝缘层与电缆紧密接触，如图 9-1c 所示，两组刀片之间通过内部特制金属片实现连通，如图 9-1b 所示。

（2）采用电缆穿刺线夹施工时，首先在电缆确定好主线的分支位置处剥去 200 ～ 500mm 护套，将其露出电缆支线（无须剥去电缆支线的绝缘层），然后将分支电缆插入具有防水功能的支线帽内，再将线夹固定在主线分支处，在连接处用手拧紧线夹螺母，最后用套筒扳手套在固定线夹的下端并用另一套筒扳手按顺时针拧紧线夹上的力矩螺母，当穿刺刀片与金属导体的接触达到最佳效果时力矩螺母便会自动断离。不需要对导线和线夹做特殊处理。

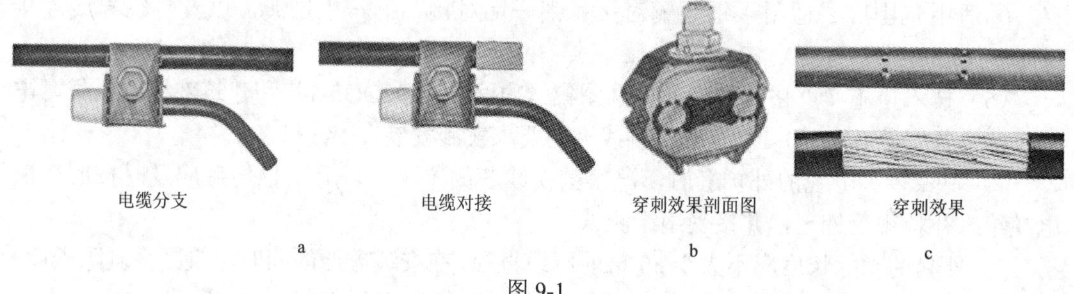

图 9-1

（3）电缆绝缘穿刺线夹分支具有预分支电缆不具备的优势，它不须预定，在施工现场制作，可以在电缆任意位置做 T 型分支，不需要截断干线电缆，不需要剥去干线电缆的绝缘皮，不破坏电缆的机械性能和电气性能，线夹的金属刀口可随着力矩螺栓的拧紧而穿透绝缘层接触到干线芯导体，从而将干线电源引出（T 接），接口处是密封结构防护等级很高，力矩螺栓在拧到设计力矩会折断，从而避免刀口与干线导体接触不实造成接触电阻过大，或刀口过分切入造成干线导体的机械损伤，绝缘穿刺线夹更换电缆截面方便，安装方便，密封、防水、防腐蚀。绝缘穿刺线夹保留了传统 T 接方式现场制作的灵活性和可调整性，同时完整解决了传统电缆 T 接的各种技术难题，从而可能发展成为最有发展前途的供电线路分支技术，特别适合于用在高层住宅干线系统等供电容量较小的配电系统中，使供电线路具有较佳的性价比。

（4）技术指标。

1）电缆绝缘穿刺线夹特制螺栓和力矩螺母必须确保恒定的穿刺压力，使线夹与导线达到良好的电气接触而不过分地损伤导线，保证绝缘导线的正常使用寿命。而且采用不锈钢合金材料制造而成，不容易氧化生锈。在拧紧后螺母会自动断裂脱落，这时力矩正好；如没拧断，那会引起接触不良；如拧断了还再拧，那会对导线造成损伤。特制力矩螺母是根据导线的粗细来设计的，在选型时要特别注意。

2）电缆绝缘穿刺线夹内部采用绝缘导热油脂填充，使刀片穿透导线绝缘层后，整个导体能形成全封闭结构，从而提高了绝缘强度和安全性，达到防潮、防水、防腐蚀。密封垫采用特种橡胶原胶作线夹的防水密封和电气绝缘件，使线夹具备了在－ 50 ～ 150℃的环境下都有着优异的防水性和电气绝缘性，原胶密封件具有 50 年不失效的优异性能。绝缘帽套采用内螺纹结构，适用于各类电缆电线头的绝缘密封。

3）电缆绝缘穿刺线夹穿刺接触刀片采用紫铜镀锌耐氧化刀片，适用于铜（铝）对接及铜铝过渡对接。电气接触电阻小，冲击电流高达 15kA，电阻变化率小，安装离散度好，各项指标都能很好的符合 DL/T765.3-2004 具体项目参数。

4）电缆绝缘穿刺线夹特性：

①机械性能：在导线拉断力作用下，线夹无破裂。

②防水绝缘性能：水下绝缘强度高达 15kV（中压）/6kV（低压）。

③温升性能：在大电流通过时，线夹温升低于连接导线温升。

④电气性能：特制力矩螺栓保证了恒定穿刺压力，确保良好的电气接触。

⑤操作简易：穿刺结构，无须截断电缆，绝缘导线无须剥皮。

⑥适用范围广：适用于铜—铜对接、铝—铝对接、铜—铝过渡，以及异径导线连接（1.5 ～ 400mm^2）。

（5）技术措施。严格参照华北标准图集《内线工程 92DQ5-1》和建筑部标准图集《电气竖井设备安装 04D701-1》有关穿刺线夹的要求实施安装。

1）剥除多芯电缆的外护套时，严禁割伤线芯的绝缘层，万一损伤后应及时按照一般电缆绝缘补救规范处理，并接受绝缘测试。

2）外套的剥除长度应不大于 50 倍的电缆直径，在安装方便的同时尽量减少剥除长度。

3）单芯电缆的外护套也应剥除，但剥除长度稍大于穿刺线夹的宽度即可。

4）外护套剥除后，应同时剪除裸露的电缆敷料，两端口用绝缘塑料胶带缠绕包裹，以不露出电缆内填充敷料为准。

5）在多条电缆并行安装的井道内，多个穿刺线夹的安装位置应不在同一平面或立面，应保持 3 倍以上的电缆外径的距离，错开安装位置，以减少堆积占用的安装体积。

6）用 13 号、17 号封闭扳手、眼镜扳手、套筒扳手紧固穿刺线夹的力矩螺母直至脱落。力矩螺母脱落前，严禁使用开口扳手、活动扳手、老虎钳等紧固螺母，遇到较硬电缆绝缘皮时，可以适当紧固力矩螺母下的大螺母，以不压裂线夹壳体为准（通常 3 圈以内）。

7）紧固双力矩螺母的穿刺线夹时，对两个螺母应交替拧紧，尽量保持压力的平衡。

8）支电缆应留有一定余量后剪裁，但不应在井道桥架内盘卷。

9）以电缆绝缘层的颜色或编号为准，严格检查对应支缆线的相位后再拧紧穿刺线夹。

10）支电缆的外护套也应剥除，剥除断口主缆平齐，同时严禁割伤线芯的绝缘层。

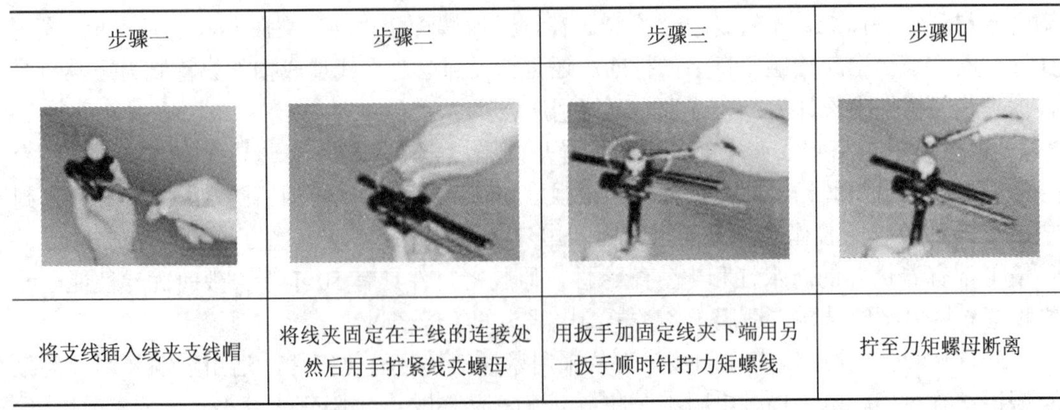

步骤一	步骤二	步骤三	步骤四
将支线插入线夹支线帽	将线夹固定在主线的连接处然后用手拧紧线夹螺母	用扳手加固定线夹下端用另一扳手顺时针拧力矩螺线	拧至力矩螺母断离

图 9-2　穿刺线夹安装示意图

11）电缆连接完毕后，用万用表检查各电线是否接通，若无问题则将电缆的铠甲做等电位连接，并用胶布包扎外露部分铠甲，然后放回桥架内。

（三）适用范围

电缆绝缘穿刺线夹施工技术适用于常规的 1kV 及以下普通塑料电缆。电缆分支或用电缆线连接适用于 1.5 ～ 400mm^2 铜、铝导体的绝缘电缆。

二、应用实例

中国四季青服装交易中心工程

1. 项目概况

四季青服装交易中心位于杭州市江干区九堡镇九堡村，北临民丰路，东临久盛北路，西临九一路，南为中国四季青服装交易中心一期广场。建筑面积为65280m²，地上5层建筑，地下一层，属一类建筑工程；建筑高度为23.8m；建筑结构形式为钢筋砼框架。

工程功能主要为服装交易市场，同时也包括一些生活配套设施及办公室等。地下层包设机械车库、变电室、自行车库、冷冻机房、空调机房、人防设施等。

工程范围给排水、暖通、电气、通风、消防（水消防、部分防排烟）等管线及相关设备的安装，机电安装投资额1943万元，其中电气工作量740.6966万元，穿刺电缆接头工作量13.439万元。

工程质量目标：达到《建筑工程施工质量验收统一标准》（GB-30300-2001）中的“合格”标准。

工期目标：合同工期日历天数为350天，竣工日期满足总承包管理单位的工程进度，力争提前。

工程造价控制目标：1880万元。

2. 应用过程介绍

该工程选用的电缆绝缘穿刺线夹为法国的卡西姆品牌电缆绝缘穿刺线夹，根据工程设计选用的主干电缆的规格与分支电缆的规格，确定合适的电缆绝缘穿刺线夹规格，电缆绝缘穿刺线夹的主线夹与分支线夹均可在一定范围内根据电缆规格进行灵活调整。根据分支线缆的位置在主干电缆上进行电缆绝缘穿刺施工。由于电缆绝缘穿刺线夹施工会导致电缆绝缘穿刺部位占用一定空间，因此在选用电缆绝缘穿刺线夹进行施工时，如桥架内施工，应考虑根据电缆分支的数量来适当放大桥架的规格，以保证电缆绝缘穿刺施工后分支电缆的整齐布置和桥架盖板的安装。

表9-1　电缆绝缘穿刺线夹

型号	主线（mm²）	支线（mm²）	最大电流（A）	螺栓		力矩螺母
				数量	H（mm）	
TTD151FVO	25～95	（2.5）6～35	180	1×M8	13	F1314
TTD201FVO	25～95	25～95	339	1×M8	13	F1318
TTD241FVO	35～150	（2.5）6～35	180	1×M8	13	F1314
TTD371FVO	35～150	25～150	453	1×M8	13	F1318
TTD451FVO	95～240	95～240	477	2×M10	17	F1720

3. 实物照片

图 9-3 现场电缆绝缘穿刺线夹施工

图 9-4 现场电缆绝缘穿刺线夹施工

三、点评

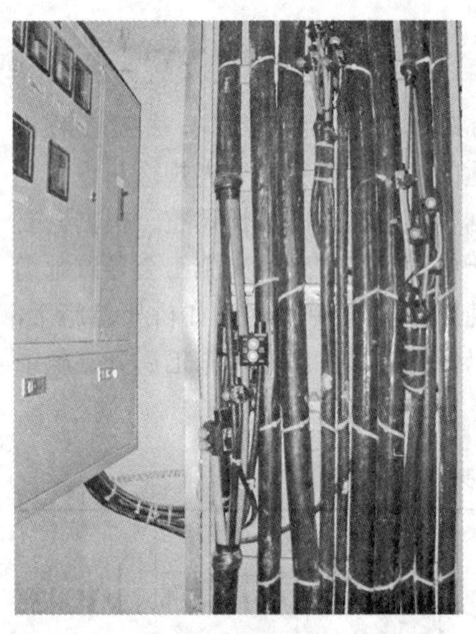
图 9-5 现场电缆绝缘穿刺线夹施工

电缆绝缘穿刺线夹施工技术，是一种新型的电缆穿刺连接器技术，是代替分线箱、T 接箱最佳的产品，无须截断主电缆，可在电缆任意位置做分支，安装十分简便可靠。

穿刺分支电缆的 IPC 绝缘穿刺线夹具有力矩螺母和穿刺结构，力矩螺母用于保证恒定的接触压力，确保良好的电气接触，并同穿刺结构一起使安装简便可靠。IPC 绝缘穿刺线夹的使用对干线的机械性能和电气性能影响小。一般穿刺分支接头结构多采用先进的进口绝缘线芯穿刺线夹工艺制作，分支接头制作有严格的技术标准和检验要求，以及严密的质保体系。安装不需要专用工具，不需要对导线和线夹做特殊处理，操作简单、快捷，与常规接线方式相比，免去了剥除绝缘层、搪锡或压接端子、绝缘包扎等工序，减少了绝缘层、电线头等施工垃圾，降低了施工用电量和因用电造成的安全隐患，降低了常规做法难从避免的环境污染；需要的安装空间很小，可以大大提高安装效率，节省人工和安装费用。

电缆绝缘穿刺线夹具有导电能力强，线夹温升小，耐高压，防潮、防水、防腐蚀，体积小，重量轻，安全方便的特点，是绝缘导线（电缆）的最佳连接器。几年来，供电局在新产品、新工艺推广活动中，应用了高、低压绝缘线夹，解决了绝缘线在安装时剥削困难，易伤导线和剥削后密封难，进水氧化的问题，获益匪浅。电缆绝缘穿刺线夹与传统电缆连接方式（分接箱或电缆压接管），供电性能比较有以下优点：

（1）安装简单；由于线夹的穿刺结构，绝缘导线无须剥皮即可安装，相当方便，避免剥皮操作损伤导体。

（2）导电能力强；采用了特制的力矩螺母，确保每个线夹在安装时都达到最佳状态。恒定的穿刺压力保证了有效的穿刺，又在不损伤导线的同时，保证最小的接触电阻及热循环状态，有良好的耐冲击电流的性能。

（3）防水性能好；采取了自密封结构，防水、防潮功能显著，能防止导线因进水而氧化，延长了绝缘线的使用寿命。低压线夹还可以在地下井内安装。

（4）绝缘性能好；使用了特殊绝缘壳体，能抗光照及环境老化，有较高的绝缘强度。一定条件下，适应带电作业。

（5）适应性广；弧面的镀铂合金接触刀片，适用于同、异线径的导线连接，连接范围广；适用于铜铝导线的连接，具有铜铝过渡的功能。

（6）效益明显；用于路灯引线连接，可以改变路灯间的电缆连接方式，节约电缆，省去专用接线板和连接端子，经济效益显著；用于带电搭接，减少停电，提高供电可靠性；安装操作简单，减轻劳动强度，绝缘线连接使用绝缘穿刺线夹效益明显。

（7）使用安全：

①无须剥去电缆绝缘层、无须截断主电缆即可做电缆分支，接头完全防水密封绝缘。

②可带电作业，可在电缆任意位置做分支。安装时只需套筒扳手。

③耐扭曲、防震、防水、防电化、防腐蚀老化。无须维护。

④建筑中应用，安装空间极小，节省桥架和土建费用，无须终端箱、分线箱，无须电缆返线，节约电缆投资，性价比高于传统连接方式。

⑤广泛用于城网、农网绝缘化改造。

⑥已安全使用超过30年。

在同负荷和同安装条件的情况下，应用电缆绝缘穿刺线夹和应用分支电缆相比，材料费用要大大节省。特别对于低容量系统来讲，选用统一电流等级的电缆绝缘穿刺线夹做电缆分支方式，材料费用的缩减就更加明显，加上安装方便，节省了现场施工劳力，总的建筑工程造价则会大大降低。一般情况下，采用电缆绝缘穿刺线夹要比预分支电缆的工程造价低20%～35%。随着城市化建设步伐的加快，城市中低压配电网改造的推进，建筑业新技术的全面推广，将为该项技术的应用起到积极的推动作用。

第十章　计算机控制，液压提升（滑移）大型设备与构件技术

一、技术综述

（一）主要技术内容

计算机控制，液压提升（滑移）技术是一项新颖的大型设备与构件安装技术，它集机械、液压、计算机控制、传感器监测等技术于一体，解决了传统吊装工艺和大型起重机械（设备）在起重高度、起重重量、结构面积、作业场地等方面无法克服的难题。采用该技术施工安全可靠、工艺成熟、技术先进，经济效益显著。该技术采用“柔性钢绞线承重、液压油缸集群、计算机控制同步提升（滑移）”的原理，目前常用有两种方式：上拔式和爬升式。前者液压油缸固定不动，钢绞线末端与被提升（滑移）设备（构件）锚固，通过油缸往复运动，牵引其穿心的钢绞线连同设备（构件）提升（滑移）；后者钢绞线前端固定不动，液压油缸与被提升（滑移）设备（构件）锚固，通过油缸往复运动，牵引与其锚固的设备（构件）沿钢绞线提升（滑移）。用于提升时，液压缸处于垂直状态；用于滑移时，液压缸处于水平状态。提升方式、工作原理及油缸如图 10-1 所示。

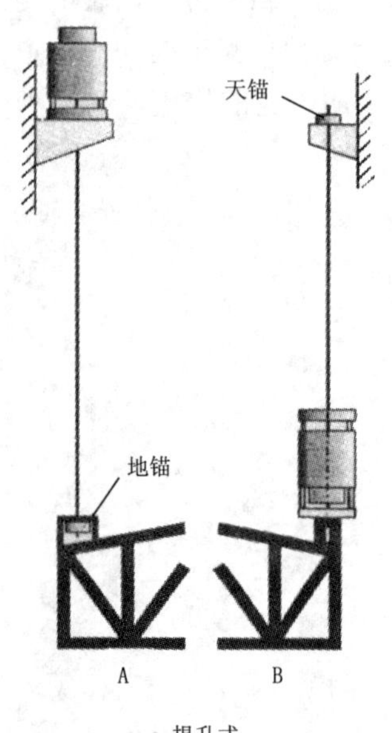

a. 提升式

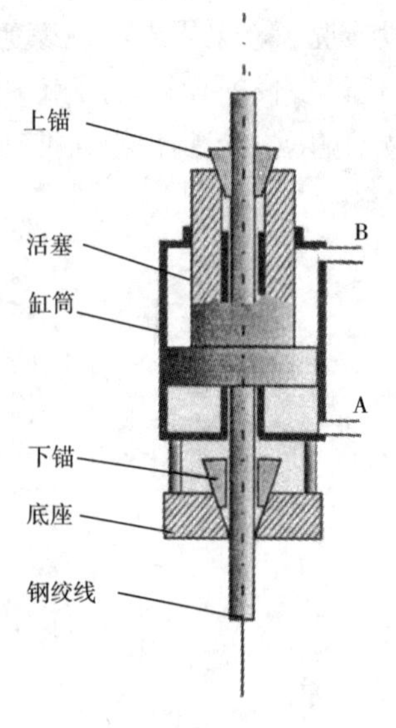

b. 爬升式

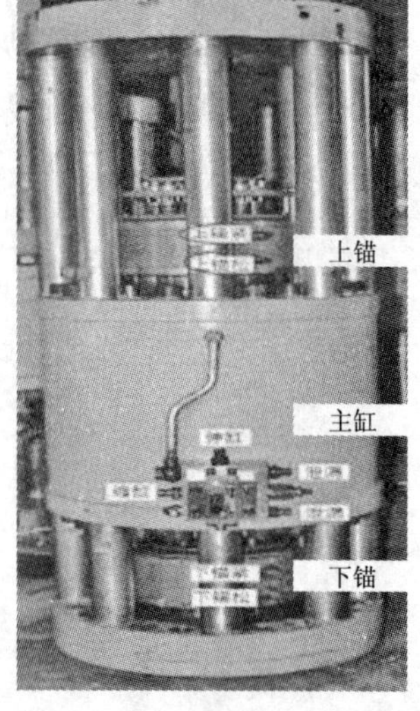

c. 油缸

图 10-1　提升方式、工作原理及油缸

（二）技术指标

计算机控制，液压提升（滑移）大型设备与构件技术借助机、电、液一体化工作原理，使提升能力可按实际需要进行任意组合配置。计算机控制同步，可高精度控制各提升（滑移）点间的距离或位置偏差，不受提升（滑移）点设置数量和荷载差异的影响。采用钢绞线承重、牵引，解决了长距离连续提升（滑移）要求这一施工技术难题。

提升（滑移）方案的确定，必须同时考虑承载结构（永久或临时）设备（构件）本身的强度、刚性和稳定性。提升（滑移）方式选择的原则，一是力求降低承载结构的高度，二是确保被吊设备（构件）本身在整体提升（滑移）中的稳定性，三是确保就位的准确性、安全性。

确定提升点的数量与位置的基本原则是：首先保证设备（构件）在提升（滑移）过程中的稳定性；在确保安全和质量前提下，尽量减少提升点数量；设备（构件）本身承载能力符合设计要求。

提升（滑移）设备选择的原则是：能满足提升中的受力要求，结构紧凑、坚固耐用、维修方便、满足功能需要（如行程、提升或滑移速度、安全保护等）。

（三）适用范围

计算机控制，液压提升（滑移）大型设备与构件技术适用于以下场合：

①电视塔钢桅杆天线、电站锅炉烟囱等超高构件的整体提升。

②体育场馆、游泳馆、飞机库、剧院、候车（船）室等大型公用工程的网架、屋盖、桁架、横梁、钢天桥（廊）等大跨度、超重、超高结构件的整体提升。

③大型龙门起重机主梁、大型压力机、锅炉等大型设备的整体提升等。

二、应用实例

（一）澳门东亚运动会体育馆钢结构主桁架整体提升、滑移工程

1. 工程概况

澳门东亚运动会大型多功能体育馆为半椭球形钢结构屋盖，总重量14000t，长轴328m、短轴224m、最大高度约54m，内含主场馆、训练馆、多功能展览馆、行政办公楼等混凝土建筑物，总建筑面积约10万m^2。该项目是迄今为止澳门最大的综合性市政建筑，建成后作为主场馆成功举办了2005年东亚运动会，并将成为澳门新的城市地标建筑和旅游观光景点之一。

2. 主桁架

拱形钢结构，跨度340m，拱顶高度54m，重量约2800t。主桁架构件为空间三维弯曲管桁架结构，断面高度约112m、上口宽4m、下口宽2m，弦杆为4层，多节点腹杆连接。

3. 施工工艺

将主桁架分成左右两榀在地面拼装，在中部两榀之间设立提升塔架，采取计算机控制液压提升技术，每榀桁架一端整体提升，一端在地面滑移，最后在空中合龙，最大提升、滑移重量1400t。

4. 工程特点

结构复杂，提升重量大；为亚洲最大跨度（340m）的钢结构构件整体提升；提升钢绞线斜吊，钢绞线与铅垂线的最大夹角达2°；主桁架一端提升、一端落地滑移，滑移与

a. 主桁架提升

b. 落地端滑移

图 10-2　主桁架结构与施工图

提升同步协调；中部不设嵌补段，主桁架空中两段对口难度大，构件拼接尺寸要求高；构件整体弹性变形大，空中合龙定位精度要求高。

（二）闵浦大桥支模桁架整体提升工程

1. 工程概况

闵浦大桥为双层斜拉桥，主跨跨度为 708m、主索塔高度为 214.5m。其主索塔的上横梁高度高（167m）、跨度大（43m），上、下横梁间距离大（净空达 115.5m）。一方面，上、下横梁为混凝土结构，若采用传统的模板支撑方法施工，支撑体系太高，稳定性难以解决，搭设、拆除时间长，施工难度极大。另一方面，由于计划工期很紧，主索塔必须与桥面同时施工才能满足进度要求，如采用传统的满堂架支模法施工，势必造成二者相互影响，导致工期延误。鉴于上述特点，经过反复论证，决定索塔上横梁采用设置支撑桁架的方法进行施工，上横梁的钢筋、模板、混凝土等施工都依托于支撑桁架形成的作业平台上进行。这样既解决了架管支撑体系的稳定性问题和搭拆周期问题，也使上横梁与桥面可以平行施工，为工程总体进度按期完成创造了有利条件。本应用实例主要针对支模桁架的整体提升工艺进行说明。

2. 支撑桁架结构

整个支撑桁架体系的主构件由六榀桁架组成，结构形式分为 HJ1、HJ2、HJ3 三种，最外侧两榀桁架为 HJ1，中间四榀桁架分别为 HJ2 与 HJ3，如图 10-3、图 10-4 所示。

3. 简要施工工艺

支模桁架的安装采用计算机控制的穿芯式液压千斤顶进行整体提升，总的提升高度约为 110m，根据现场工艺流程安排，索塔与桥面为平行施工，部分时段需穿插进行，为避让桥面施工，采取分两次提升的方法。共 4 组 200t 液压穿芯式千斤顶，2 台油泵站联合控制，利用计算机控制荷载平衡进行提升。

图 10-3　主桁架整体提升滑移合龙图

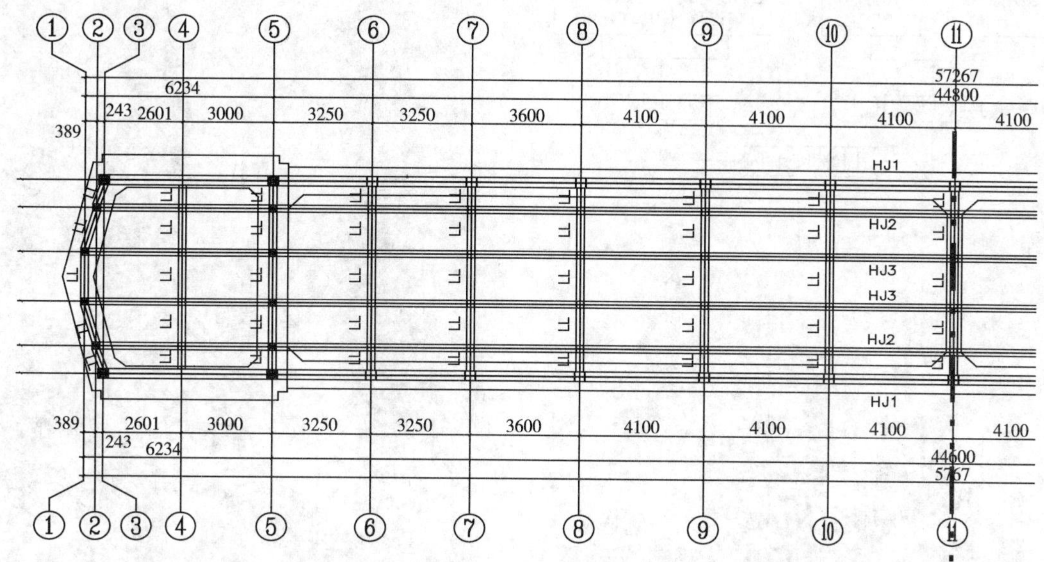

图 10-4 支撑桁架体系平面图（左右对称）

钢桁架在工厂加工制作预拼后散件运送到场，在塔柱外侧塔式起重机（FO/23B）区域地面上设置拼装胎架，每榀桁架分 3 段进行平面拼装。桁架平面拼装完成后，用 150t 履带吊分别将每榀桁架吊起竖直拼装成一整体，然后将其移送到到下横梁处进行支撑桁架体系的整体组装。

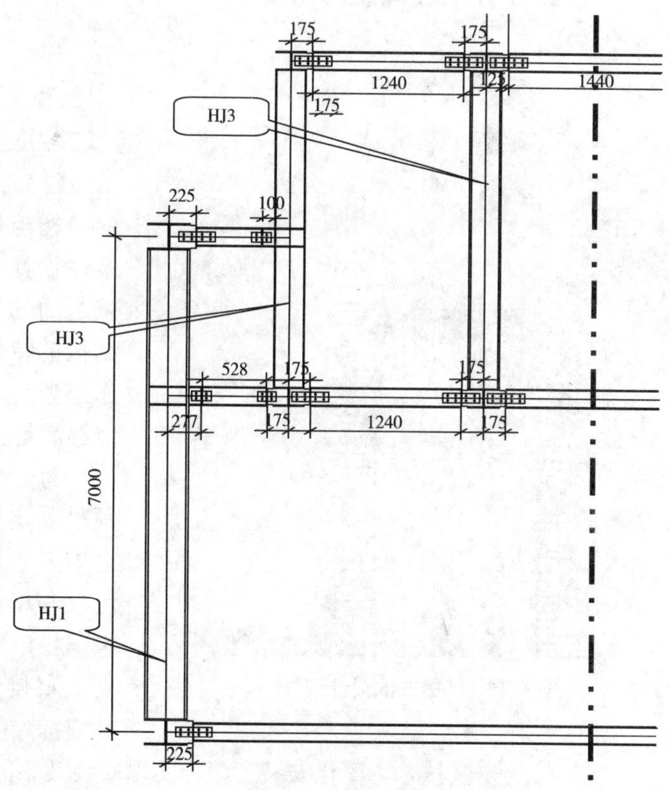

图 10-5 支撑桁架剖面图（左右对称）

为避让边跨桥面钢梁滑移施工，整个钢桁架组装完毕后，在塔架中部 100.55m 处设置吊架，用两组（四只）穿芯式液压千斤顶，由计算机多参数自动控制（见图 10-5），将支撑桁架整体提升至 84.55m 标高处并临时固定好，如图 10-6 所示。待塔架施工到上横梁位置时，组装塔架内的桁架单元，在桁架单元上设置吊架，采用两组（四只）穿芯式液压千斤顶，将支撑桁架空整体提升就位，如图 10-7 所示。

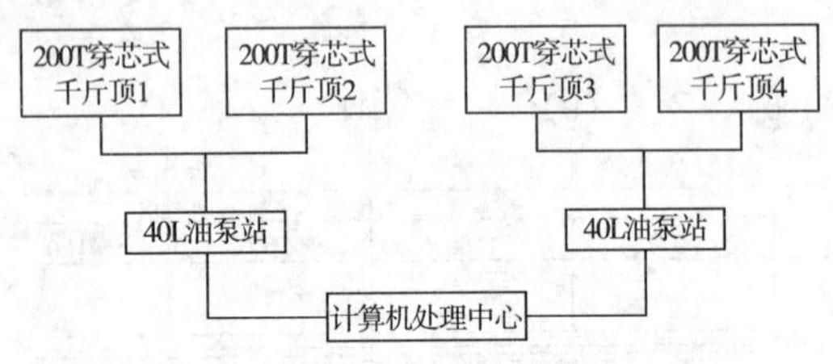

图 10-6 计算机控制液压提升系统

图 10-7 第一次提升至 84.55m

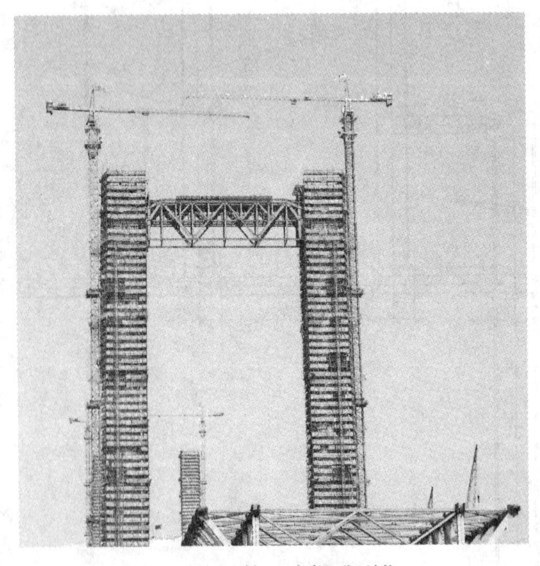

图 10-8 第二次提升到位

4. 技术创新点

（1）桁架设计技术：根据索塔上横梁的结构与位置，专门进行了支撑桁架的系统性设计。设计当中考虑了桁架刚度与自重之间的协调，针对上横梁与索塔连接处结构的特殊性，又对支撑桁架的结构形式作出改进，保证了桁架在承担荷载的同时能够满足上横梁节点的浇筑要求。

为方便桁架的吊装施工，设计出塔柱顶吊装支架。此支架体系预埋于桥梁主塔之中，当桁架吊装就位后通过增加连接件可以与桁架连为一个整体。增加了桁架的整体稳定性与结构刚度。同时，桁架拆除后，支架直接埋入索塔混凝土当中，免除了超高空拆除的一系列麻烦。

（2）桁架安装技术：简化安装工序，实现安装效率的最大化。支撑桁架在地面整体拼装完成后采用整体提升的方法，最大限度地避免高空散拼误差，提高了安装精度、确保了工程进度和施工安全。设计出临时提升支架，采取二次提升的工艺，较好地解决了上横梁与桥面不能平行穿插施工的矛盾。

三、点评

计算机控制，液压提升（滑移）技术近年来得到广泛应用，其他工程实例也比较多，如：海洋石油工程（青岛）有限公司 800t×185m 龙门起重机（4750t）整体提升，世界上面积最大、跨度最大、重量最大的机库——首都机场 A380 飞机维修库屋盖钢结构（10500t）整体提升，广州丫髻沙大桥主拱（2000t）竖转合龙，国家图书馆主体钢结构（10800t）整体提升安装工程等。

计算机控制，液压提升（滑移）技术，是我国安装领域中的一个突出的正在不断发展的起重安装技术。目前已经完成了我国部分重点工建设中的高、大、精、尖等结构（设备）件的安装工程项目。其发张潜力较大，在计算机、电子、机械等行业不断发展的条件下，此项技术还将有大的突破和发展。

第十一章　直立单桅杆（塔架）整体提升桥式起重机技术

一、技术综述

（一）主要技术内容

用单桅杆（塔架）整体提升桥式起重机是国内普遍采用的施工方法之一，通常情况下，当厂房柱头、屋面结构不能利用或者现场空间、高度受限无法采用吊车时，大多数桥式起重机的吊装都采用直立单桅杆（塔架）整体吊装法，这种方法安全、经济、稳定性好，已形成了一套成熟可行的施工工法。

过去，该技术多采用桅杆作为提升架、卷扬机滑车组作为提升机械，近年来，随着计算机控制液压提升技术的发展和应用，一些专用的大型组合式塔架已完全满足桅杆的承载需要，甚至还能承担更大的起吊负荷；另一方面，使用液压油缸和钢绞线作为提升工具和张拉缆风绳，比卷扬机滑车组提升能力更大、更有利于控制和调整、更加安全可靠。例如，某钢厂连铸车间 440t 起重机的安装，所采用的就是中心提升架和计算机控制液压提升装置进行整体提升的方法。

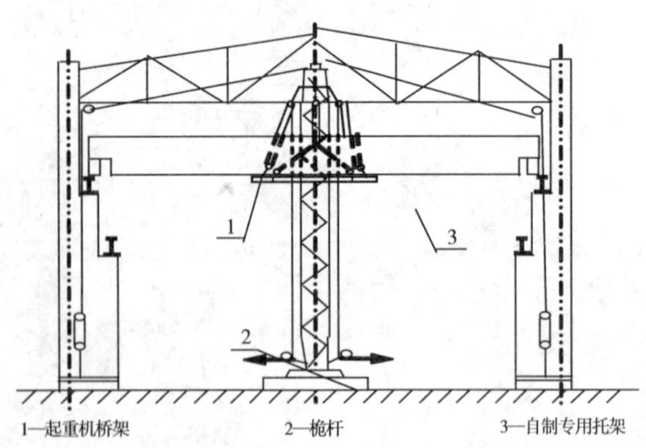

图 11-1　桥式起重机整体吊装示意图

利用单桅杆（塔架）整体提升桥式起重机时，先将桥式起重机两片大梁运到起吊位置进行拼装，桅杆（塔架）直立在大车之间，再将小车、驾驶室安装就位，并把小车固定锁死，利用卷扬机或液压千斤顶提升，一次性整体吊装桥式起重机就位，如图 11-1 所示。

使用这种方法吊装的特点是：

（1）不需要厂房建筑结构承载吊装负荷，安全可靠。

（2）大多数操作在地面完成，减少了高空组装作业，安全、高效，起重机的组装安装质量好。

（3）桅杆（塔架）可以重复多次使用，吊装工程成本低，经济合理。

（4）操作性好，整个吊装过程易于控制，吊装工作安全可靠。

（二）技术指标

直立单桅杆整体提升桥式起重机技术的设计及选用应遵循国家的相关标准、规范的规定，桅杆（塔架）的站立位置、桅杆（塔架）有效高度、桥式起重机回转就位可能性等因素均须在设计方案时预先考虑。

（1）桅杆站立位置确定。桅杆站立位置，一般应考虑在厂房两纵向柱的中心线上，以便桥式起重机顺利回转就位。

而确定厂房横向柱间的站位，则应根据大车（含大梁行走机构和端梁）重量、小车重量及位置以及驾驶室重量与位置，并通过计算求得。桅杆不能竖立在车间跨距中心，而须向放置小车的一边偏移。

（2）桅杆有效高度的确定。根据大车轨面标高与屋架下弦的距离来确定，桅杆顶部距屋面下端留出至少 0.3m 的操作空间。

（3）桥式起重机回转就位可能性确定。桥式起重机吊装回转区域内的厂房四根立柱，其对角线净距应大于桥式起重机平面对角线尺寸，吊装回转就位方可顺利进行；如厂房柱对角线尺寸大于起重机时，可采用临时端梁（假端梁）的方法先提升两片大梁，然后再吊装对接行走端梁。

（三）适用范围

直立单桅杆（塔架）整体提升桥式起重机技术适用于在车间厂房内或露天的大型、重型桥式起重机的提升就位，尤其适用于在车间厂房内和其他难以采用汽车吊或履带吊的场合。

二、应用实例

（一）东方电机厂 550/250t 桥式起重机安装工程

1. 工程概况

550/250t×33m 桥式起重机，是当时国内机械工厂内最大双梁桥式起重机，安装于东方电机厂水轮机分厂重型装配车间，工期 80 天。重型装配车间为钢结构厂房，纵向长度 192m、跨度 36m、柱距 12m、梯形屋架间距 6m，屋顶最高点 35.5m，屋架下弦高度 31m，车间内行车为双层布置（轨道标高分别为 23m、16m）。该桥式起重机安装于上层轨道上。

550/250t×33m 桥式起重机由大连起重机厂制造，全部散件到货。起重机外形尺寸为 34m×14m×7.04m，总重约 475.2t（其中大车重 250t、小车重 217.5t、电气部分 7.7t）。

2. 吊装工艺流程（见图 11-2）

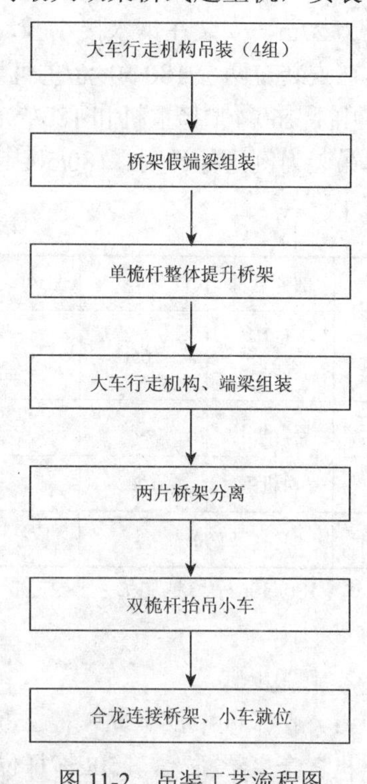

图 11-2　吊装工艺流程图

3. 关键技术

（1）采用自制假端梁：为减小桥架外形尺寸，便于空中转位，桥架吊装时两主梁临时用自制假端梁刚性连接（原端梁为柔性连接），见图 11-3。

（2）夺吊大车行走机构：为减轻最重件桥架的起吊重量，将大车行走机构和桥架分别进行吊装。利用厂房钢结构，在两相对钢柱上端焊设吊

图 11-3 550/250t×33m 桥式起重机吊装

耳，采用夺吊法预先将 4 组大车行走机构吊装到行车轨道上。

（3）采用专用托架：桥架吊装时利用自制专用托架代替传统的钢丝绳捆绑主梁的方法，这种新工艺简化了繁重的捆绑工作，消除了捆绑绳对主梁的水平分力，避免主梁侧弯变形，有效地降低了捆绑点的高度，增大了吊装操作空间。另一方面，采用专用托架后，捆绳夹角减小，钢丝绳的受力亦相应减小。

（4）设置小车捆绑支撑：为了有效降低小车捆绑高度，在小车架两侧加设刚性捆绑支撑，同时也避免了滑车组与小车两侧的挤靠，使小车能顺利提升。

（二）新余钢厂 180/50t 四梁双小车铸造桥式起重机吊装工程

1. 工程概况

江西新余钢厂为扩大再生产进行二期转炉建设，特增设 1 台 160/40t×22m 桥式起重机和 1 台 180/50t×27m 桥式起重机。其中 160/40t 起重机轨道中心跨距为 22m，安装在原车间的加料区，轨道标高为 22.5m，屋架下弦标高为 31m，在该轨道上已安装有两台 160/40t 起重机，正在生产运行；180/50t 起重机轨道中心跨距为 27m，安装在钢水接收区，轨道标高为 26.5m，屋架下弦标高为 36m，在该轨道上同样已安装有两台 180/50t 起重机，也正在生产运行。

由于 160/40t 起重机和 180/50t 起重机吊装工艺和施工程序系统，以下仅以 180/50t 起重机吊装为例进行说明。180/50t 起重机参数见表 11-1。

表 11-1 180/50t 桥式起重机

序号	部件名称	重量	部件名称	重量	部件名称	重量	部件名称	重量
1	大梁桥架（两根）	165t	主小车（一台）	127t	副梁桥架（两根）	30t	副小车（一台）	18t
2	运行机构	32t						
3	司机室	1.2t						
总重	200t		127t		60t		18t	

注：180/50t 桥式起重机：长 27.9m，宽 16.288m，高 9.5m（不含吊钩）。

2. 施工步骤

（1）在车间中部竖立一根 250t 桅杆（作为为主桅杆），采取临时连接装置在地面拼装起重机 2 个主梁桥架，250t 桅杆位于两主梁之间。

（2）起吊起重机主梁桥架，超过轨道高度后，转向就位，如图 11-4 所示。

（3）拆开临时连接装置，分开两主桥架，在车间横向主桅杆侧，再竖立一根 250t 桅杆，作为副桅杆，主、副桅杆用作主、副小车及附梁桥架的吊装。

（4）利用专用托架捆绑固定主小车并置于两主、副桅杆之间，用主、副桅杆内侧抬吊主小车到主桥架上，同时保留所有的吊具、吊索不松钩，如图 11-5 所示。

图 11-4　180/50t 起重机主梁桥架吊装

图 11-5　180/50t 起重机主小车吊装

（5）预先在地面拼装好副梁桥架，用主副桅杆的外侧夺吊副梁桥架到预定高度，见图 11-6。

（6）继续起升主小车后，分开主梁桥架，将副梁桥架与主梁桥架连接固定后，再将主小车落下，就位于主梁上。

（7）利用主桅杆倾斜吊装副小车到副桥架上，如图 11-7 所示。

图 11-6　180/50t 起重机副梁桥架吊装

图 11-7　180/50t 起重机吊装完成

3. 工程特点

（1）四梁双小车起重机属冶金行业铸造炼钢等专用起重机，较同起重吨位桥式起重机超宽、超高、超重，其主要特征是有主副四根大梁和主副两台小车。

（2）因属于扩建工程，受原车间厂房条件的限制，无法采用大型吊车进行吊装工作。

（3）采用桅杆完成吊装作业，其准备周期长，环节多，需要投入的设备、机工具较多，相应的施工作业人员也多。

（4）施工的地点是正在进行生产的车间内，安装和生产同时进行，同轨道上还运行着生产用起重机，从而大大地限制了施工区域和吊装空间，生产与施工交叉作业，要求安全技术措施必须可靠、到位。

（5）根据上述条件和特点，为确保吊装顺利进行，提高工作效率，事先采用计算机建模，将吊装过程进行动态三维模拟，使起重机各部件在起升过程中不会与其他物体发生干涉，从而起到事半功倍的效果。

三、点评

通过新技术综述和工程实例的介绍可以说明，直立单桅杆（塔架）整体提升式起重机技术，通常是在机械安装工程中因受施工环境条件限制而采取的一种设备安装技术方法。该起重设备（直立单桅杆）可以根据需要而设计、制造，可简可繁。“简”直立单桅杆（塔架）设备制作简单，一般用来完成单台或单件机械设备的安装；“繁”即将直立单桅杆（塔架）设备进行专业设计，制造成可多次重复使用的形成一个专业技术的专用设备，用来多次重复完成不同地点、不同类别的机械设备的安装。

该技术简单、成熟可靠，使用灵活，转场方便，易于拆装、易于操作，使用成本低，且安全可靠，可用于各行业的新建、改建、检修等各种工程中设备的安装。

现阶段安装行业涉及的各专业施工安装任务很多，该技术有很广的使用范围和很好的应用价值；借此向大家推广以求得不断发展、完善。

第十二章　直立双桅杆（门式塔架）滑移法吊装大型设备技术

一、技术综述

（一）主要技术内容

大型直立设备尤其是塔类设备广泛用于化工、石油天然气、化肥、轻工等行业，这些设备往往也是生产工艺和系统装置的主要设备和关键设备。其显著特点是重量重、高度高、结构复杂、细长比大、稳定性差、安装技术要求高、难度大。由于重型吊车资源紧缺或受现场条件限制，部分这类设备还采用直立双桅杆（门式塔架）滑移法的工艺来进行吊装。

大型直立设备的吊装工艺采用较多的是传统的直立双桅杆滑移法。吊装时，先在设备基础旁立两根桅杆，将要吊立的设备卧放就位在两桅杆之间，使其上部吊点位于基础上方，底部坐在滑动排子上。提升设备上部，设备下部跟着水平滑移，使设备整体吊装就位。其设备的起吊提升、底排的牵引、溜尾大多采用滑车组、卷扬机来完成。

近年来，随着我国综合国力的提高，炼油、石油化工装置的规模正向特大型化发展，炼油化工一体化项目的规模已达炼油 1000 万吨 / 年、乙烯 100 万吨 / 年。相应地，这些项目装置中的核心设备也向着重型化和大型化方向发展，其中典型的加氢反应器、丙烯精馏塔等，高度已超过 110m、重量已超过 1600t。根据这类设备重型化、大型化的特点，目前更多地采用门式塔架滑移法来完成吊装。

门式塔架其结构形式相当于在两根塔架立柱（桅杆）顶部用一根横梁连接形成门式刚性结构，也称门式桅杆或龙门桅杆。门式塔架除了桅杆横梁组合式外，还有类似建筑塔机的自安装式组合塔架。与直立双桅杆比较，它的受力封闭稳定性更好、缆风绳内力很小，但要求塔架高度必须超过设备就位高度。随着技术的进步和先进起吊装置的出现，门式塔架滑移法吊装大型立式设备时，其设备的起吊提升已广泛地采用了计算机控制液压提升装置来完成，并且，设备的水平牵引、溜尾也大多改用液压装置或大型吊车来完成。

直立双桅杆吊装方法的特点是：

（1）起重量大，且设备吊起直立后，便于安装、调整，吊装过程平稳。

（2）设备的附件、内件可在制造厂或现场地面全部装好，减少高空作业，加快工程进度，有利于保证工程质量和安全。

（3）桅杆（塔架）可以重复多次使用，吊装工程成本低，经济合理。

（4）起升过程易于实现自动控制，吊装工作安全可靠。

（二）技术指标

直立双桅杆（门式塔架）滑移法吊装大型设备技术的设计及选用应遵循国家的相关标

图 12-1　双桅杆（2×250t/62m）滑移法吊装丙烯精馏塔（82m、437t）

准、规范的规定。

（1）双桅杆滑移法如图 12-1 所示。吊装工序：牵引起吊滑车组，塔体抬头，牵引前移滑车组向前拉动拖排配合起吊；在塔体脱排前要轻度收紧溜尾滑车组，防止塔体在脱排过临界位置时产生大幅摆动而增加动负荷或与基础碰撞；用 2 个桅杆的起吊滑车组将塔体直立悬空吊起，几套滑车组动滑车同步下降，将塔体平稳落在基础之上。

特点：可以吊装高度比桅杆还高的塔体。由于要设置两套独立的桅杆系统，故桅杆、地锚、缆风绳、起吊滑车组等数量较多。所需机具、索具多，准备时间长，配合作业人员多，劳动强度大。根据吊装受力分析，主缆风绳、主吊滑车组受力很大，需选配大型卷扬机。整体吊装能力有限，很难达到 1000t 级。当采用低于塔体高度的桅杆吊装，塔体顶部接近桅杆高度时，需松解桅杆前侧 2 根缆风绳和桅杆顶部连接绳，以便塔体顶部穿出。

在吊装技术方案设计时，需要对桅杆（门式塔架）的站立位置、方位及中心间距、桅杆（门式塔架）有效高度、桅杆（门式塔架）的组立及放卧、桅杆（门式塔架）底部基础处理、底座锚固以及桅杆（门式塔架）缆风绳的布置和架设等因素进行分析、计算，预先明确落实。正式吊装前应进行试吊，完全符合设计要求后才能进行正式吊装作业。

1）桅杆的位置、方位及中心间距。桅杆一般置于基础的两侧，双桅杆的底座中心连线要通过基础中心，并与设备卧放时的纵轴线相垂直，两桅杆与基础中心距离相等。双桅杆的中心距离，可用公式 12-1 计算：

$$B=\Phi+b+2\delta \quad （式 12-1）$$

式中：

B——双桅杆的中心距离；

Φ——设备的最大直径或总宽度（包括吊耳或梯子平台宽度）；

b——桅杆宽度（包括滑车组厚度）；

δ——吊装间隙，一般取 50 ～ 100mm。

2）桅杆的有效高度。桅杆的有效高度如图 12-2 所示，按照下式计算：

$$H \geq h_1+\delta+h_2+h_3 \quad （式 12-2）$$

式中：

H——桅杆的有效高度；

h_1——基础高度（包括露出的地脚螺栓的高度）；

δ——吊装高度间隙（一般取设备底部直径的 1/4 为吊装间隙）；

h_2——设备底部至吊耳的距离；

h_3——滑车组在垂直方向的最小距离（包括捆绑索具的长度）。

设备悬空时，滑车组与桅杆的夹角一般不应大于 15°。

3）桅杆底部基础处理及底座锚固。吊装重型立式设备，应将桅杆基础与设备基础一并设计施工。若设备基础已施工完毕，则需要对桅杆底座基础单独进行处理。挖去回填土直至原土层，铺约 200mm 厚的砂垫层，然后填筑碎石或土夹石，分层碾压夯实，并略高于地面，用重力预压后，铺至少两层枕木，再铺厚钢板。枕木铺设面积 A 应符合式 12-3 的规定：

$$A \geqslant \Sigma F/f \qquad (式 12-3)$$

式中：

A——枕木面积；

ΣF——桅杆底座承受的总压力；

F——碎石地基的承载力，可取 200 ~ 300kPa（砂夹石地基取 200 ~ 250kPa，土夹石地基取 150 ~ 200kPa）。

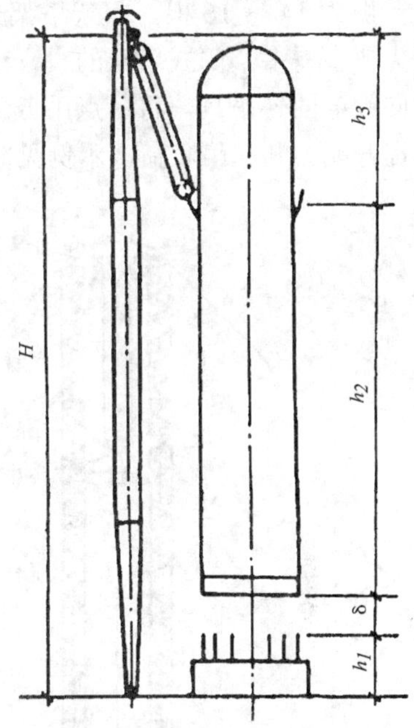

图 12-2　桅杆有效高度示意图

填筑碎石地基的底面积应足够大，使其边坡度至少应控制在 1:1.5 ~ 1:2.5。

桅杆底座应根据计算设置“绊脚”，每根桅杆一般情况下至少设四个“绊脚”，即利用锚坑、锚绳将桅杆底座锚固。

4）桅杆缆风绳的布置和架设。每根桅杆的缆风数目一般为 8 条，应按对称的原则进行架设。在现场允许的情况下，缆风绳应均匀分布，其长度应尽量一致。缆风绳与地面的夹角为 30° ~ 45° 为宜，最大不超过 60°。角度越大，对桅杆的压力也越大。

（2）门式塔架（门式桅杆）滑移法，如图 12-3 所示。吊装工序：门式塔架滑移法其吊装工序与双桅杆滑移法大致相同。

图 12-3　龙门桅杆吊装分离塔（105m、1800t）

特点：由立柱和横梁组成的门式塔架结构，其稳定性和受力状态均优于双桅杆，如果两者断面、高度相等，则门式塔架承载能力大得多；门式塔架的横梁高度必须超过设备顶部安装就位后高度；缆风绳数量较少，双桅杆缆风绳一般为 14 ～ 16 根，门式塔架只需要 6 ～ 10 根；与双桅杆滑移法相比，缆风绳和地锚受力要小得多；门式塔架的设立要求高，其横梁与 2 根立柱必须在一个平面内；塔顶可设双向铰链回转吊具，将单点吊分解成 4 个吊点，采用 4 套提升系统，可减小每套提升系统的提升能力和起吊负荷。示例见图 12-4。

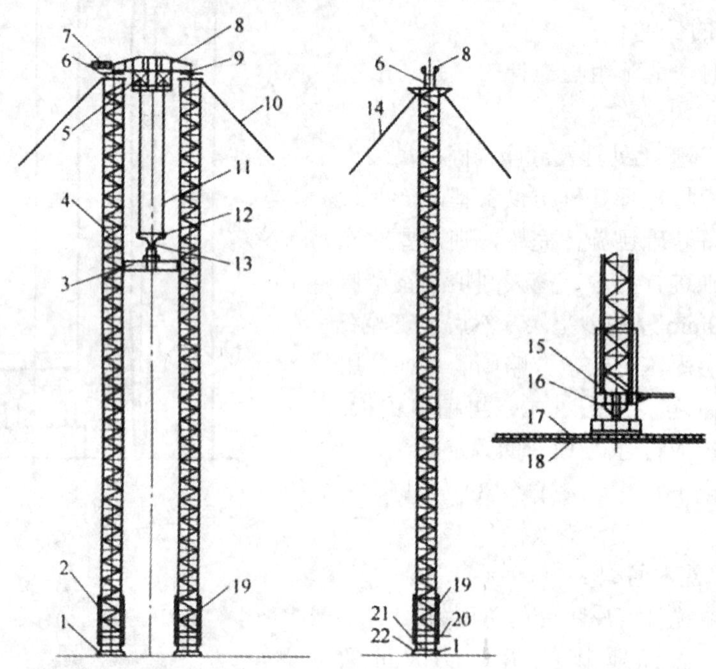

1- 底排；2- 夹紧千斤顶；3- 下扩展梁；4- 桅杆；5- 主吊千斤顶；6- 顶座；7- 千斤顶动力箱；8- 横梁；9- 顶部球铰；10- 侧向缆风绳；11- 千斤顶钢缆；12- 上扩展梁；13- 旋转轴；14- 主缆风绳；15- 底座；16- 底部球铰；17- 滑移轨道；18- 非承重物；19- 自安装框架；20- 滑移框架；21- 螺旋千斤顶；22- 滑移梁

图 12-4　2500t/100m 门式液压吊装系统

安全技术措施：

1）门式塔架立柱应浇筑混凝土基础，以承受巨大的吊装负荷。

2）为确保门式塔架的稳定，应加大缆风绳的预紧力，约为常规的两倍。

3）门式塔架架设时应用经纬仪测量并调整，使门式塔架的平面垂直度偏差控制在 1/1000 以内。

4）应对自行设计和制作的塔顶吊具等进行负荷试验。

5）整个吊装系统全部设置完成后、正式吊装前，应以最大负荷进行试吊。

6）吊升过程中，要控制水平前牵引的速度，使提升与拖排前移速度协调，始终保持塔顶吊具处于门式塔架平面内，使其立柱基本承受正压力。

7）在塔体接近拖排时，应溜尾控制塔体，防止其产生大幅度的摆动。

8）吊升至足够的高度后，应迅速移开拖排、拆去回转支座，将塔体平稳落在设备基础上。

（三）适用范围

直立双桅杆（门式塔架）滑移法吊装大型设备技术适用于以下场合：

①适用于整体吊装高、重、大的设备，特别是化工装置中各类塔式设备的吊装。

②在超高、超重，吊车以及其他吊装机械吊装能力无法满足的或不经济情况下的设备吊装。

进入21世纪以来，随着先进技术和吊装设备的采用，直立双桅杆（门式塔架）滑移法已大量采用计算机控制液压装置系统作为主吊、配合大型履带吊溜尾来完成大型设备的吊装工作，这也是传统的以滑车组和卷扬机作为主吊的双桅杆（龙门）系统吊装的延续和发展。用于提升的液压装置也有不同的形式，如跨步式液压提升装置、钢绞线式液压千斤顶、顶升式液压千斤顶（如图12-5所示）和爬升式液压千斤顶（如图12-6所示）等。目前，国内造船等所用的大型龙门起重机的安装，大多已采用双门式塔架结合液压提升装置来完成超大部件的吊装，最大吊装重量可达数千吨，如图12-7所示。

另外，双桅杆（龙门）也可发展为四桅杆组合系统，整个系统甚至无须外部缆绳，塔架可整体在设备基础间滑移，特别适合一系列塔群的吊装。这些新技术和装置的发展应用，使吊装技术更先进、起吊能力更大、效率更高、施工周期更短，已成为今后类似设备吊装的主要方式。

图12-5　顶升式液压千斤顶起吊

图12-6　爬升式液压千斤顶起吊

二、应用实例

（一）海油工程（青岛）公司800t×185m龙门起重机安装工程

1. 工程概况

海洋石油工程（青岛）有限公司800t龙门起重机，为双主梁、超大吨位、超大跨度门式起重机，建成后用于厂内造船作业。该龙门起重机主要由门架结构、上、下小车、起重机运行机构、电气设备和维修用悬臂回转吊等组成。其中门架结构主要由双主梁、单

图 12-7 双门式塔架安装 800t×185m 龙门起重机

箱型刚性腿、人字型圆管柔性腿和行走机构四大部分组成。主梁结构通过焊接与刚性腿连接，通过柔性铰与柔性腿 A 字头连接。刚性腿下端通过销轴与行走机构连接；柔性腿的两根圆管通过法兰与 A 字头连接，下端与下横梁也为法兰连接，下横梁通过销轴与行走机构连接；维修吊安装于刚性腿顶部，司机室固定在刚性腿上。该起重机的额定起重能力为：上小车 2×400t，下小车为 400/50t，下小车可穿越上小车。龙门吊轨距为 185m，起升高度 76m，大梁梁高为 12m，自重 4750t，见图 12-8。本应用实例重点介绍该龙门吊门架结构部分的吊装。

2. 技术指标

龙门吊主要部件重量及外形尺寸，如图 12-9 所示。

大　梁：2680t。

刚性腿：512t（刚性腿 291.4t ＋刚腿下横梁 220.6t）。

柔性腿：243t（A 字头 28t ＋支腿管两根 144t ＋下横梁 71t）。

上小车：290t（不包括钢丝绳，吊钩）。

下小车：125t（不包括钢丝绳，吊钩）。

维修吊：45t　大车行走机构：482t。

其他重量：78t　合计重量：4750t。

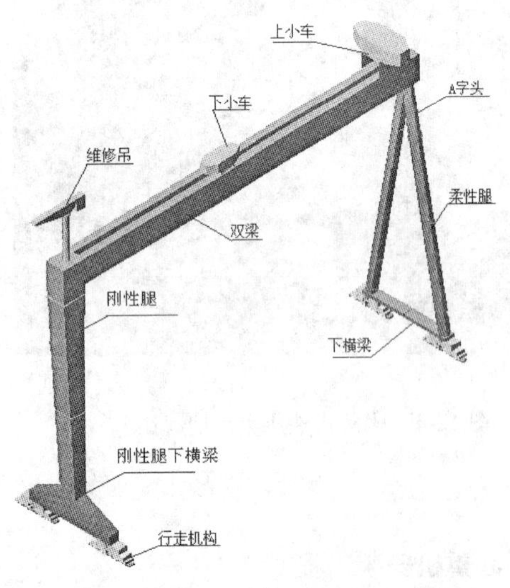

图 12-8 800t 龙门吊主要部件

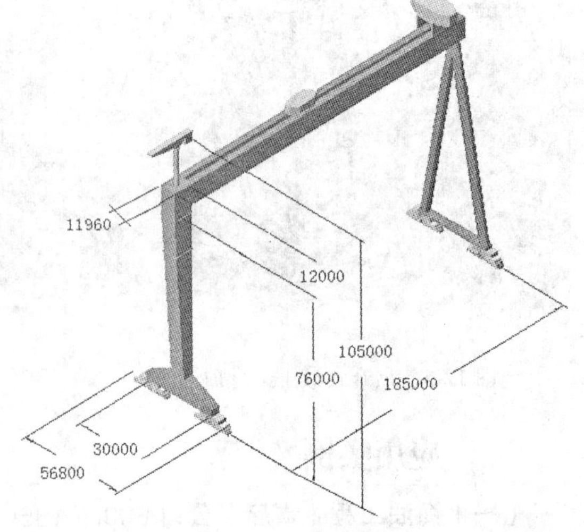

图 12-9 800t 龙门吊主要部件外形尺寸

3. 安装方法

在距主梁两端头附近分别竖立两副的龙门提升塔架。主梁现场拼接，拼接完成后，将上、下小车和维修吊吊装在主梁上。然后，采用先进的计算机液压同步提升技术提升主梁，刚性腿上分段通过铰链随同大梁提升到标高，刚腿下横梁以及行走机构穿轴销后，用支撑和临时轨道配重固定在轨道上，等大梁起吊到标高后，滑移至刚腿上分段下端，与刚腿上分段对位焊接连接，完成刚性腿上下两分段的整体连接。柔性腿结构：A 字头随主梁吊装到一定高度，首先将一根柔性腿管上口与 A 字头铰链，下口与下横梁铰链，接着另外一支柔腿管下部和船形滑移装置连接好，上口与 A 字头铰链，大梁到位时，先调整两根柔性腿管与 A 字头的接口（上接口），调整好后可先完成焊接。之后调整大梁的高度、水平调整行走机构的位置，使柔性腿管下口对正并焊接。通过该工艺方法完成整台龙门吊结构的安装。

4. 提升塔架

两副门式提升塔架，其设计原理参照塔式起重机，采用液压自升结构，由塔身（标准节）、底节、顶节、顶升套架、油顶、泵站、计算机控制系统、过渡节、塔身平台、提升大梁、油顶支承梁、红外线测距仪、导线架、塔身扶梯和塔顶吊机等组成。提升塔架塔身断面为 4.2m×4.2m 的正方形，标准节长度为 6m；塔架基础节采用法兰盘与地面基础埋件连接，连接螺栓为 Φ52×12。塔架总标高 110m、有效工作高度 105.5m，每副门架设计安全承载能力为 2500t，两副塔架的总提升能力为 5000t，如图 12-9 所示。刚性腿侧塔架的中心距轨道中心线 12.4m，柔性腿侧塔架的中心距轨道中心线 11.6m，两副塔架间距为 161m。门式塔架的中心间距为 18m，800t 龙门吊轨道面至主梁上平面的高度为 88m，加扶手栏杆总标高约为 90m，塔架底面到提升梁的上平面总高度为 95.3m，有效高度为 92.3m。本次提升构件最大重量为 3900t，载荷系数约为 1.3，因此塔架的承载能力和提升高度完全满足本次龙门吊的吊装工作。

5. 液压提升系统

如图 12-10 所示，液压同步提升技术常用于超大型结构提升安装的新颖施工技术。它采用柔性钢铰线承重，提升油缸集群，计算机控制，液压同步提升新原理，结合现代施工工艺，将成千上万吨的结构在地面拼装后，整体提升到预定安装位置，实现超大吨位的大型结构整体同步提升安装。

（二）2500t 门式液压提升系统吊装丙烯精馏塔

1. 工程概况

某 100 万吨 / 年乙烯装置及配套工程项目，其工程特点之一是大型设备吊装多，最大直径达 12.6m（汽油分馏塔），最高塔器的筒体长度为 94.1m（№.2 丙烯精馏塔），80t 以上设备 44 台。根据设备特点和现场情况，确定其中 2 台超重、超高设备（见表 12-1）的吊装采用 2500t 门式液压提升系统来完成，本实例仅对 №.2 丙烯精馏塔的吊装进行简要叙述，如图 12-11 所示。

图 12-10　2500t 塔架效果图

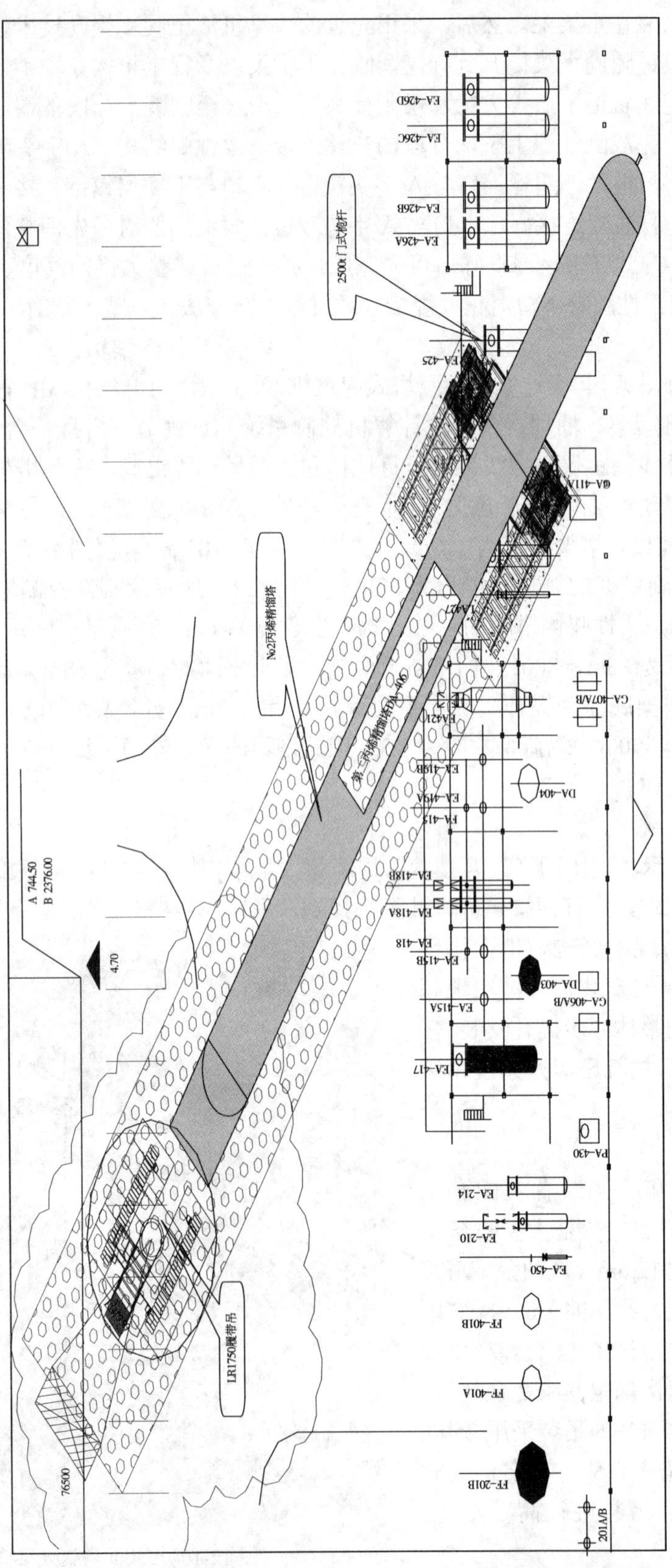

图 12-11 丙烯精馏塔吊装平面图

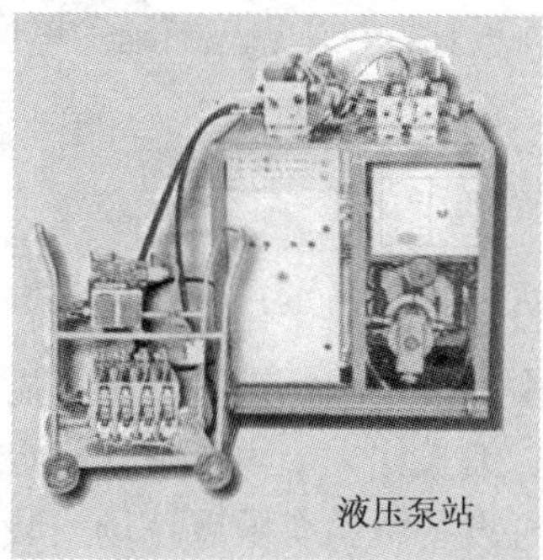

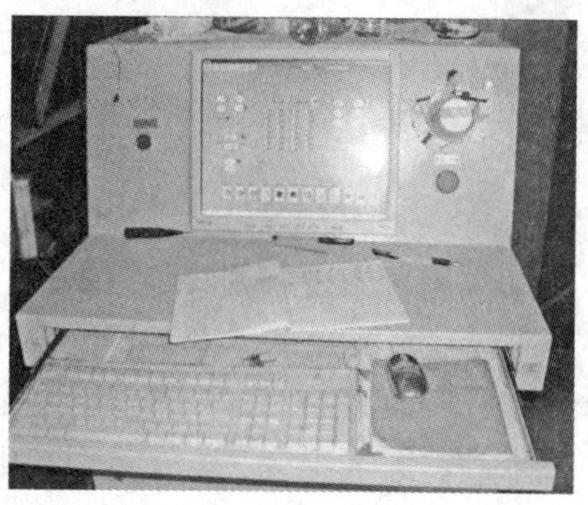

图 12-12　提升油缸、液压泵站及计算机控制系统

表 12-1　2 台设备主要参数

序号	设备名称	外形尺寸（mm）	重量（t）	数量（台）	备注
1	乙烯精馏塔	Φ6000×97000	1032	1	
2	№.2 丙烯精馏塔	Φ7800×114000	1526	1	

2. 吊装工艺

门式桅杆提升吊车递送抬吊工艺，即采用 1 套 2500t 门式桅杆液压提升系统作为主吊工具，采用 LR1750 型履带吊车配合抬吊设备尾部滑移递送的方法进行吊装。为了解决设备主吊点耳部位难以运输到设备基础中心的问题，采取在设备基础上进行现场组对、焊接、试压，然后再进行吊装的工作。

3. 吊点确定

采用塔上部的管式吊耳作为主吊吊点，底座环处的板式吊耳作为溜尾吊点。

4. 桅杆站位处基础处理

按照平面布置，桅杆站位基础处于设备基础承台两例需额外增加补充桩若干根，与设备基础做成连体基础（承台受压面积 5m×6m，承台承受压力、位置如图 12-13 所示）。该

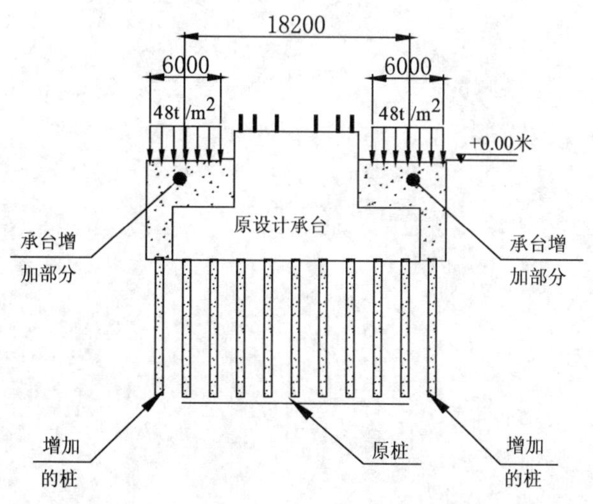

说明：

① 2500t 门式液压提升系统站位处需要进行桩基联合承台处理。

②此截面图为示意图。

③经打桩处理后单位承载能力不小于 48t/m²。

图 12-13　桅杆与设备承台联合基础示意图

基础处理需由原设备基础设计院一并设计，由设备基础施工单位与设备吊装基础一同施工。

三、点评

大型直立设备尤其是塔、罐类设备，多用于化工、石油、天然气、轻工等行业，是该行业中生产工艺和系统装置的主要生产设备和关键设备。其显著特点是单件重量大、高度高、外部结构简单、内部结构复杂、细长比大；由于整体稳定性差，设备安装过程中要求技术高、起重难度大。在重型起重机设备资源有限或现场安装条件苛刻的情况下，采用直立双桅杆（门式塔架）滑移法的吊装工艺来进行设备安装是安全、可靠、适用的吊装技术。

直立双桅杆（门式塔架）滑移法吊装大型设备技术，非常适用于当前我国经济发展阶段，适用于国内不同地区、不同行业、不同吨位的设备吊装与安装；希望该技术对各行业的设备安装工程均有所借鉴。

第十三章　行走式龙门架吊装大型设备与部件技术

一、技术综述

（一）主要技术内容

利用行走式龙门架吊装大型设备与部件的方法，具有安全、可靠、经济、高效等特点，特别适用于在车间内，原有起重机难以满足起吊负荷、并且其他大型起重机又受现场场地、高度或空间限制无法使用时，吊装单重较大的设备或部件，采用龙门架方法进行吊装是较好的方法。相对采用大型自行式起重机机械费用更低，尤其在起重机资源匮乏的偏远地区进行单个或少量大件吊装时具有更大优越性。龙门架的结构形式通常为支腿 + 横梁，支腿可以是人字形、门形或梯形，横梁可以是单主梁或双主梁。龙门架的行走有自行式、轮式和滑移等方式，其牵引传统采用卷扬机拖拉的方式，目前，随着新技术的应用，也有采用液压爬行器来完成的。而设备与部件的起吊，过去通常使用数台卷扬机共同实施，但现在，更多的是采用液压千斤顶（提升器）进行的，如图 13-2 为某进口液压顶升、行走式龙门架。

图 13-1　传统的行走式龙门架吊装设备

图 13-2　液压顶升、行走式龙门架吊装设备

（二）技术指标

1. 吊装工艺流程

在设备（部件）基础就位处的两侧铺设轨道（滑道）；架设龙门架；将被吊设备（部件）转运至龙门架轨道（滑道）内的延伸处；吊起设备行走至安装位置；将设

图 13-3　车间内吊装大型设备、部件

备（部件）放落，调整就位。

2. 行走式龙门架吊装特点

（1）不需要大型起重机械，机械费用投入较小。

（2）龙门架可反复使用，拆卸、组装简单，便于运输。

（3）可实现倒装法施工，减少高空作业，有利于保证工程安全和质量。

（4）能够有效利用空间高度，特别适合厂房内进行设备的安装与拆卸。

（5）提升与行走均可采用液压装置来完成，使设备或部件安装就位时，能够精确定位。

（6）工作效率高，劳动强度小。

（三）适用范围

行走式龙门架吊装大型设备与部件技术适用于在车间厂房内因受现场高度、空间或起吊负荷限制，无法采用行车或大型起重机的场合，如大型压力机的安装、拆卸工程；在起重机难以覆盖的较高基础平台上吊装、组装大型设备时也可采用本技术，如啤酒发酵罐群现场制作安装工程。

二、应用实例

（一）北汽集团冲压自动线 FAGOR 压机顶梁吊装

1. 工程概况

该工程内容为北汽集团顺义生产基地从澳大利亚引进的冲压自动线 FAGOR2400t 压机安装，其中，顶梁吊装是压机安装的重点，具有重量大、高度高、安装位置和空间受限等特点。压机位于跨度为 9.15m 的基坑上，顶梁重量约为 200t。

2. 吊装方法选择

由于受基坑影响和车间高度限制，无法采用大型吊车进行吊装，根据以往类似工程经验和企业装备情况，决定采取龙门架移动吊装的方法，即利用进口 500t 和 300t 液压龙门吊大梁，架设成“井”字形，组合为一台龙门架完成顶梁吊装，如图 13-4 所示。

图 13-4　组合龙门架示意图

3. 受力及强度校核

（1）500t 龙门吊大梁受力校核计算。如图 13-5 所示。

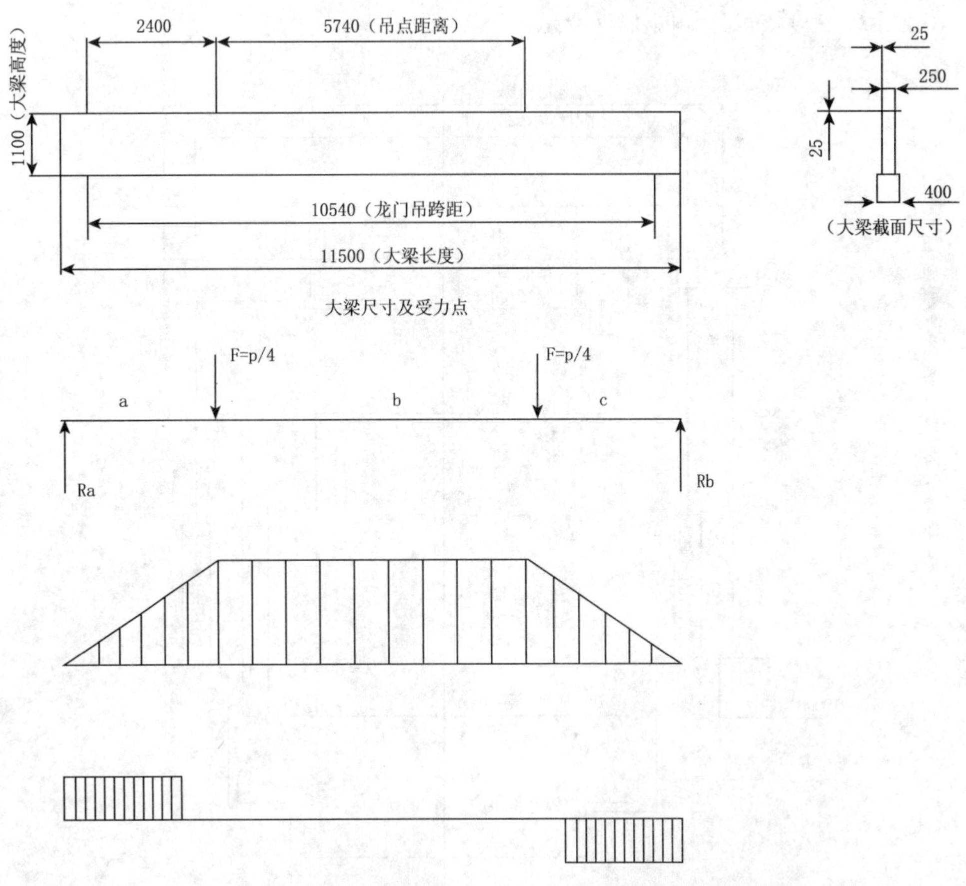

图 13-5　500t 龙门吊大梁受力图

图 13-6 龙门架下部支撑示意图

顶梁吊装时，计算重量 P=200t，a=2400mm[τ] 取 60MPa[σ] 取 100MPa。

大梁截面积：F=BH-bh=0.0725m^2，抗弯截面模数 Wx=（BH^3-bh^3）/6H =0.019m^3。

则 τ=Q/F=7.85N/mm^2 ＜ [τ]=60N/mm^2，满足要求；σ = M/W= P/4a/W=80.52N/mm^2 ＜[σ]=100N/mm^2，满足要求。

（2）其他主要部件受力校核计算。其他主要受力部件有：300t 龙门吊主梁、临时支撑过梁和转换梁(如图 13-6 所示)，其受力分析和计算校核方法与 500t 龙门吊大梁相同，在此不再一一列举。经强度校核计算，这些部件受力均满足本工程顶梁吊装。

（3）吊装高度核算，如图 13-7 所示。

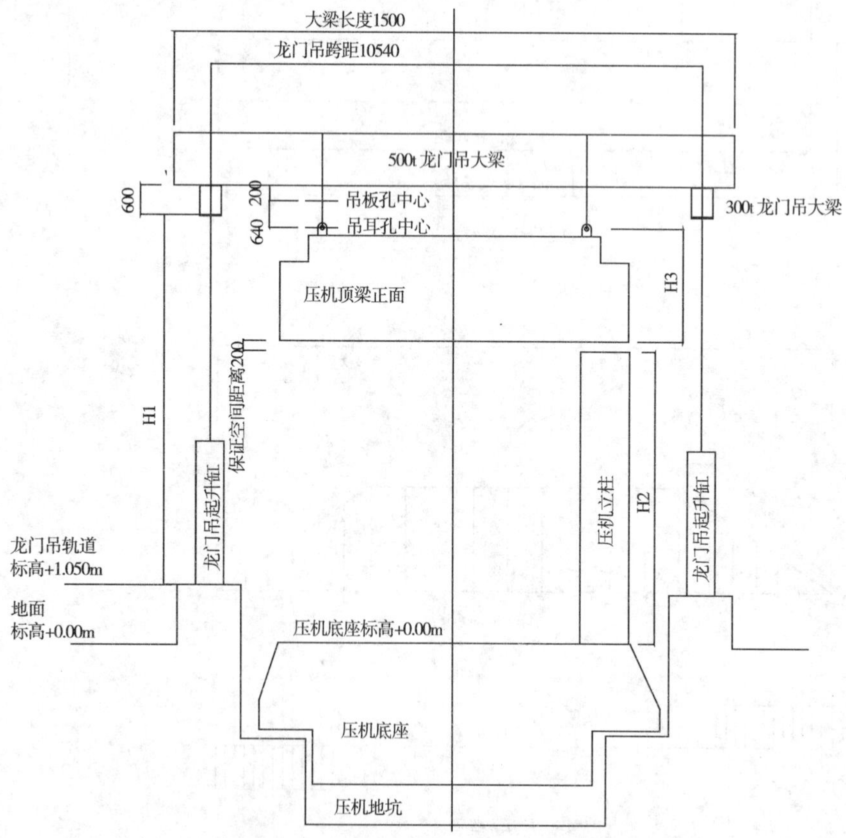

图 13-7 吊装高度核算示意图

顶梁安装就位高度为：H2+200+H3+640+200=10470。

龙门吊起升所需高度为：10470-1050-600=8820＜9100（龙门吊顶升装置最大顶升高度）。则龙门架起升高度能够满足顶梁安装要求。

吊装过程，如图13-8、图13-9、图13-10所示。

图13-8　吊装过程1—顶升

（二）龙门架+滑移梁液压提升吊装SPKA22400螺旋压力机部件

1. 工程概况

SPKA22400压力机是当今世界上打击吨位最大的离合器式螺旋压力机，为闭式模锻压力机。由德国SMSMEER公司制造，最大打击力达35500t，设备总高度21m，总重量超2900t，设备主体为预应力框架结构，其中最大单体部件重量超340t，多个部件单体重量超100t。车间内配置有160t行车，受设备基础位置和车间高度限制，超过160t的部件吊装难以采用大型吊车完成，故采用龙门架+滑移梁液压提升的方法来完成SPKA22400压力机工作台（305t）和横梁（340t）的吊装，本实例即对横梁的吊装作简要说明。

图13-9　吊装过程2—水平移位

2. 龙门架吊装系统

本套龙门架吊装系统主要由双门式桅杆、轨道梁、滑移梁、液压提升装置和计算机控制系统组成，见图13-11。

3. 横梁吊装工程

横梁外形尺寸为：7440mm×4000mm×3250mm，重约340t

图13-10　吊装过程3—就位完成

图 13-11　龙门架吊装系统

图 13-12　横梁翻身、压力机拉杆定位

（包括主螺杆上的轴承座），为本机吊装工作中的最重件，在导向盘就位后即开始进行横梁的吊装工作。具体步骤如下：

（1）横梁的卸车、翻身及转向。由于横梁重心较高，运输到场后需要进行翻身和转向，以与安装就位方向一致，如图 13-12 所示。

（2）定位、调整。横梁吊装前，先对压力机拉杆进行定位；其次，调整液压组合梁装置的位置，确保 2 台液压提升缸的横向中心线与横梁就位的中心线一致。

（3）横梁提升。横梁提升由液压提升装置来完成，液压提升装置由 2 套 100t 液压提升缸、油泵站和计算机控制系统组成。

（4）横梁平移就位。横梁提升至安装高度后，滑移梁进行水平移动，将横梁吊移到压机拉杆就位位置上，滑移梁的水平移动通过两台 100t 液压爬行器来实现，如图 13-13 所示。调整对位后，提升装置下落，完成横梁吊装就位，如图 13-14 所示。

横梁吊装过程中，提升、水平移动以及下落就位等均通过计算机系统对提升油缸和液压爬行器的控制来完成。

液压爬行器

图 13-13　横梁平移

图 13-14　横梁吊装就位图

其他应用实例：东方锅炉厂 130mm×4200mm 数控液压卷板机安装，庆铃汽车厂 5000t 机械压力机安装，英国罗孚汽车厂设备拆迁，24 台直径 5500mm、330m^3 啤酒发酵罐群吊装如图 13-15 所示。

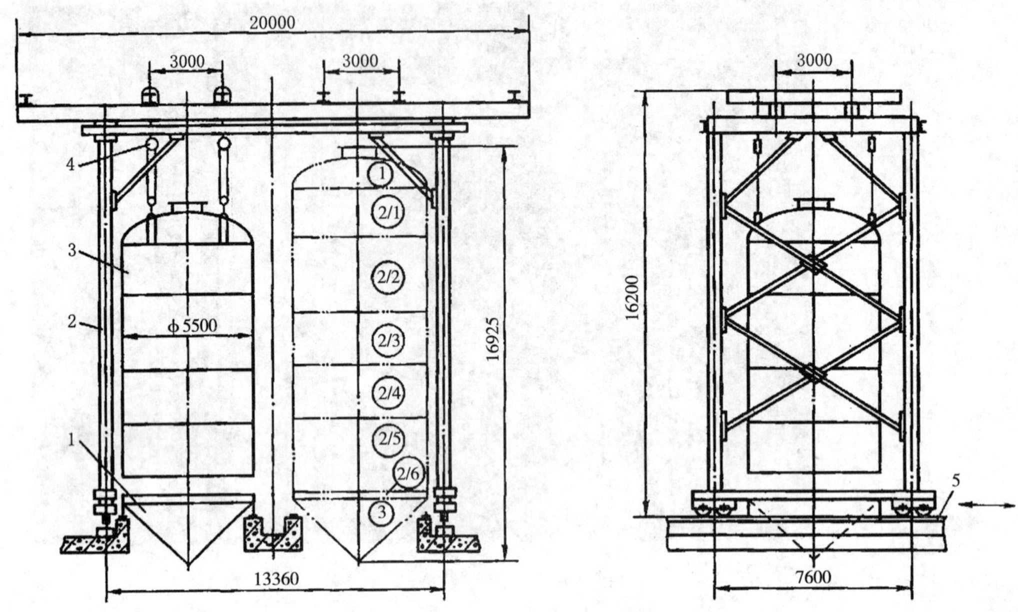

Φ5500mm 发酵罐群吊装图：1—锥体；2—移动龙门架；3—罐体；4—环链电动葫芦；5—轨道

图 13-15　行走式龙门架安装大型发酵罐群

三、点评

从该技术的应用实例中可以看出，利用行走式龙门架吊装大型设备与部件的方法，具有安全、可靠、经济、高效等特点，特别适用于改造项目中的新设备安装与旧设备检修的拆装过程，尤其是在原有车间厂房内已有的起重机械难以满足新装设备吊装负荷、外来大型起重机械设备受现场平面与空间条件限制无法使用的时候，其效果异常突出。在同一项目施工中，该设备可反复使用，相对采用大型自行式起重机机械费用更低，具有更大灵活性、实用性。

龙门架的结构形式通常为支腿 + 横梁，支腿可以是人字形、门形或梯形，横梁可以是单梁或双梁。龙门架的安装形式可以为固定式或行走式；行走式的驱动方式多样，与固定式相比其结构较复杂，安装施工中应以施工项目的需要而定。

应该注意到，该技术的采用，对企业的技术水平、技术能力、装备能力是一个综合的技术检验。施工中一定要从企业实际的综合能力出发，才能取得理想的施工效果。

第十四章　液压提升（顶升）倒装大型储罐技术

一、技术综述

（一）主要技术内容

液压提升（顶升）倒装大型储罐技术是近年较广泛采用的新工艺，按液压机具的不同可分成液压提升倒装法和液压顶升倒装法两种。它采用在罐体内圆周均布若干个液压千斤顶（液压提升缸），通过自动控制液压系统向千斤顶（提升缸）同时供油，使各千斤顶（液压缸）同步上升，带动罐壁起升，循环重复这一过程，即可最终完成罐体吊装，如图14-1、图14-2所示。

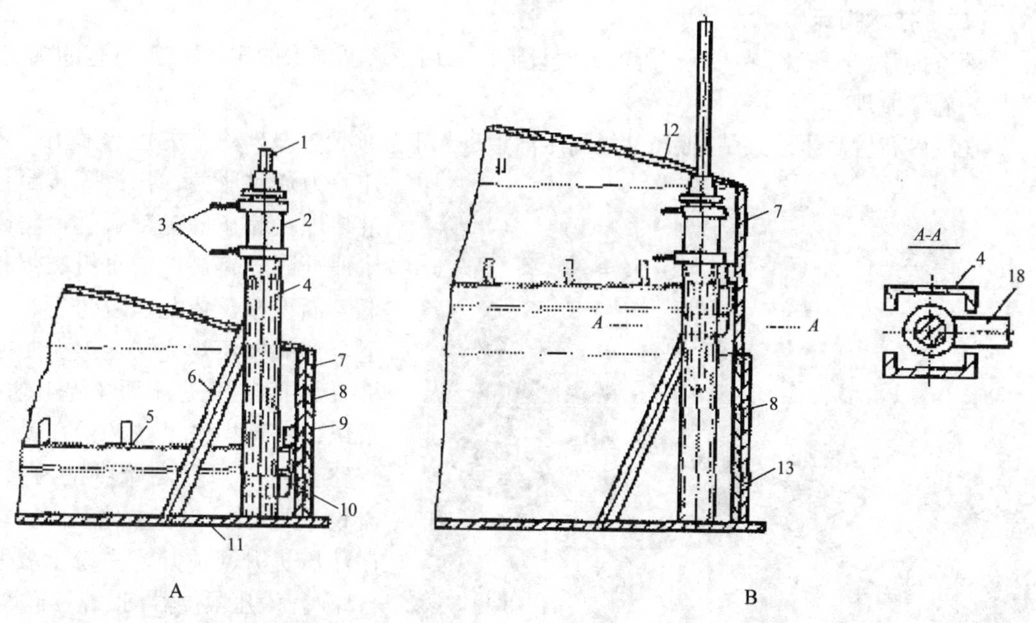

1- 拔杆；2- 液压千斤顶；3- 进油；4- 立柱；5- 胀圈；6- 斜支撑；7- 上圈板；8- 下圈板；9- 挡块；10- 钩板；11- 底板；12- 顶板洞口；13- 待装圈板

图14-1　液压提升倒装法

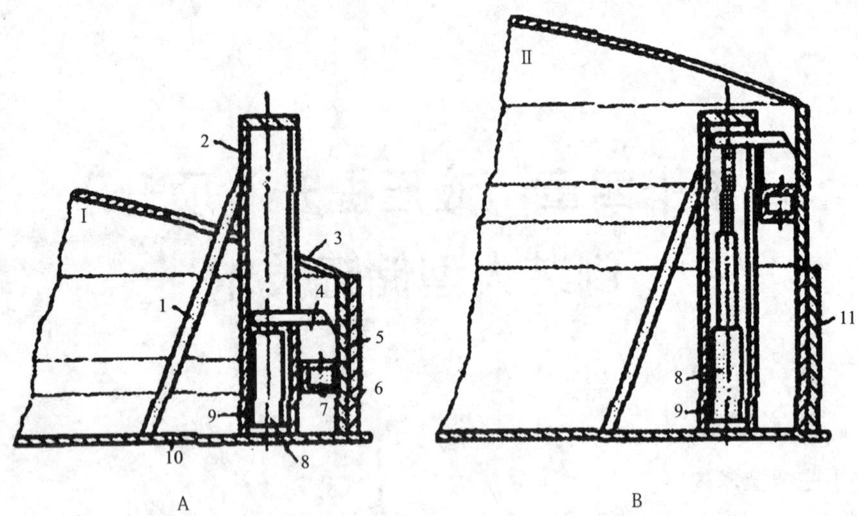

1－斜支撑；2－立柱；3－罐顶板；4－托架；5－上圈板；6－下圈板；7－胀圈；8－伸缩油缸；9－油管；10－底板；11－待装圈板

图 14-2 液压顶升倒装法

（二）技术指标

液压提升（顶升）倒装大型储罐的方案设计及选用应遵循国家的相关标准、规范的规定。

1. 施工原理

在罐内布置高压油泵站，液压油经高压油管进入千斤顶使柱塞推动顶柱上升，提升（顶升）力通过胀圈、托板等传至已组装焊接完毕的上部罐体，将罐体顶升到一定高度，再组装焊接下一圈壁板，依此往复进行，直至全部罐壁组焊完毕。整个工装机具包括液压千斤顶（提升缸）系统、自控操作系统和液压站及管路系统。为提高罐壁的刚度，需设置胀圈。为了操作自动化，在液压提升（顶升）系统上要装自控阀、液压限位器、报警装置等。在罐体外要设操作控制台，用以控制液压千斤顶（提升缸）的起升和回缩，见图 14-3。

图 14-3 液压提升装置及胀圈

2. 特点

（1）在罐体内布设液压提升（顶升）系统，对罐外周边场地、环境要求不高。

（2）液压系统可采用计算机控制，自动化水平高，操作简单、可靠。

（3）罐体上升同步、平稳，行程、高度可控。

（4）施工环境好、劳动强度低，施工速度快、工作效率高。

（5）施工安全，由于液压系统有反向自锁功能，不会因停电或其他突然状况而造成事故。

（6）液压千斤顶（提升油缸）起重能力大，采用不同的数量组合，就可以实现所需要的提升（顶升）负荷。

图 14-4　最上两圈壁板及顶盖安装

3. 工艺流程如图 14-4 所示

基础验收→铺设底板→最上一圈（两圈）壁板及顶盖正装→围装下一圈壁板→在罐体内安设立柱、千斤顶、液压系统等提升装置→带板提升组焊→……→最下一圈壁板与罐体底板组焊→拆除提升工具。

4. 工艺计算与布置

（1）计算最大提升力

$$G_{max}=（G_{顶}+G_{附}+G_2+\cdots+G_n）K_1$$

式中：

G 顶——顶盖重量；

G 附——附属件重量；

G_2，……G_n——需提升的各圈壁板重量；

K_1——系数，取 $K_1=1.1$。

（2）计算千斤顶数量

$$n=G_{max}/K_2 \cdot G$$

式中：

n——千斤顶数量；

K_2——千斤顶起重能力折减系数，取 $K_2=0.6$；

G——千斤顶额定起重能力。

（3）工艺布置。根据计算选用的千斤顶，沿储罐内壁呈环形均匀布置，主油路及分油路由高压油管及多头分油器组成，为保证提升安全，千斤顶应平均分成若干组，每组串联在一起，如图 14-5 所示。

图 14-5　千斤顶及液压系统布置

5. 适用范围

适用于大型金属立式圆柱形或多边形储罐的倒装法施工。

二、应用实例

（一）3 万 m^3 浮顶油罐液压提升工程

1. 施工流程

基础验收 → 罐底板铺设和焊接 → 罐顶及第一圈壁板组装焊接 → 胀圈安装 → 安装顶升装置及限位装置 → 液压提升罐体 → 提升到位，安装下一圈壁板，胀圈下移 → 再次提升，安装下一圈壁板，依此类推完成全部罐体安装。

2. 液压提升装置的配置

1）液压千斤顶数量

根据罐体结构（见图 14-6），液压提升系统最大提升重量见表 14-1。

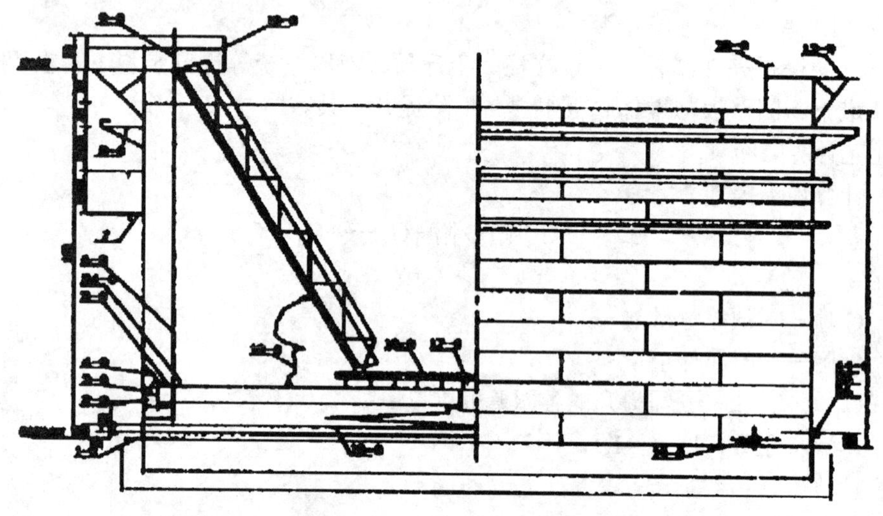

图 14-6　3 万 m^3 油罐示意图

表 14-1　提升重量一览表

序号	名称	重量	备注
1	2-9 圈壁板	360t	
2	盘梯、平台	2t	
3	抗风圈	20t	
4	胀圈	10t	
5	总重	392t	

不平衡系数取 1.1，则计算最大提升载荷为：392×1.1=431t。

液压千斤顶额定起重量为 16t，则所需数量为：431/16=27（个）。

根据以上计算，最终确定采用 32 个液压千斤顶，液压千斤顶选用 SQD-160 松卡式千斤顶如图 14-7 所示，其技术参数见表 14-2。

图 14-7　SQD-160 松卡式液压千斤顶、提升立柱及斜拉杆

表 14-2　SQD-160 液压千斤顶技术参数表

规格型号	额定起重量	试验荷载	提升高度	提升速度	一次提升
SQD-160	16t	18t	2m	3600mm/h	100mm

2）胀圈设置

根据罐壁周长，胀圈分为 16 段，每段长度约 9m，胀圈由 2 个 30# 槽钢组合成方管结构，利用千斤顶和楔形铁将胀圈胀紧并紧贴罐壁，以此加强罐壁刚度，避免提升过程中出现变形。

3）限位装置

为控制罐体顶升到位后不再上升，避免冒顶，需设置限位装置。采用限位螺杆均匀分布在壁板的圆周上的方式，其结构形式如图 14-8 所示。

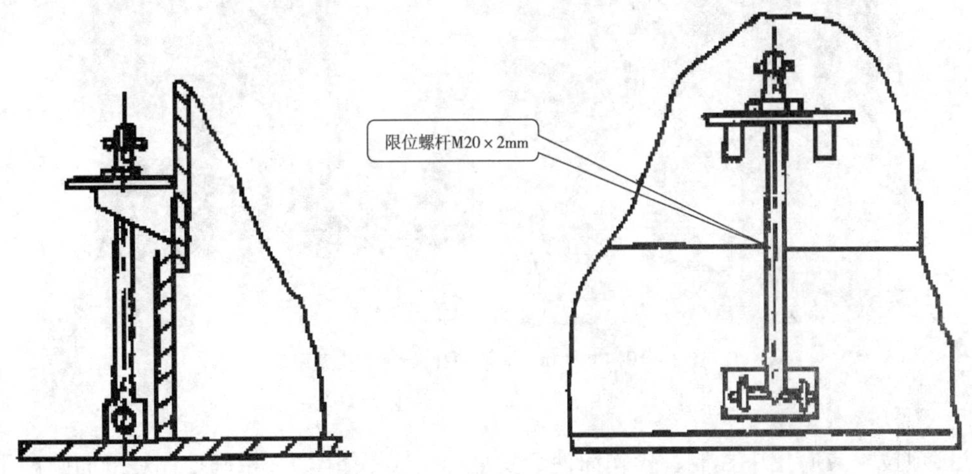

图 14-8　限位装置示意图

3. 液压控制系统

由液压控制柜（泵站）、液压管路系统（含高压胶管总成）组成，通常采取一拖四的配置，即每台液压泵站为 4 台液压千斤顶供油，如图 14-9 所示。

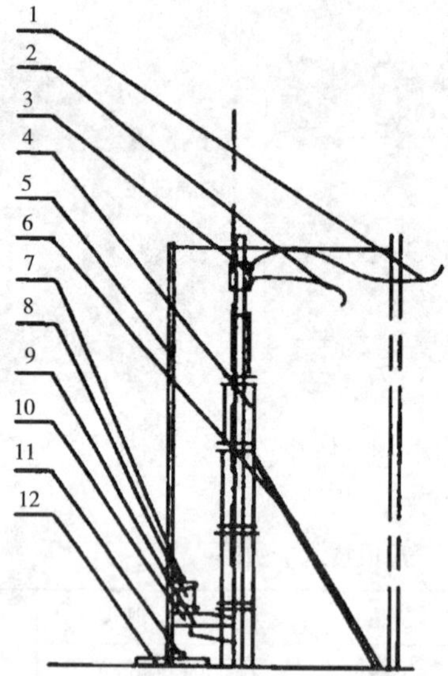

12	槽钢
11	定位板
10	下卡座
9	上卡座
8	胀圈
7	卡板
6	支柱
5	缸壁
4	提升柱
3	液压提升装置
2	油管
1	油管

图 14-9　液压提升系统示意图

图 14-10　3 万 m^3 油罐液压提升及罐壁组装

4. 工程特点

该项技术具有集中控制、操作简便、安全可靠（不下滑）、精确控制焊缝间隙和重物提升高度等优点，可确保工程安装质量，同时可以节省劳动力、降低成本、提高功效，经济效益显著。

（二）兰州—郑州—长沙成品油管道工程——5 万 m^3 钢制内浮顶油罐倒装法施工

1. 工程概况

随着国民经济的快速发展，钢制储罐的应用越来越广泛，储罐的设计容积也逐渐增大。

以往大型储罐的安装基本采用正装法，只有小型储罐采用倒装法。目前，随着新技术的推广应用，国内大型储罐（5 万～ 10 万 m^3）采取倒装施工已有许多成功的先例，因其避免了正装法高空作业多、吊车及脚手架费用高、效率低等缺点，液压提升倒装法已越来越多地被建筑施工单位所采用。

该工程 5 万 m^3 内浮顶油罐内径为 60m，总高 29.2m，罐体总重 1313.8t。

2. 液压提升机构的组成

液压提升机构由液压站、油路管线、提升系统三部分组成；提升架结构由两根 16 槽钢构成；千斤顶为穿心式双作用松卡液压千斤顶，型号为 QD-160，额定载荷 l6t，步进行程为 100mm；上下卡头为穿心自锁式卡头；液压控制柜选用 BY—60 型作为液压动力站。系统整体结构简单，几何尺寸小，重量轻，安全可靠。

3. 液压提升机构数量的确定

（1）罐体最大提升载荷的计算：

$$P_{max}=（Q_1+Q_2）K$$

式中：

K—摩阻系数，取 K=1.3；

Q_1—罐体最后提升载荷；

Q_2—胀圈、提升架等附加载荷（约 10000kg）。

则经计算，Q_1=738233kg；Q_2=10000kg；P_{max}=（738233+10000）×1.3×9.8/1000=9532kN。

（2）液压提升机数量的确定：

$$n > P_{max} / Q$$

式中：

n—液压提升机数量（圆整后取双数）；

Q—液压千斤顶额定载荷。

则 n=9532/160=59.58（个），取 n=60 个。

（3）液压提升机间距确定：为满足罐壁提升起重时，不产生失稳变形及胀圈刚度的需要，液压提升机间距 b ≤ 4 ～ 5.5m。

则 D_π/n=60×3.1416/60=3.14m；因此，3.14 ＜ b，符合要求。

4. 操作注意事项

（1）施工前对液压提升系统进行检查，确保液压部分无漏油，卡头性能良好；

（2）在插入提升杆时，将千斤顶处于松卡位置时进行；

（3）工作时不准超压（即提升重量不得超过提升机构的额定载荷）；

（4）液压千斤顶使用的液压油不允许不同牌号混用；

（5）在提升壁板过程中，为便于观测到每层板的提升高度和控制罐体的提升速度，壁板围板前应将上一层板的高度尺寸标注在靠近提升架的壁板上。

其他应用实例：深圳新鸿光油库两台 2 万 m^3 拱顶油罐安装工程、南海石化 3 万 m^3 过滤水罐安装工程（如图 14-12 所示）、九江石化总厂成品油罐安装工程 3 台 3 万 m^3 浮顶罐液压提升、独山子千万吨炼油百万吨乙烯工程中 10 万 m^3 原油储罐安装工程、大连石化公司新增原油库 10 万 m^3 油罐安装工程等。

图 14-11　5 万 m^3 钢制内浮顶油罐倒装法施工

图 14-12　3 万 m^3 过滤水罐安装工程

三、点评

大型储罐的安装技术已臻完善。这里所介绍的是液压提升（顶升）倒装大型储罐安装技术，适用于大型罐体的施工项目，原理简单，易掌握易实施，施工技术难度低，具有较多的优势。液压提升（顶升）系统可以设置在罐内或罐外，对外部周边场地、环境要求不高；该系统可采用计算机控制，自动化水平高，操作简单、可靠。使用中，罐体提升同步、平稳，速度、行程可控；施工中，劳动强度低、速度快、安全可靠、工作效率高，起重能力大，可用于大吨位大体积罐体的施工。

第十五章　大型储罐内置悬挂平台正装法施工技术

一、技术综述

（一）主要技术内容

大型储罐正装法施工是罐体组装按照自下而上的顺序进行。首先进行罐体的定位放线，铺设焊接底板，然后对壁板进行精确下料预制，在底板边缘板上焊接好工装件，用精确组装法组装第一圈壁板，调整壁板圆弧度、垂直度和上口水平度并用斜支撑固定，焊接立缝；安装内置悬挂平台和壁板专用组装卡具，组装第二圈壁板并依次焊接立缝、横缝（埋弧自动横焊）；提升内置悬挂平台，自下而上依次安装各层壁板；第二圈壁板焊接完成后可同时安装浮盘装配式操作平台，在平台上组装浮顶船舱；壁板和浮盘安装结束后，开始安装中央排水系统、导向管、密封装置等附件；最后进行充水试压、浮盘升降试验和基础沉降试验。

1. 悬挂平台安装设置

悬挂平台由三角架、平台梁、平台板、防护栏杆、安全网和焊接在壁板上的挂耳组成，如图 15-1 所示。悬挂平台的三角架按 3m 一个沿罐壁圆周设置。平台亦分为 3m 一段，焊接固定于三角架上。

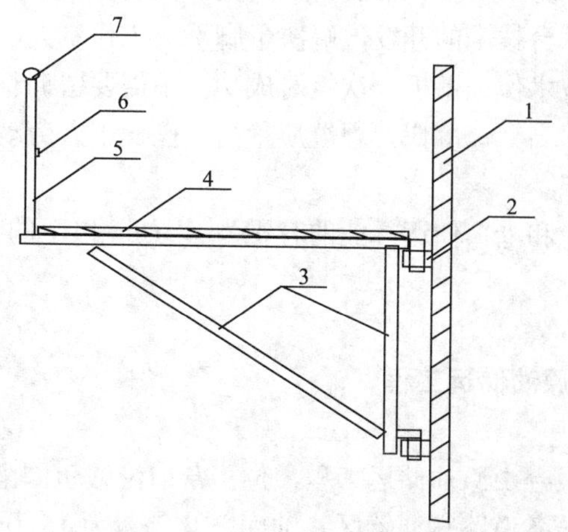

1—壁板；2—挂耳；3—三角架；4—平台板；5—栏杆；6—护腰；7—扶手

图 15-1　悬挂平台结构图

2. 内置悬挂平台安装

组装第二圈壁板前，在第一圈壁板内侧安装悬挂平台，以供第二圈壁板组装焊接用，安装位置在第一圈壁板内侧 2/3 高度处，同时安装好防护栏杆和安全网。在靠近罐人孔处搭设斜梯，以供人上下操作平台，在浮顶施工时，将浮顶下面的斜梯拆除，浮顶上面的斜梯逐层搭设。

3. 内置悬挂平台提升

图 15-2　内置悬挂平台提升

在第三圈壁板组装前，进行内置悬挂平台的提升。提升时，将若干个手动葫芦按每 3m 距离沿罐壁圆周布置半圈（或 1/3 圈，依据罐周长而定，一般不超过 30 个），葫芦吊钩悬挂于第二圈壁板上部吊耳上，由指挥人员统一指挥，各葫芦同时同步缓缓拉升，直至壁板 2/3 高度处进行就位。就位时，注意将所有三角架支腿均插于挂耳内，避免漏挂。就位后，加装一节斜梯至平台，如图 15-2 所示。

（二）技术特点

（1）大型储罐工程量大，结构复杂，正装法施工时充分考虑了储罐筒体与浮盘施工的搭接顺序，以及其他各工序的先后顺序，缩短了施工周期。

（2）大型储罐内置悬挂平台正装法施工技术，它将正装法和自动焊接进行有效的结合，提高了工作效率、保证了施工质量、解决了焊接变形控制等技术难题。

（3）内置悬挂操作平台技术的开发，解决了脚手架工作量大、施工周期长等问题。

（4）壁板精确组装技术保证壁板一次组对成功，不需要留调整板和收活口处理。

（5）自动焊焊接效率高、速度快，焊缝质量高，操作工人劳动强度低。

（三）适用范围

适用于石油化工行业和港口储运行业的容积为 1 万 m^3 以上的大型储罐施工。

二、应用实例

（一）营口港墩台山原油储运工程

1. 工程概况

营口港鲅鱼圈港区墩台山原油储运工程，位于营口港鲅鱼圈港区一港池西侧的墩台山上，三面环山，东面有一条道路直通罐区。油库总仓储量为 15 万 m^3，其中 10 万 m^3 为原油储罐，2 万 m^3 为原油兼柴油储罐，3 万 m^3 为柴油储罐；油库区占地 4.5 万 m^2，；工程造价 9252 万元，建筑面积 17557m^2。

工程主要施工内容为：2 台 5 万 m^3 原油罐的基础及罐体制作安装、2 台 1 万 m^3 原油兼柴油罐的基础及罐体制作安装、3 台 1 万 m^3 柴油罐的基础及罐体制作安装；各台罐的附件、开口接管、消防喷淋及防腐保温；罐区及泵房工艺管线安装、防腐、保温伴热。

工期目标：2005 年 5 月 15 日开工，总工期计划 150 日历天；工程质量确保分项、分部工程一次交验合格，单位工程一次交验合格率 100%，工程一次交验优良率达 85% 以上。

2. 应用过程

营口港鲅鱼圈港区墩台山原油储运工程共有 2 台 5 万 m^3 双盘式外浮顶罐，罐高 19.34m、内径 60m；底板由中幅板（厚 10mm、材质 Q235-B）和边缘板（厚 16mm、材质 16MnR）组成；储罐由十圈壁板（厚 10 ～ 32mm、材质 16MnR/Q235-B）对接而成；浮顶为船舱结构（板材厚 5mm、材质 Q235-B）；罐壁外设 2 道加强圈和 1 道抗风圈；设有中央排水管、集水坑、量油管、罐壁人孔，搅拌器孔、浮顶人孔，船舱人孔，通风阀，呼吸阀，紧急排水管，消防泡沫挡板，加热系统，刮蜡装置，密封装置，转动浮梯，踏步盘梯等附件，单台罐总重约 1280t，罐工作量见表 15-1，罐采用悬挂平台正装法施工。

表 15-1　5 万 m^3 储罐工作量表

序号	名称、规格、型号	数量	备注
1	底板 δ16、δ10	241t/ 台	
2	壁板 δ10-32	534t/ 台	
3	浮顶	286t/ 台	
4	浮顶排水管	2 套 / 台	
5	刮蜡装置	98 个 / 台	
6	一次密封 MSYM	1 套 / 台	
7	二次密封	1 套 / 台	
8	消防挡板	7.8t/ 台	
9	加强圈、抗风圈	39.3t/ 台	
10	盘梯	2.1t/ 台	
11	量油管及平台	4.6t/ 台	
12	转动扶梯及轨道	4.6t/ 台	
13	罐附件	12.4t/ 台	

（1）工程特点。

1）5 万 m^3 双盘式浮顶原油储罐对罐筒体几何尺寸要求高。

2）该工程地处海边，海洋性气候湿度和风大，对焊接影响大；腐蚀性严重，对防腐要求高。

3）罐区场地狭窄，罐与罐之间距离小，施工时要充分考虑罐的先后顺序，以及各工序的搭接顺序。

4）该工程工期紧，工作量大。

（2）施工工艺。施工程序如图 15-3 所示。

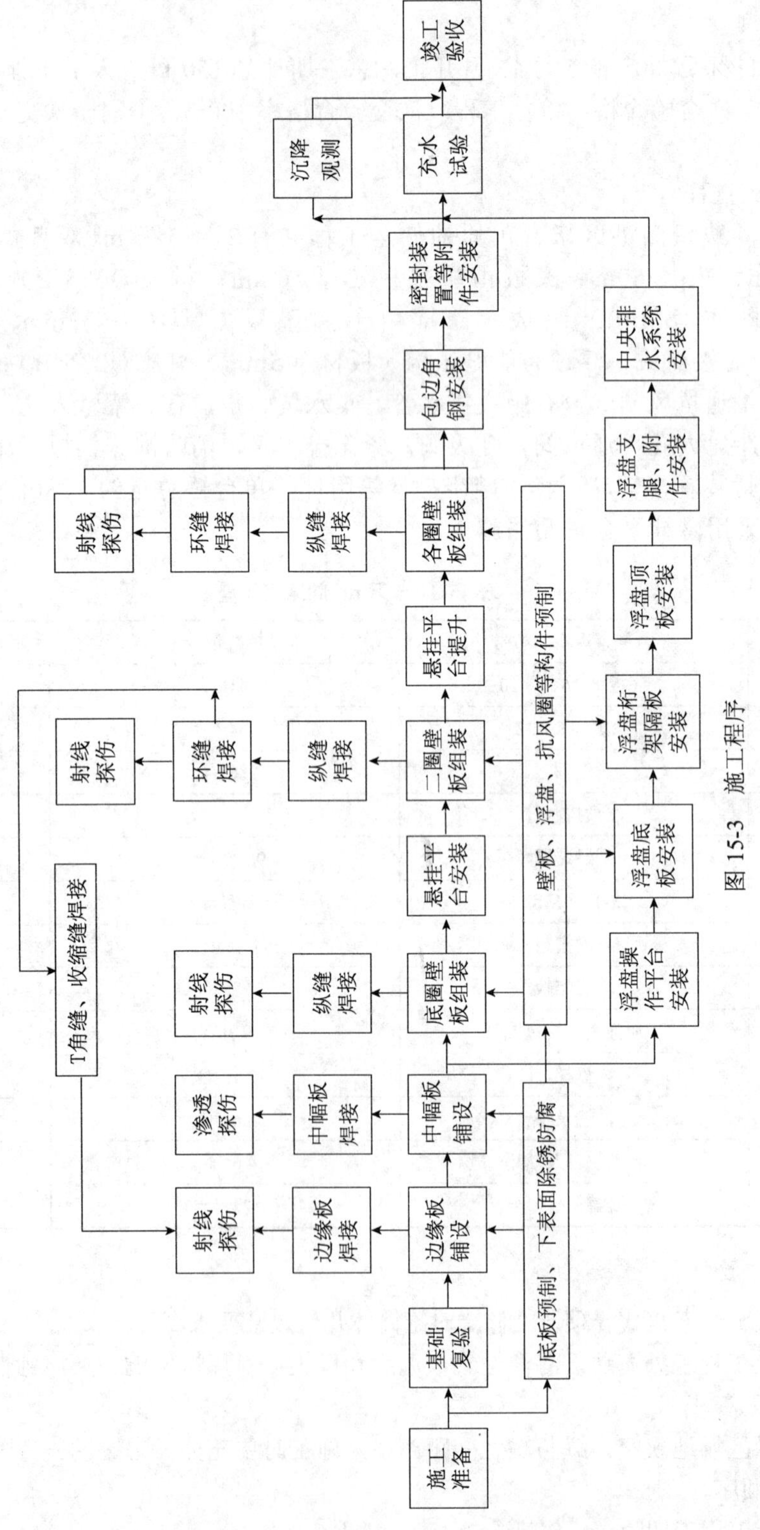

图 15-3 施工程序

主要施工方法。5 万 m^3 罐制作、安装采用悬挂平台正装法，其主要方法为：在罐基础上画出中心线和底板外边缘圆周线，按排板图铺设罐底板；在底板边缘板壁板位置焊接内外两圈挡板，组装第一圈壁板并用斜撑支撑固定，立缝用夹具定位后进行焊接；安装临时背杠并安装内部脚手架，组装第二圈壁板并焊接立缝；焊接第一圈环缝；安装临时三角支架作为操作平台；依次安装各层壁板；组装浮顶船舱；安装中央排水、密封及各附件；充水试压、浮盘试升降并进行基础预压。

焊接主要方法：底板对接缝及 T 角缝采用埋弧自动平焊；壁板环焊缝采用埋弧自动横焊；壁板立缝采用气电立焊；其余焊缝主要采用手工电弧焊。

a. 底板安装与底板的施工程序

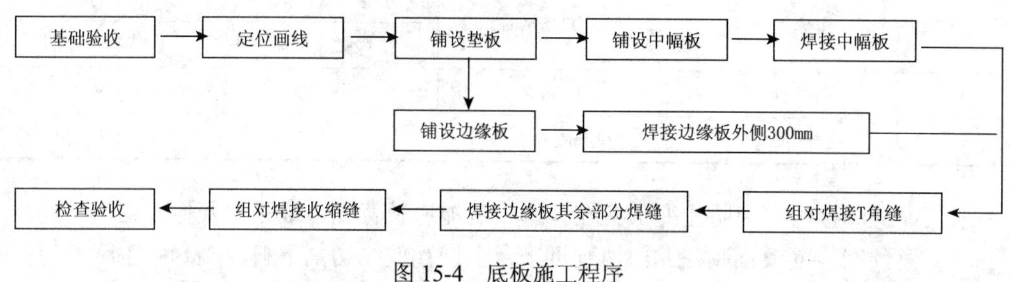

图 15-4　底板施工程序

b. 底板铺设。底板的铺设按先铺垫板，再铺边缘板，最后铺中幅板的顺序进行，中幅板铺设按从中心向外铺设的顺序，先铺中心定位板，再依次铺条形板，如图 15-5 所示。

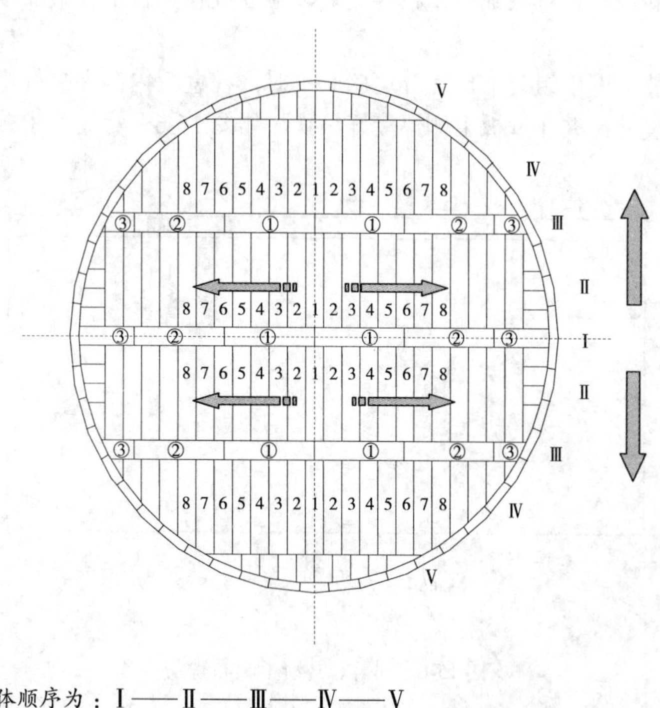

底板拼板的整体顺序为：Ⅰ——Ⅱ——Ⅲ——Ⅳ——Ⅴ

横（纵）板的拼板顺序分别为：①——②——③——④——⑤——⑥——⑦——⑧

图 15-5　底板铺设

垫板铺设时，丁字接头处不焊接，其他焊缝打磨平。

底板铺设用吊车吊板铺设，吊车在基础上时应垫钢板，以防压坏基础。底板铺设时应及时调整组对间隙，同垫板焊接。

c. 底板的焊接。

底板不同部位的焊接方法及所选用的焊材见表 15-2。

表 15-2　底板焊材选用表

序号	施焊部位	材质	焊接方法	焊接材料
1	垫板	Q235-A	手工焊	E4303
2	中幅板焊缝	Q235-A	手工焊打底	E4303
			埋弧焊盖面	焊丝＋焊剂
3	边缘板焊缝	16MnR	手工焊	E5016
4	收缩缝	16MnR+Q235-A	手工焊	E4315

通长焊缝焊接时，为防止变形应在焊缝一侧加通长背杠，或采取其他反变形措施。

d. 壁板预制。壁板预制在龙门切割机平台上进行放线切割下料，壁板预制不留调整板，一次下净料，预制一圈壁板的累计误差等于零，这样预制有利于保证罐体整体几何尺寸。采用这种方法时，要严格控制壁板长、宽、对角线和坡口尺寸在规范允许范围内。

壁板滚弧时，在预制场安装龙门吊，配合壁板的吊装、运输和滚板。滚板机前后安装托架，采用数控卷板机进行滚弧。壁板卷制后，应立置在平台上检查弧度，合格后吊运到壁板胎具上存放。

e. 壁板的组装。壁板组装前放在存运胎具上时，在壁板内侧焊接好组对用方帽、龙门板及蝴蝶板等工装件，并在壁板上侧焊接好吊耳，如图 15-6 所示。

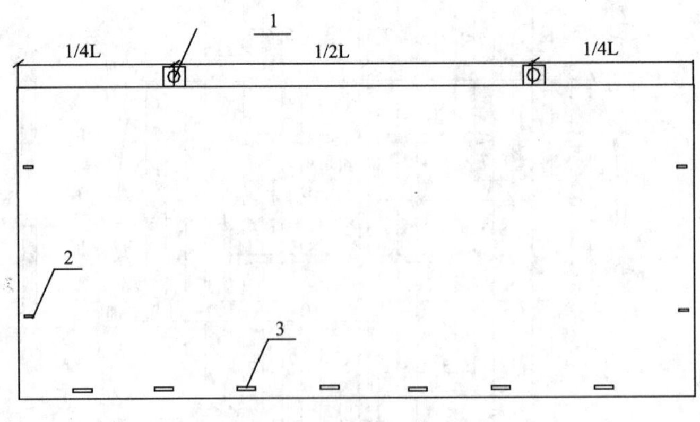

1—吊耳；2—方帽；3—龙门板

图 15-6　吊耳、环缝卡具布置图

罐壁焊缝接头形式为对接接头，组装时应保证罐壁内侧表面齐平。壁板组装采用精确组对技术，有别于传统的收活口技术，不留调整板一次精确组装完成。这样的组对方法有利于保证罐体整体几何尺寸，避免钢板现场切割。

底圈壁板安装前，在底板上画出壁板安装定位线，沿画线圆周每 500 ～ 700mm 内外交叉设置一个定位挡板（如图 15-7 所示），逐张组装壁板，调整壁板圆弧度、垂直度、上口水平度和立缝错边量，合格后每隔 3m 用 1.6m 长 I12 工字钢设置一个斜撑固定，然后进行立缝焊接。

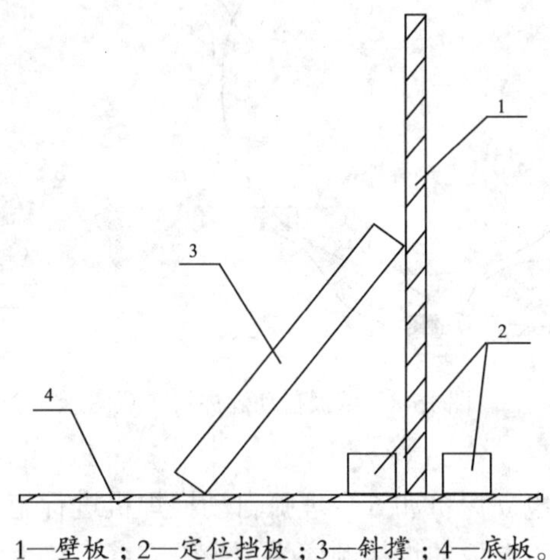

1—壁板；2—定位挡板；3—斜撑；4—底板。

图 15-7　底层壁板组装定位挡板示意图

在底圈壁板上安装内悬挂操作平台，进行第二圈壁板组装。使用吊梁（防壁板变形）吊装壁板，就位时先插背杠固定环缝部位，后用立缝组对卡具固定立缝部位；调整时先用立缝调整卡具和楔子调整立缝间隙和错边量，后用正反螺丝调整壁板垂直度、圆弧度和环缝间隙；检查合格后进行立缝和环缝的焊接。

提升内置悬挂平台，依次进行各圈壁板的组装和焊接。

f. 壁板焊接。壁板各部位焊接方法、焊接材料见表 15-3。

表 15-3　壁板各部位焊接方法、焊接材料

焊接部位	材质	焊接方法	焊接材料	备注
边缘板 + 壁板	16MnR	SMAW		
		SAW	H10Mn2	焊剂 SJ101
壁板环缝	16MnR	SAW	H10Mn2	焊剂 SJ101
		SMAW	J507	
壁板环缝	16MnR+Q235B	SAW	H08A	焊剂 HJ431
		SMAW	J507	
壁板立缝	16MnR	EGW	SQL507	保护气体 CO_2
	16MnR	SMAW	J507	
壁板立缝	Q235B	EGW	SQL507	保护气体 CO_2
	Q235B	SMAW	J427	

g. 罐壁焊机布置图。见图 15-8。

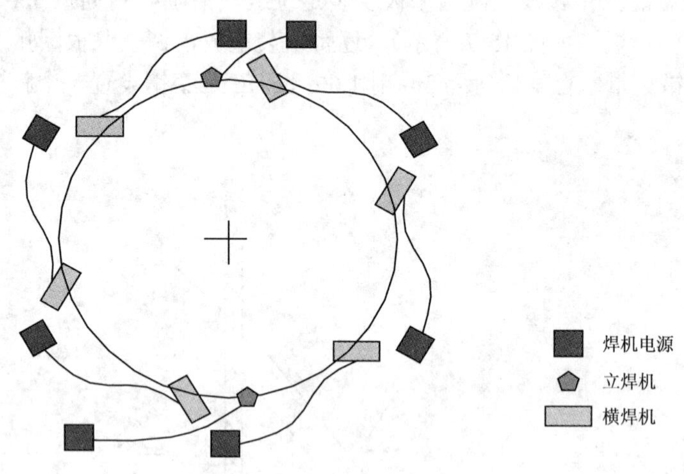

图 15-8 壁板自动焊焊机布置图

壁板焊接采用 2 台气电立焊机和 6 台埋弧自动横焊机进行施工。自动焊机沿罐壁圆周均匀分布，对称同向施焊。壁板的焊接顺序为：先焊立缝，待上下两圈壁板立缝全部焊接完成后，再焊环缝。

h. 浮顶预制。浮顶预制材料数量多而繁杂，因而应按排板图及时做好标记，分类存放。预制时，因钢板很薄，在切割下料时要做好防变形措施，如用夹具固定约束后再切割或采用小的工艺规范参数进行切割，并在切割的同时加水冷却，以防止钢板受热变形。切割后要用直尺进行检查，发现有较大变形时进行矫正。

桁架型钢下料用砂轮切断机，并在预制平台上组焊成单片桁架，减少现场安装焊接量。型材焊接时，掌握好焊接顺序，防止焊接变形。组焊后的桁架用样板进行检查合格，若发现弯曲或翘曲变形，要进行校正合格。

i. 浮顶组装。浮顶组装在操作平台上进行，装配式操作平台采用螺栓连接，方便安装和拆卸；平台水平度用可调节高度的支腿进行调整。装配式平台外周安装要在第一圈环缝焊接完成后进行，避免妨碍自动焊机工作。装配式操作平台如图 15-9 所示。

浮顶底板铺设前用线坠对准罐底板来确定浮顶的中心。浮顶底板为条形排板，铺板时从中心开始顺次向外铺设，每铺设一张板随即调整、点焊固定。为保证浮顶的几何尺寸，排板直径要放大 0.1% ～ 0.2% 的焊接收缩量。

在底板上画出隔板、环板和桁架的安装位置线，从中心向外依次安装中心环板、桁架、隔板、环板和边缘环板。

浮顶顶板为一字形排板，铺设方法与浮顶底板相同。

j. 浮顶附件安装。浮顶附件由船舱人孔、支柱、集水坑、导向管、呼吸阀、浮梯轨道、刮腊装置、密封系统、泡沫挡板及中央排水管等组成。在罐外进行各附件的预制，按照图纸标定的位置画出安装位置线，然后进行开孔、组装和焊接。为防止橡胶等部件被火花烧伤，密封装置和中央排水软接头要放在最后安装。

浮顶支柱安装时应按设计高度预留出 200mm 调整量，在充水试验时进行调整。其调

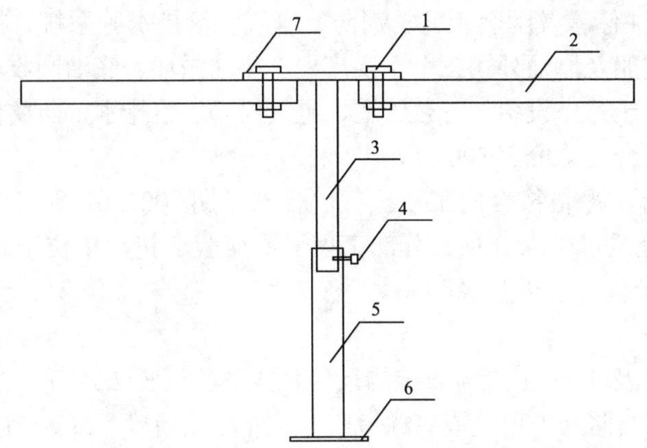

1—连接螺栓；2—横梁；3—上部支腿；4—下部支腿；5—调整螺栓；6—支腿底板；7—盖板。

图 15-9　浮顶装配式操作平台接点图

整方法是放水至比浮顶最低位置高出 300mm 时停止放水，调整各个支柱的实际需要长度，逐个支柱进行调整，全部调整完以后，再放水使浮顶坐落。

k. 浮顶焊接。浮顶底板和顶板的搭接焊缝的上表面为连续焊，下表面为断续焊（焊 100mm 间 200mm），全部采用手工电弧焊进行焊接。焊接时应采取防变形措施，采用小焊接规范，掌握好焊接顺序，以减少薄板的焊接变形，确保整个浮顶的几何形状和尺寸。

所有浮顶连续焊缝均应进行煤油试漏检查，整个浮顶安装结束后应逐个船舱进行气密性试验。

l. 充水试验。充水试验用水应采用工业水，水温不低于 5℃。试验主要检查罐底严密性、罐壁强度浮顶的升降试验及严密性和浮顶排水管的严密性，同时还要进行基础的沉降观测。

充水试验一般分三次进水，第一次进水至 1/2 罐高时停置 8h，第二次进水至 3/4 罐高时停置 8h，第三次进水至最高液位时停置 48h，检查基础的沉降情况，如有异常须处理后方可进行下一步作业。

（3）施工依据。

1）《立式圆筒形钢制焊接油罐施工及验收规范》GB50128-2005。

2）《石油化工立式圆筒形储罐施工工艺标准》SH3530-2001。

3）《现场设备、工业管道焊接工程施工及验收规范》GB50236-1998。

4）《工业设备、管道防腐蚀工程施工及验收规范》HGJ229-1991。

5）《工业设备及管道绝热工程施工及验收规范》GB50126-2008。

6）《钢结构工程施工及验收规范》GB50205-2001。

7）《施工现场临时用电安全技术规范》JGJ46-2005。

（二）营口港仙人岛一期工程

1. 工程概况

营口港仙人岛原油储库一期工程，位于营口港仙人岛港区后方陆域。库区总占地面积 21 万 m^2，主要用途为原油储运及外输。工程总库容为 80 万 m^3，其中包括六台 10 万 m^3

及四台 5 万 m^3 的原油储罐及配套工艺、消防、电气、给排水等系统。按设计要求达到原油卸船入罐、出罐装船及原油外输三个主要流程，热油循环、底油回收、制氮、消防配套工艺流程。工程涵盖土建、设备、工艺管道、电气仪表、给排水、防腐保温、钢结构制作安装共计七个专业，合同总价 59500 万元。

工期、质量目标：严格按合同工期执行，合同工期 2007.4.1 至 2008.9.30，总工期计划 548 日历天；工程质量确保分项、分部工程一次交验合格，单位工程一次交验合格率 100%，工程一次交验优良率达 85% 以上。

2. 应用过程

该工程 10 万 m^3 及 5 万 m^3 储罐安装均采用悬挂平台正装法施工。

（1）10 万 m^3 原油储罐工程。该储罐为双盘式外浮顶储罐，罐高 21.97m、内径 80m；单台罐总重约 2062t。各主要部件情况见表 15-4。

表 15-4　10 万 m^3 原油储罐各主要部件表

部件名称	主要材料或设备型号	重量（t）	备注
底板	中幅板（厚 12mm、材质 Q235-B） 边缘板（厚 20mm、材质 08MnNiVR）	538.59	
罐壁	（δ=32、29、22、19、15、12mm、材质 08MnNiVR、08MnNiVR-SR）（δ=12mm、材质 16MnR） （两圈 δ=12mm、材质 Q235-B）	818.604	共九圈板 三种材质
抗风圈	槽钢 [300*87*9.5、角钢∠ 160*12、∠ 75*8 材质 Q235-A	88.15	共两道
加强圈	槽钢 [160*65*8.5、角钢∠ 160*12、∠ 75*8 材质 Q235-A	43	共三道
浮盘	浮顶顶板（δ=5mm、材质 Q235-B） 浮顶底板（δ=5mm、材质 Q235-B） 浮顶结构（槽钢 100*48*5.3、材质 Q235-A）	476	船舱结构
转动浮梯	角钢∠ 50*5、∠ 70*8　焊管 Φ33.7*3.2ERW	3.7	
中央排水	软管 MESAFLE×84-1721DN200×24.3 右旋（欧美进口产品） 无缝钢管 Φ20-219*8 无缝钢管 20-114×5	4.9	两套（带浮顶排水支管）
盘梯	角钢∠ 50*5 扁钢 -180*8 焊管 Φ42.4*3.5ERW	1.7	
浮顶消防装置	高压消防软管 DN200*24.3m 右旋（欧美进口产品）	8.9	分为液上、液下部分
刮蜡装置及一、二次密封	刮蜡装置 MSGL 型 MSYM 型弹性泡沫一次密封 MSS-3200 型二次密封	15.5	各一套
紧急排水装置	FJP- Ⅱ -200 型	1.01	4 个
加热器	LBX-JRQ1.6-5.0	30	1 套
搅拌器	VAI-700	/	3 台

（2）5 万 m^3 原油储罐工程。该罐为双盘式外浮顶储罐，罐壁高 19.54m、内径 60m；单台罐总重约 1177t。各主要部件情况见表 15-5。

表 15-5　5 万 m^3 原油储罐各主要部件表

部件	主要材料或设备型号	重量（t）	备注
底板	中幅板（厚 10mm、材质 Q235-B） 边缘板（厚 20mm、材质 16MnR）	241.4	
罐壁	（δ=32、28、22、18、14、12mm、材质 16MnR） （两圈 δ=10mm、材质 Q235-B）	528	共八圈板 两种材质
抗风圈	槽钢 [220*77*7、角钢∠ 50*4、∠ 75*8　材质 Q235-A	21.4	一道
加强圈	槽钢 63*40*4.8*7.5、角钢∠ 50*6 材质 Q235-A	12.8	共两道
浮盘	浮顶顶板（δ=5mm、材质 Q235-B），浮顶底板（δ=6mm、材质 Q235-B），浮顶结构（δ=12mm、材质 Q235-B）	286	船舱结构
转动浮梯	角钢∠ 50*5、∠ 70*8　焊管 Φ33.7*3.2ERW	3.5	
中央排水	软管 Mesaflex6″ ×73′（欧美进口产品）	1.6	两套
盘梯	角钢∠ 50*5　扁钢 -200*8	2.1	
浮顶消防装置	消防软管 Mesaflex6″ ×73′（欧美进口产品）	4.4	为液上、液下部分
刮蜡装置及一、二次密封	刮蜡装置 MSGL 型 MSYM 型弹性泡沫一次密封 MSS-3200 型二次密封	10.9	各一套
紧急排水装置	FJP- Ⅱ -200 型	0.762	3 个
加热器	LBX-JRQ1.6-5.0	22.2	1 套
搅拌器	VAI-660	/	3 台

（三）中化天津港石化仓储有限公司仓储项目二期工程

1. 工程概况

中化天津港石化仓储有限公司仓储项目二期工程坐落于天津市塘沽区南疆码头南航路，二期工程设计容量为 53 万 m^3。二期工程主要为 4 台 10 万 m^3 原油（燃料油）储罐；4 台 1 万 m^3 成品油储罐和 40 台 5000m^3 以下化工品储罐。

（1）自然条件。天津地处华北平原东北部，属北温带大陆性季风气候，冬季寒冷干燥，夏季湿热多雨。年平均气温在 11.4 ～ 12.9℃，年平均降水量在 522.2 ～ 663.4mm。

天津的自然天气季节是冬夏长、春秋短。降水分布不均匀，6 ～ 8 月降水量占全年降水总量的 80% 左右。

（2）工程特点。工期时间紧，安装工期只有 325 个日历天，且包括冬雨季的施工。由于施工图纸不全（边施工边出图），材料的采购量大且时间较紧。

工期短，各专业的交叉施工量大，成品和半成品保护是关键。

（3）工期目标：计划 2011 年 1 月 5 日开工，2011 年 11 月 25 日竣工。总工期 325 个日历天。

（4）质量目标：合格。

（5）项目 HSE 目标：

1）安全管理目标：杜绝死亡、重伤和重大机械设备事故，无火灾事故，轻伤事故控制在 1.5‰以下。

2）职业健康管理目标：各类危险源控制在规定风险范围内，杜绝重大职业健康安全事故。

3）环境保护管理目标：创建花园式的施工环境，营造绿色建筑。建筑与绿色共生，发展和生态协调。做好工程周围公益、环保事业。具体指标如下。

①噪音排放达标：昼间 <70dB，夜间 <55dB。

②大气污染达标：施工现场扬尘达到国家二级排放规定；杜绝生活烟尘。

③生活及生产污水达标：污水经过净化后排放，排放标准符合污水排放的有关规定。

④施工垃圾分类处理，尽量回收利用。

⑤节约水、电、纸张等资源消耗，节约资源，保护环境。

2. 应用过程

该工程 4 台 10 万立方米原油（燃料油）储罐采用悬挂平台正装法施工，与前两个工程的不同之处是从第二圈壁板开始，在储罐罐壁内侧安装可拆卸悬挂平台，配合储罐罐壁的组装、调整和焊接、检测等作业。悬挂平台根据需要可以采用双层或单层结构，同时设可拆卸栏杆保证施工人员的安全。在最上一层的罐壁内侧设置部分临时可拆卸悬挂平台，使用完毕悬挂平台用倒链整体提升固定到上一层带板上（如图 15-10 所示）；以后各层循环进行。每层脚手架在适当位置设置单层爬梯，供施工人员作业时上下之需。在罐人孔处搭设斜梯，以供上下悬挂平台，在浮顶施工时将浮顶下面的斜梯拆除，浮顶上面的斜梯逐层搭设。为满足无损探伤要求，在需要检测位置应保留下层平台，采用双层平台结构。

图 15-10　两层悬挂平台

三、点评

(1) 本技术将正装法和自动焊接进行有效的结合，提高了工作效率、保证了施工质量、解决了焊接变形控制等技术难题；内置悬挂操作平台技术的开发，解决了脚手架工作量大、施工周期长等问题；壁板精确组装技术保证了壁板的组对质量；自动焊焊接效率高、速度快，焊缝质量高，操作工人劳动强度低。通过合理的组织和管理，新设备以及新技术的应用，最大限度地降低了环境污染，社会效益和环境效益明显。

（2）本技术与国内同类工程施工方法相比，减少了手工焊接和搭设施工脚手架的工作量，节约了电焊机和吊车等机械设备台班，节省了大量的措施、材料费用。

第十六章　电站锅炉 SA335–P92 钢焊接及热处理技术

一、技术综述

（一）主要的技术内容

在超超临界电站机组中主蒸汽管道和再热蒸汽管道采用新型的 SA335-P92 钢（简称 P92），这种钢材具有优良的耐高温、抗氧化性能，但对现场焊接和热处理的工艺要求较高。本文将重点叙述 P92 焊接和热处理技术。

1. P92 钢介绍

（1）P92 钢的化学成分。P92 材料是在 SA335-P91（简称 P91）材料的基础上经过改良而发展起来的，与 P91 钢相比，P92 钢加入了钨，减少钼的含量以调整铁素体 - 奥氏体元素之间的平衡，并且加入了微量的合金元素硼。P91 与 P92 的成分对比见表 16-1。

表 16-1　P91 与 P92 材料成分对比（%）

钢材＼成分		C	Mn	Si	S	P	Cr	Mo	Ni	Nb	V	W	B	N
P91	下限	0.08	0.30	0.20	-	-	8.00	0.85	-	-	0.18	-	0.06	0.03
	上限	0.12	0.60	0.50	0.01	0.02	9.50	1.05	0.40	-	0.25	-	0.10	0.07
P92	下限	0.07	0.03	-	-	-	8.50	0.30	-	0.04	0.15	1.5	0.001	0.03
	上限	0.13	0.60	0.50	0.010	0.020	9.50	0.60	0.40	0.09	0.25	2.0	0.006	0.07

（2）P92 钢的力学性能。现场使用的 P92 钢是经过正火及回火处理，其显微组织为回火马氏体组织，是国内火力发电厂首次应用的一种新钢种，其许用应力见表 16-2。由于 W 的固溶强化和 Nb、V 的碳氮化物的弥散强化作用，与 P91 相比，高温持久强度在 600℃下要高 30%～35%。在高温下（600℃及以上）可以有效地减低结构的设计壁厚，降低结构的整体重量。

表 16-2　P91 与 P92 许用应力值（Mpa）

	566℃	593℃	600℃	621℃	649℃
P91	96	71	66	40	30
P92	119	94	91.5	70	48
P91 与 P92 比值	1.24	1.32	1.39	1.46	1.6

（3）P92 钢的应用。P92 钢主要应用于火电机组的主蒸汽管道和再热蒸汽管道，目前国内投产和新建的大容量超超临界火电机组都采用 P92 钢。由于大容量超超临界火电机组具有热效率高、单位煤耗低的优点，是今后我国火电机组发展的重点，所以 P92 钢应用前景是非常广泛的。

2. P92 钢焊接及热处理的技术特点

（1）焊接裂纹敏感性比传统的铁素体耐热钢低。从斜 Y 型拘束裂纹试验测试图（图 16-1 为 HCM2S、T91、T22 钢；图 16-2 为 P92 钢）中可以看出，裂纹率为零时 P92 钢只需要预热到 100℃，T91 钢需要预热到 180℃，而 T22 钢要预热到 300℃。

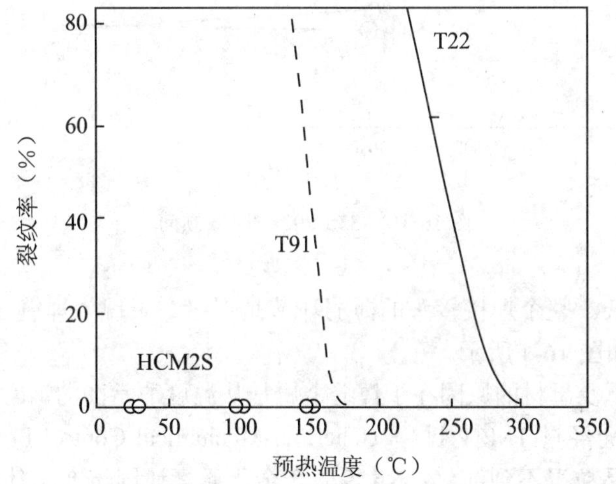

图 16-1　HCM2S、T91、T22 钢的斜 Y 型拘束裂纹试验结果比较

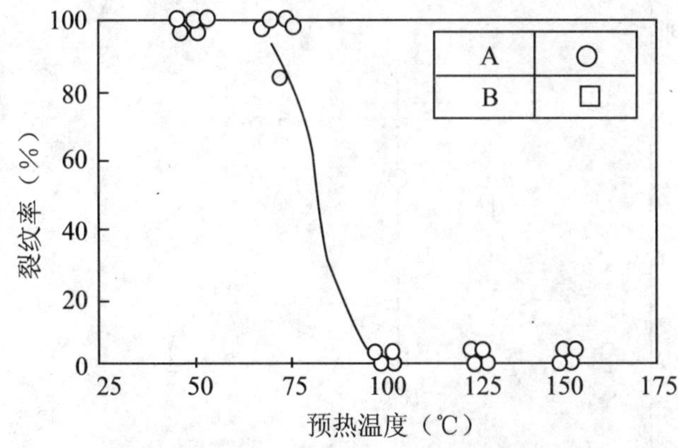

图 16-2　P92 钢斜 Y 型拘束裂纹试验结果

（2）具有较明显的时效倾向。从图 16-3 可以看到，P92 钢经 3000 小时时效后，其韧度下降了许多。P92 钢的冲击功从时效前的 220J 左右降到了 70J 左右，在 3000 小时时效以后，冲击功继续下降的倾向不明显，冲击功将稳定在时效 3000 小时的水平。时效倾向发生在 550 ~ 650℃的范围内，这个温度范围正是该钢材的工作温度范围。母材具有明显

的时效倾向，与母材成分相近的焊缝也会有同样的时效倾向。

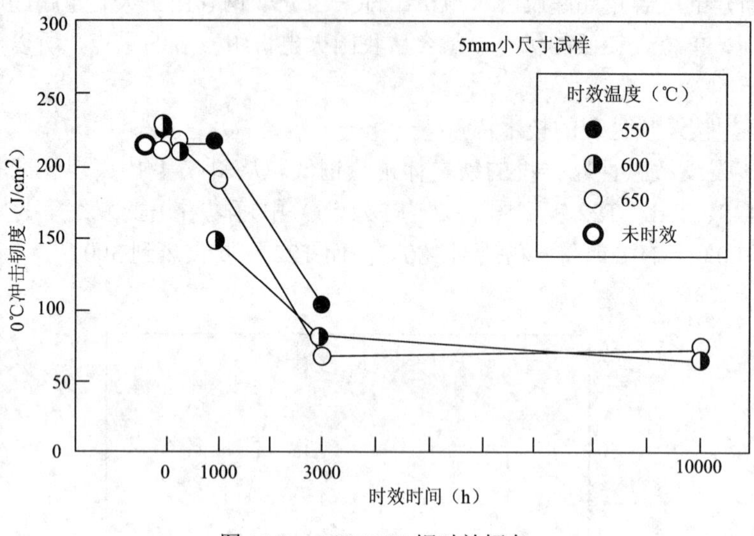

图 16-3　A335-P92 钢时效倾向

（3）焊缝韧度低。整个焊接接头的薄弱环节是焊缝，表现为焊缝韧度比母材低很多，尤其是厚壁构件，如图 16-4 所示。

焊缝金属韧度不及母材的原因在于焊缝金属是从温度非常高的熔融状态冷却下来的铸造结构，它没有机会经过 TMCP 过程（Thermal-Mechanical Control Process）即冶炼和热轧加工制作过程，晶粒得不到细化，Nb 等微合金化元素还固熔在基体内，没有机会充分析出的缘故。

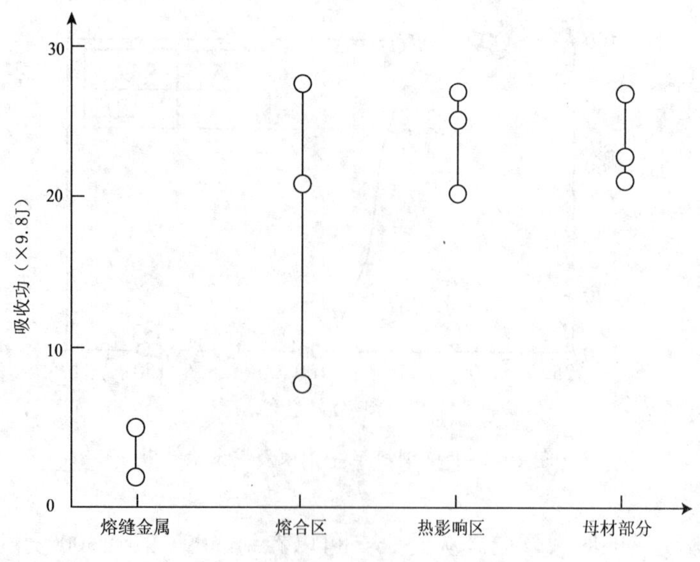

图 16-4　P92 焊接接头韧性（厚壁大径管）

（4）焊后热处理的要求。P92 钢焊后热处理温度为 750 ～ 770℃，其温度范围比较窄。

当温度在740℃必须延长恒温时间才能达到冲击韧性要求，当温度在730℃时韧度指标很低，延长恒温时间对韧性提高没有效果。超超临界机组主蒸汽管道壁厚都在70mm以上，根部焊缝热处理达到750℃才能确保该部位的焊缝满足冲击韧性要求。

（5）焊接和热处理工艺控制要点。我国电力行业标准《火力发电厂金属材料选用导则》（DL/T715-2000）规定：钢材在250℃、1h时效以后，其冲击韧度下降率应不大于50%，室温最低冲击韧度不得低于30～35J/cm²。英国BS-5500-1976附录D“非直接受火焊接压力容器规范”所列的宽板试验和V形缺口冲击试验的结果给出：对于σb≤450MPa和σb＞450MPa的钢而言，V形缺口冲击吸收功应分别达到27J和40J，才是防止脆性破坏的最低要求。美国EPRI的报告建议，对于燃煤电站来说，V形缺口冲击吸收功以41J作为目标，才是可以接受的。按照这些规定的技术要求，P92钢焊后焊缝的V形缺口冲击吸收功应达到41J以上。

由于P92钢具有明显的时效倾向，与母材成分相近的焊缝也会有同样的倾向。为了避免焊缝金属时效后韧性过低，提高焊缝金属时效前的原始韧性，为时效留出一定的余量，是P92钢大口径厚壁管道焊接的主要问题。现场施工中我们要在焊材的选型、焊接预热、层间温度、焊接热输入量（表现为每层焊道的焊缝增高厚度）、热处理温度以及大口径厚壁管道焊后热处理方法等各个要点进行控制。

（二）技术指标

1. 主要的施工设备和工具

（1）焊接设备：电焊机采用数字式逆变焊机。

（2）焊接预热设备：预热采用ZWK-I-60kw柔性陶瓷电阻加热热处理机。

（3）焊后热处理设备：焊后热处理采用ZWK-I-60kw柔性陶瓷电阻加热热处理机和美国米勒公司Proheat35电磁感应热处理机。

2. 执行的标准

（1）《火力发电厂焊接技术规程》DL/T869-2004。

（2）《火电施工质量检验及评定标准（焊接篇）》。

（3）《管道焊接接头超声波检验技术规程》DL/T820-2002。

（4）《焊接工艺评定规程》DL/T868-2004。

（5）《火力发电厂焊接热处理技术规程》DL/T819-2002。

（6）《焊工技术考核规程》DL/T679-1999。

3. P92钢焊接工艺

P92钢焊接工艺采用GTAW+SMAW，为防止根部氧化，打底层和第二层采用GTAW焊接法，焊接过程中均采用背面充氩气和混合气体保护。其余各层的焊接为SMAW，Φ2.5mm焊条焊二层，对于水平管道的焊口（代号5G）其余层均采用Φ3.2mm焊条，垂直管道（代号2G）或斜45°管道（代号6G）的焊口在最后一层可以使用Φ4.0mm焊条，其余层采用Φ3.2mm焊条。

（1）焊接材料。焊丝和焊条均采用伯乐蒂森公司产品（Bohler Thyssen），焊丝型号为Thermanit MTS616，焊条型号为MTS616。该焊条为焊芯过渡合金元素，在焊接时可以使熔点较高的钨元素顺利融入金属组织中，避免夹钨缺陷的产生。焊条在使用前必须在300～350℃范围内烘焙2小时。焊接材料的化学成分见表16-3。

表 16-3 焊接材料化学成分(%)

型号	C	Si	Mn	P	S	Cr	Mo	Ni	Nb	N	V	W	Cu
焊丝(Φ2.4mm)Thermanit MTS616	0.107	0.38	0.45	0.008	0.001	8.82	0.43	0.54	0.54	0.049	0.21	1.53	0.05
焊条(Φ2.5mm)MTS616	0.11	0.34	0.72	0.007	0.004	8.99	0.52	0.69	0.055	0.039	0.23	1.61	0.04
焊条(Φ3.2mm)MTS616	0.11	0.25	0.78	0.009	0.005	8.73	0.52	0.87	0.045	0.037	0.20	1.7	0.06
焊条(Φ4.0mm)MTS616	0.11	0.23	0.76	0.009	0.004	8.89	0.53	0.80	0.052	0.036	0.21	1.71	0.06

(2)坡口的准备。P92 钢管道对口前,应先用角向磨把在焊口每侧 15 ~ 20mm 的范围,管子内外壁的油、垢、锈、漆等清理干净,直至发出金属光泽。防止产生有害元素,影响焊缝机械性能。然后对坡口进行着色渗透检验,确认坡口金属无分层、裂纹等缺陷。

(3)保护气体的选择和充气保护装置的设置。在 P92 钢焊口进行氩弧焊打底焊接时,周围的氧气会与高温熔池中铬、钼、钨、镍、铌等合金元素发生反应,改变焊缝的化学成分,降低焊缝的力学性能。为了避免这种情况,我们采用氩气 Ar(99.99%)和 N_2(88%)+H_2(12%)混合气体作为保护气体。

混合气体中的 H_2 在电弧点燃后与氧气燃烧发生化学反应,生成水蒸气挥发,消耗氧气,避免焊缝金属被氧化。但过量的 H_2 会爆炸,故其含量应控制在 8% ~ 12%,剩余气体用 N_2。N_2 是惰性气体,不能与氧气发生化学反应,可以对氧气进行物理隔绝。氢气比重很轻,当水平管道焊口焊接时会积聚在焊口的上半部分,造成焊口的下半部分位置保护效果差,而氩气比空气重,会较容易积聚在焊口的下半部分,对氧气进行物理隔绝。所以充气保护同时采用氩气和氮氢混合气体,提高保护效果。这两路气体均由橡胶软管从管子的另一侧插入充气。充气前用金属胶带纸封住坡口,在塞块处留出一定的间隙,这样既可以防止保护气体散佚损失,又可以使空气被排出管道内。

管道内的充气保护装置可采用圆形的海绵块,为了保证海绵的强度,其厚度至少为 100mm,在对口时将海绵块放置在距离坡口 150 ~ 200mm 处,并用黏性胶带封住海绵与管道内壁之间的缝隙。海绵和黏性胶带在热处理时会自燃,其灰烬和残渣会在管道酸洗和冲管过程中清理干净。充气保护装置见图 16-5,现场实物见图 16-6。

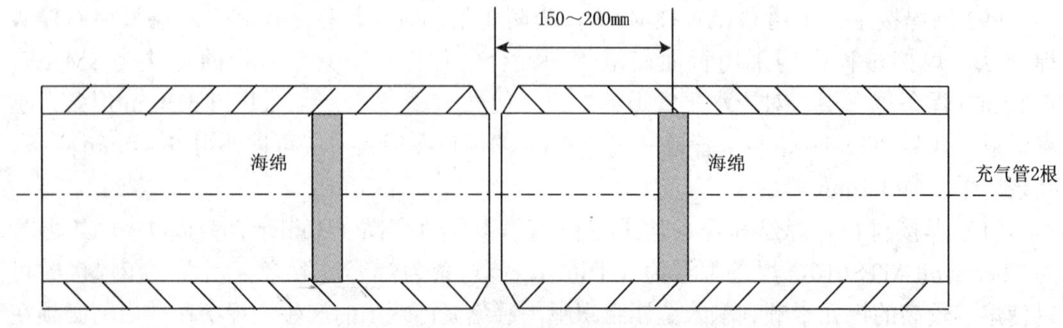

图 16-5 P92 钢焊口充气保护装置示意图

图 16-6　P92 钢焊口充气保护装置

（4）点固焊的要求。点固焊的作用是将焊口两侧进行组对的管子固定住，使坡口间隙、管子的同轴度保持不变。点固焊时，其焊接材料、焊接工艺、焊工和预热温度等除应与正式施焊时相同外，还应满足下列要求：

第一，塞块点固时，宜采用将“定位块”点固在坡口内，其材质宜采用与母材同材质的 P92 钢。如果没有 P92 钢也可以选用含碳量小于 0.25％的钢材作为塞块（如 Q235 或 16Mn 钢等），塞块与 P92 钢母材坡口接触的一面用 MTS-616 焊条进行堆焊，堆焊层不得少于 3 层，厚度不得＜ 6mm。这样做是因为塞块钢材合金含量低，如果直接与 P92 钢进行焊接，塞块钢材会通过金属熔池稀释 P92 钢的合金含量，使被焊接部位 P92 钢力学性能下降带来质量隐患，有了 MTS-616 焊条的堆焊层就可以防止此类情况发生。

第二，点固焊的母材预热区域应在焊接处全方位上 100mm 范围内，预热温度不低于规定的最低预热温度。当去除临时点固物时，不应损伤母材，并将其残留焊疤清除干净打磨修整。焊口在点固焊时预热温度为：200 ～ 250℃，采用火焰进行加热，测温采用远红外测温计或测温笔进行测量。

第三，塞块按圆周对称布置，至少设置 4 块，塞块布置如图 16-7 所示。

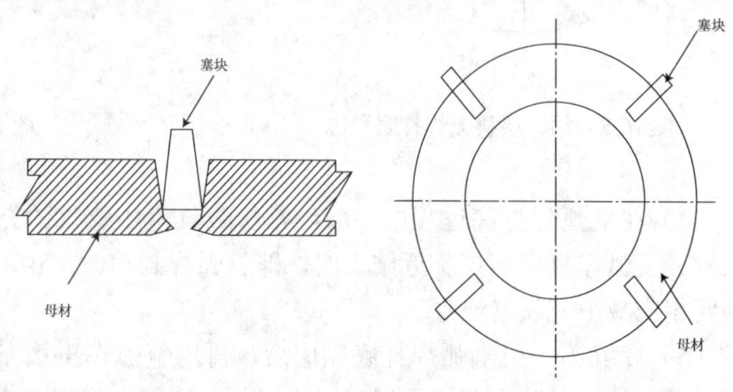

图 16-7　塞块布置图

（5）预热工艺。焊口预热采用 ZWK-I-60kw 柔性陶瓷电阻加热热处理机，升温速率为 6250/ 壁厚（mm），例如规格为 Φ546×92 的焊口，预热升温速率为 67℃ /h，这样可以减少内外壁的温差，在预热时坡口处应覆盖一层保温棉以减少散热。

预热工艺参数为 GTAW：100mm-150℃、SMAW：200mm-250℃，层间温度小于等

于 250℃。采用这样的温度范围既可以防止冷焊产生裂纹，又可以减少焊接时对焊缝的热输入量，有利于焊缝的韧度。由于 P92 钢管道壁厚大，为了减少温差在第一层氩弧焊和第一层电焊焊接前预热温度应该取上限。在热处理机温度记录仪达到规定温度后应继续保温半小时以上，并用远红外测温计或测温笔测量坡口或内层焊道温度是否达到工艺要求。

（6）手工氩弧焊焊接（GTAW）。氩弧焊前先进行充气保护，坡口用金属胶带纸封住，在塞块处留出一定的间隙，这样既可以防止保护气体散佚损失，又可以使空气被排出管道内。背面保护气体流量应控制在 15L ～ 25L/min，氩弧焊枪的氩气流量应保持在 8L ～ 15L/min。

1）第一层氩弧焊打底时，先在塞块的附近定位焊缝，定位焊缝长度为 50 ～ 100mm。

2）第一层氩弧焊打底焊接顺序如图 16-8 所示，即首先进行平焊位置氩弧焊打底，其次进行仰焊位置打底。这样做的目的主要是在平焊位置混合气体保护好，首先进行此位置的氩弧焊打底既可以获得保护良好的焊缝，待此焊缝打底结束后，又可以迫使氢气向立焊和仰焊位置流动，从而通过调整焊接顺序来改善仰焊位置的气保护效果。

3）为确保仰焊位置根部不产生内凹缺陷宜采用内加丝焊法进行。焊丝与内坡口圆保持相切，距离坡口 1 ～ 1.5mm。内加丝如图 16-9 所示。

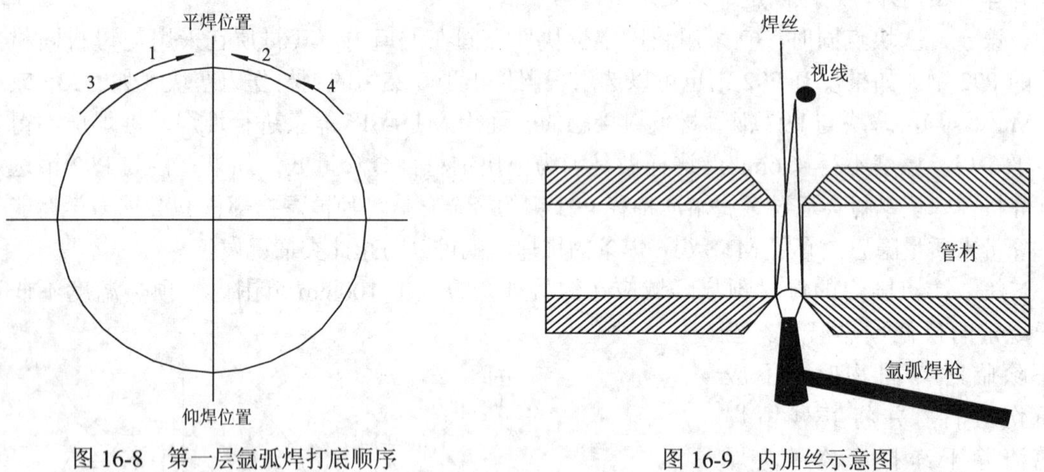

图 16-8 第一层氩弧焊打底顺序

图 16-9 内加丝示意图

4）在氩弧焊打底过程中，应经常检查气室中氩气的充满程度，随时调节充保护气体流量。氩弧焊打底施焊临近结束时，即氩弧焊封口时，由于气室内氩气均从此口逸出，所以要相应减小充氩气流量。

5）焊缝第一层氩弧焊打底完成后，再用氩弧焊再填充一层，第二层氩弧焊时应继续充保护气体，以防止前一层焊缝二次熔化。氩弧焊每层增高应为≤ 3.0mm，层间温度控制在 150℃。氩弧焊熄弧后，应适当延时 5 ～ 15 秒送气，保护尚未冷却的钨极及熔池，降低焊缝表面氧化程度。

（7）手工焊条电弧焊接（SMAW）。

1）在焊第一层电弧焊时应继续充气，以防止氩弧焊焊层二次熔化，完成该层电弧焊后可停止充气。

2）5G 位置焊口的焊接时采用宽摆快速薄层多层多道焊接，焊接速度应控制在≥ 45mm/min，每层焊缝增高不得大于 2.5mm，摆动幅度应控制在≤ 25mm 范围内，焊条电弧焊焊接中间以有一退火焊道为宜以利于改善焊缝金属组织和性能。

3）2G、6G 位置的焊接采用多层多道焊接，2G 位置焊速应控制在≥ 120mm/min，6G 位置焊速应控制在≥ 130mm/min，每层焊道的增高不得大于 2.5mm，焊条电弧焊焊接时第一层为单道焊，第二层为一层二道焊，其余各层均为一层多道焊接。

4）手工焊条电弧焊接过程中要严格控制层间温度，在新一层（道）焊缝焊接前应用 200℃和 250℃测温笔对前一层（道）焊缝的进行测温，以防止焊缝温度超出 200 ～ 250℃范围。

5）手工焊条电弧焊过程中，收弧时应将熔池填满，多层多道焊的接头应错开。注意层间清理，焊接中应将每层焊道接头错开 10 ～ 15mm，同时注意尽量焊得平滑，便于清渣和避免出现“死角”。每层（道）焊缝焊接完毕后，应用磨光机或钢丝刷等将焊渣、飞溅等杂物清理干净。

6）焊接工艺参数，以 Φ546×92，5G 位置焊口为例，焊接参数见表 16-4。

表 16-4　焊接工艺参数表

层数	焊接方法	焊材牌号	规格	极性	电流 A	电压 V	焊道厚度（mm）	焊道宽度（mm）	氩气流量（L/min）
1	GTAW	MTS616	Φ2.4	正极	100 ～ 130	10 ～ 14	2 ～ 3	4 ～ 6	8 ～ 12
2	GTAW	MTS616	Φ2.4	正极	100 ～ 130	10 ～ 14	2 ～ 3	6 ～ 9	8 ～ 12
3 ～ 4	SMAW	MTS616	Φ2.5	反极	80 ～ 95	22 ～ 25	≤ 2.5	11 ～ 15	/
5 ～ 7	SMAW	MTS616	Φ3.2	反极	100 ～ 140	20 ～ 28	≤ 2.5	≤ 25	/
8 ～ 35	SMAW	MTS616	Φ3.2	反极	100 ～ 140	20 ～ 28	≤ 2.5	≤ 25	/
36	SMAW	MTS616	Φ3.2	反极	100 ～ 140	20 ～ 28	≤ 2.5	≤ 25	/

（8）马氏体等温转变。P92 焊接完成后焊口应保持在 80 ～ 100℃进行马氏体转变，等温转变时间为 1 ～ 2 小时。

4. P92 钢热处理施工工艺

（1）柔性陶瓷片电阻加热方式特点和局限性。目前国内电力安装单位热处理施工基本使用柔性陶瓷片电阻加热，其加热原理为：加热器发出的热能以辐射和传导形式转到工件外表面，热能依靠金属导热从外表向内部传导。这种加热方式不会受到钢材温度敏感区影响，但对厚壁管热处理时容易产生内外壁温差过大的现象，难以保证 P92 钢热处理根部温度达到工艺要求。

（2）电磁感应加热的特点和局限性。用柔性水冷加热电缆线圈缠绕在管子外侧，在线圈通入交变电流产生交变磁场，管子内部在交变磁场作用下产生感应电势，感应电势在金属内部产生涡流和磁滞，在涡流和磁滞的作用下，使钢材发热。这是一个由电能转化为磁能、磁能转化为热能的过程，原理如图 16-10 所示。感应加热其热源中心是在管壁内部，温度梯度小，最热区域在工件表面下方，热量能在金属内部快速传导，有效地将热量向壁厚方向更深处传递，使内外壁温度趋向均匀，如图 16-11 所示。但电磁感应加热受到钢材温度敏感区（即磁性转变点）影响，到钢铁温度高于磁性转变点时，钢铁磁性减弱，电磁感应加热会非常困难。

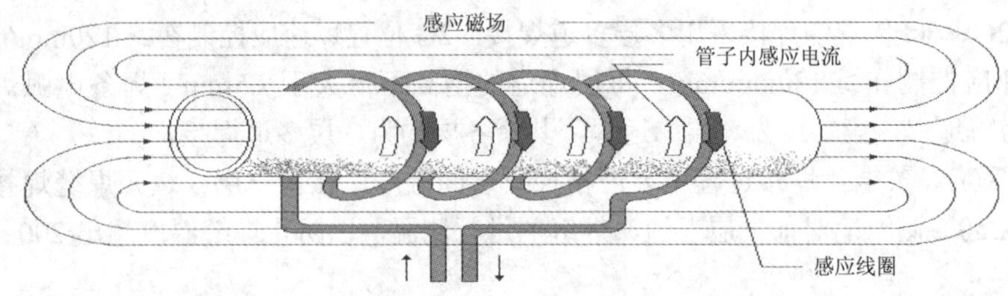

图 16-10　电磁感应加热原理

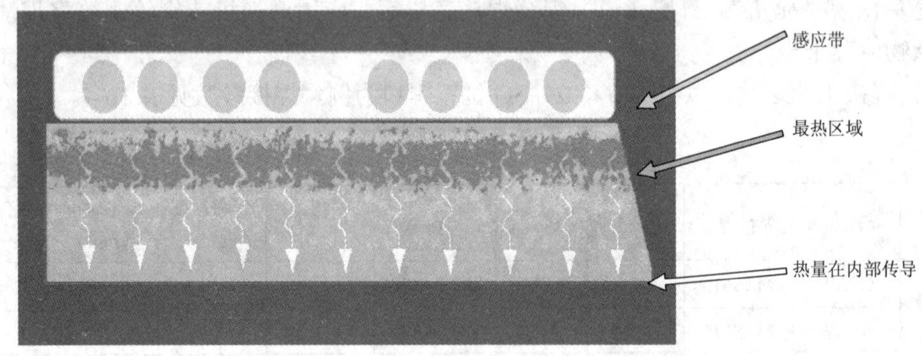

图 16-11　热量在管子内部传递示意图

（3）热处理方案设计。P92 钢焊后热处理温度为 750 ～ 770℃，已高于温度敏感区。为了确保热处理质量我们将电磁感应加热和电阻加热两种方法结合起来使用，将电阻辅助加热放置在焊缝中心的位置上，使其和电磁感应加热电缆一同对焊缝加热。这种综合加热方式是可行的，主要理由如下：

电阻加热时加热器与管子接触，加热器外包裹保温棉；电磁感应加热时，保温棉直接包裹管子，加热电缆在保温棉外。当两种加热方式在同一位置同时使用时，保温棉可以将电阻加热器和加热电缆隔离开，防止电阻加热器的高温烫坏加热电缆。

电阻加热器为履带式，通电后其内部电阻丝的电流不会干扰加热电缆产生的磁场。

电阻加热器和加热电缆放置在同一位置能提高单位体积上的加热功率，利于升温时克服 P92 钢热处理敏感区。

采用这种组合方法可以发挥两种加热方法的优点，同时又克服各自的缺点。

（4）热处理设备选用。

1）电磁感应热处理设备为 Proheat35 型，工作频率在 5000 ～ 30000Hz，最高输出电压 700V，总功率为 35kw，双通道输出，单个通道的最大输出功率为 35kw。如图 16-12 所示。

2）电阻热处理机型号为 ZWK-I-60kw，输出电压 220V，总功率为 60kw，6 通道输出，单个通道的最大输出功率为 10kw。

（5）热处理工艺流程及操作要点。

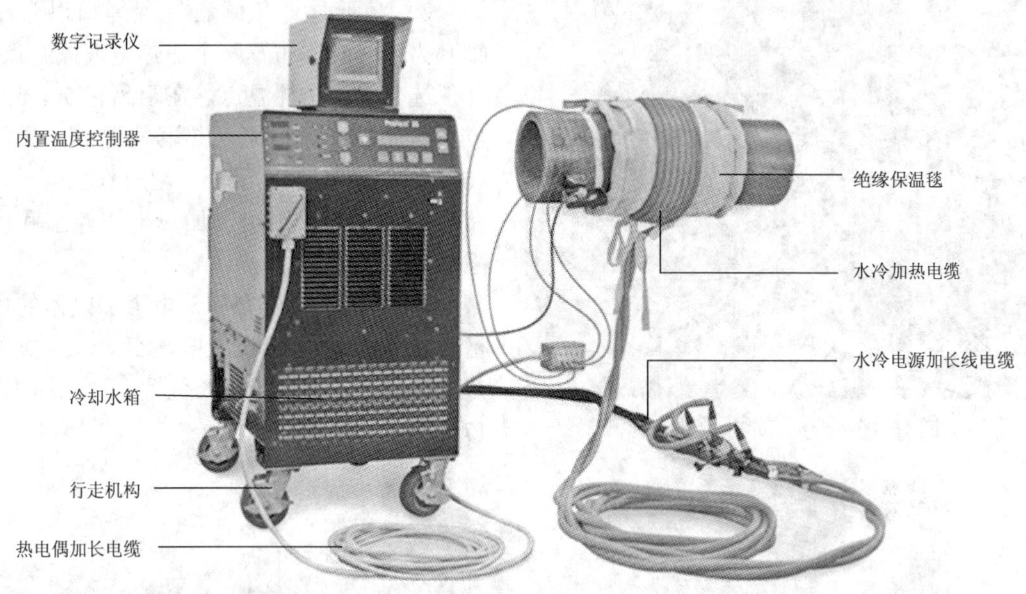

图 16-12　Proheat35 型热处理设备

1）热电偶布置（K 型热电偶，点焊固定）：在平焊位置布置两个测点（TC1、TC4），一个测点用于加热电缆控温，另一个测点用于电阻加热器控温，两个测点相距 5mm；在立焊和仰焊位置各布置一个测点（TC2、TC3）。各测点距焊缝边缘 5 ～ 10mm 处。热电偶布置示意简图如图 16-13、图 16-14 所示，现场实拍如图 16-15、图 16-16 所示。

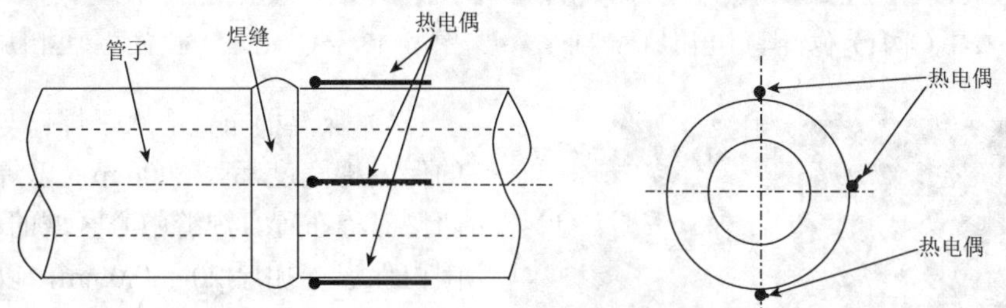

图 16-13　热电偶的布置（水平位置焊口）

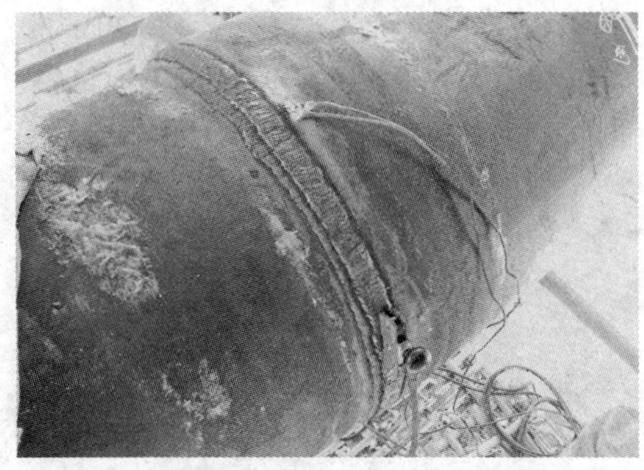

图 16-14　热电偶点焊图

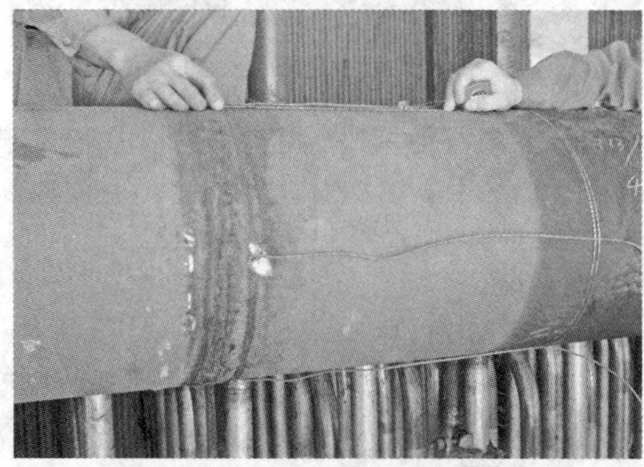

图 16-15　水平管道热电偶布置

图 16-16 垂直管道热电偶布置

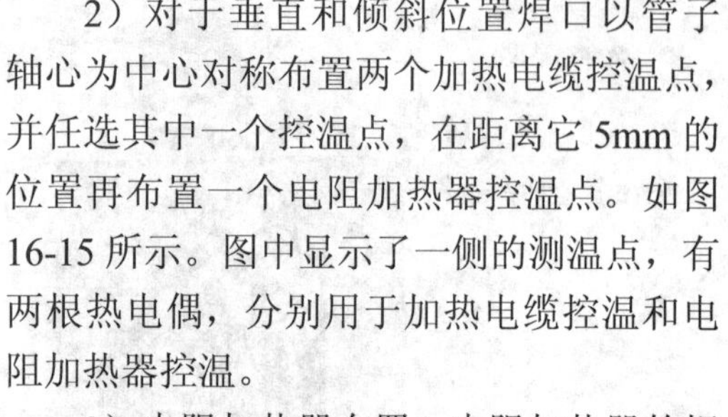

2）对于垂直和倾斜位置焊口以管子轴心为中心对称布置两个加热电缆控温点，并任选其中一个控温点，在距离它 5mm 的位置再布置一个电阻加热器控温点。如图 16-15 所示。图中显示了一侧的测温点，有两根热电偶，分别用于加热电缆控温和电阻加热器控温。

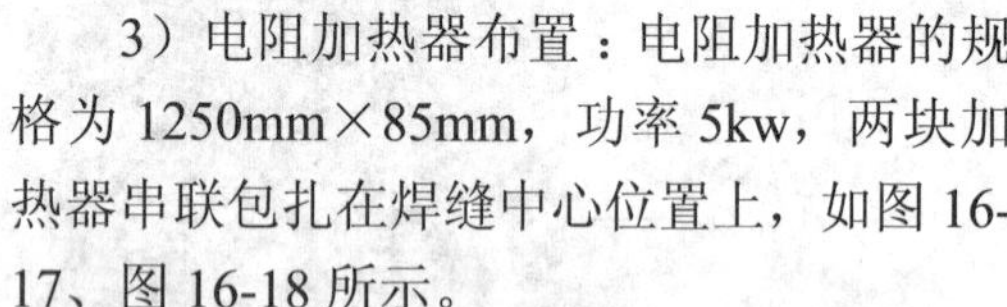

3）电阻加热器布置：电阻加热器的规格为 1250mm×85mm，功率 5kw，两块加热器串联包扎在焊缝中心位置上，如图 16-17、图 16-18 所示。

图 16-17 2G（垂直）位置焊口电阻加热器布置

图 16-18 5G（水平）位置焊口电阻加热器布置

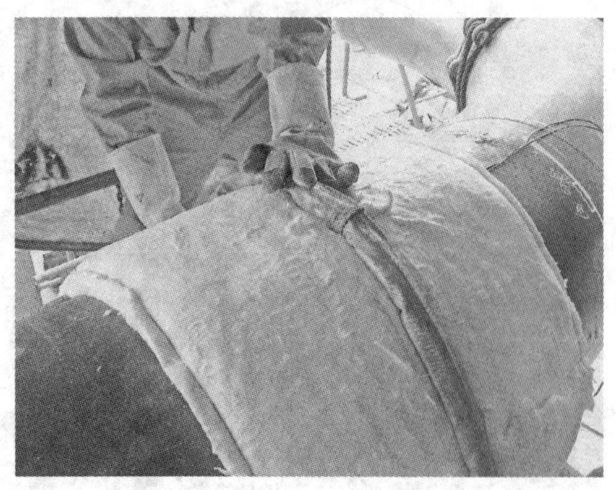

图 16-19 保温棉布置

4）保温棉布置：水平焊口与垂直焊口的保温棉宽度都为 600mm，以焊缝为中心两侧对称布置。焊缝中心区域的 160mm 范围内保温棉加厚 20 ～ 30mm，以防止加热器烫坏加热电缆，如图 16-19 所示。

5）加热电缆布置：先将保温毯以焊缝为中心左右对称布置，每侧宽度为 305mm。电缆再紧贴管子缠绕，匝数为 12 ～ 14 圈，焊缝左右两侧的圈数应相同。电缆缠绕总宽度（即加热宽度）为 510 ～ 520mm，每圈之间的间隔距离为 22 ～ 23mm。

6）加热布置示意图见图 16-20，现场实拍如图 16-21、图 16-22 所示。

7）热处理工艺参数：热处理保温温度为 750 ～ 770℃，在 740℃至 748℃之间为 SA335-P92 钢的温度敏感区，此时热处理升温速率不变，辅助加热区在此温度区域通电加热，具体过程如下：

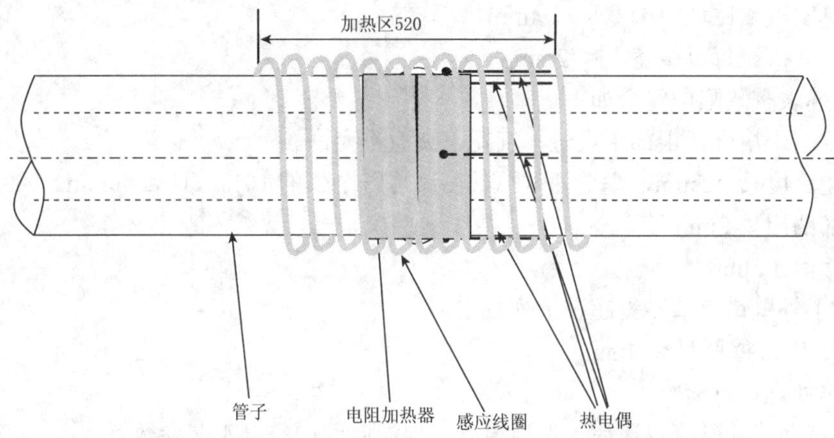

图 16-20　加热布置示意图（垂直焊口也采用上图的布置方法）

图 16-21　现场实拍水平焊口加热布置

图 16-22　现场实拍垂直焊口加热布置

①主加热区在 300℃以下不控制升温速率，从 300℃以 80℃ /h 的速率升温到 740℃。此阶段辅助加热区不通电升温。

②当温度到达 740℃时，主加热区仍以 80℃ /h 的速率继续升温，辅助加热区以 80℃ /h 的速率与主加热区同步升温。

③主加热区和辅助加热区一同升到设定保温温度：765 ～ 768℃，保温时间为 8 小时。

④在保温阶段辅助加热区继续通电保持一定的功率，与主加热区一起完成保温过程。

⑤保温结束后，辅助加热区停止加热，由主加热区完成余下的降温过程。

5. 焊接及热处理的验收要求

（1）焊缝外观检查质量应符合下列要求。

1）焊缝边缘应圆滑过渡到母材，焊缝外形尺寸应符合设计要求，其允许尺寸如下：

①焊缝余高：平焊：0 ～ 2mm

　　　　　　其他位置：≤ 3mm

②焊缝余高差：平焊：≤ 2mm

③其他位置：≤ 2mm

④焊缝宽度：比坡口增宽：< 4mm

每侧增宽：< 2mm

2）焊缝表露缺陷应符合如下：

①裂纹、未熔合、根部未焊透、气孔、夹渣不允许。

②咬边深度≤ 0.5mm，焊缝两侧总长度≤焊缝全长的 10%，且≤ 40mm。

③根部凸出≤ 2mm。

④内凹≤ 1.5mm

3）管子外壁错口值不得超过下列规定：

≤ 10% 壁厚且≤ 4mm

（2）热处理检查验收

1）记录曲线的升降温速率、保温温度、保温时间应符合工艺参数。

2）热处理后热电偶无损坏、无位移。

3）热处理后焊缝需要进行硬度检验，抽检比例为总热处理焊口数的 100%。

4）检验标准。P92：焊缝 180 ≤ HB ≤ 268；除满足以上要求外焊缝硬度一般不超过母材布氏硬度值加 100HB。

（3）超声波检查验收

对接焊接接头超声波检验按 DL/T820-2002I 级进行验收，属下列情况的为不合格：

1）任何裂纹、未熔合、未焊透等危险性缺陷的反射指示。

2）指示波幅高于Ⅱ区或Ⅱ区以上区域而且指示长度大于 t/3（最小可以为 10mm，最大不超过 30mm，t 为管子的壁厚。单位毫米）。

3）缺陷指示波幅高于Ⅲ区的指示缺陷。

（三）适用范围

此焊接和热处理工艺可以用于超临界、超超临界机组中材质为 P92 的主蒸汽、再热蒸汽管道，或者其他材质为 P92 的大口径厚壁管道。

二、应用实例

上海外高桥电厂三期工程 2×1000MW 超超临界燃煤机组

1. 工程实例概况

（1）工程的主要设备：锅炉本体设备、汽机主机设备和发电机主设备分别由上海锅炉厂、上海汽轮机厂和上海电机厂供应，是我国第一台自行设计、制造的 1000MW 等级的超超临界燃煤发电机组。该火电机组建成后将有效的缓减上海地区在十一五期间用电紧张的情况，保证上海市的经济社会发展。机组的主要投资方是申能股份有限公司、国电集团公司和上海市电力股份有限公司。

（2）工程主要范围：2 台机组的锅炉岛、汽机岛、外围土建和脱硫脱硝。SA335-P92 钢焊接及热处理是锅炉和汽机压力管道安装中重要的施工项目，涉及的组件为主蒸汽管及高压旁路、高温再热蒸汽管及低压旁路、暖管、疏水和过热器联通管。含有 SA335-P92 焊口的组件主要分布在锅炉 83m 以下各层、汽机岛汽轮机平台、汽机各层。具体的工作量见表 16-5。

表 16-5　现场 SA335-P92 焊口数量一览表

部件名称	工作压力（MPa）	工作温度（℃）	规格	焊口数量（只）
主蒸汽	28	605	Φ441×85	4
			Φ384×65	24
			Φ546×92	50
主蒸汽暖管	28	605	Φ323.8×65	13
主蒸汽疏水	28	605	Φ273×63	22
			Φ323.8×42	2
高温再热蒸汽	7.5	603	Φ660×55	4
			Φ536×33	18
			Φ747×40	55
高温再热蒸汽暖管	6.03	603	Φ168.3×12.7	12
高温再热蒸汽疏水	6.03	603	Φ168.3×12.7	26
			Φ219.1×15.09	2
高压旁路	6.404	369.7	Φ406×76	4
低压旁路	6.13	603	Φ638×39.5	4
			Φ627×34	2
二过至三过连接管	30.3	578	Φ457×65	16
			Φ457×70	15
			总计	273

上述管道的焊接和热处理施工质量要求为：单位工程优良率 100%，分项工程优良率 100%，焊口一次合格率≥ 98%。

（3）安全目标为：杜绝重伤以上人身事故；杜绝重大火灾事故；杜绝重大机械设备事故；职业病发生率为零；杜绝人员伤亡事故。文明施工目标为：杜绝环境污染事故；及时集中处理建筑垃圾；危险废弃物集中处理率 100%；控制能源消耗；不占路施工，保持通道畅通；消灭现场“五头”（烟头、电缆头、焊条头、钢筋头、木头）；创建为全国火电施工文明示范窗口工程，创上海市文明工地；实现文明施工、文明调试、文明启动、文明投产、文明竣工。

2. 应用过程

确保 SA335-P92 焊口在时效后韧性是焊接质量控制的重点。现场 SA335-P92 焊接和热处理主要有以下两大难点：

第一，焊工如何控制各类焊接参数（焊接电流、焊接速度、焊层厚度、焊道宽度等）。

第二，焊后热处理保温过程中如何控制焊口内外壁的温差。

针对以上的两大难点，我们在外高桥电厂三期工程中采取了以下一系列针对性措施：

第一，对所有焊接 SA335-P92 钢的焊工进行岗前培训学习，使焊工掌握 P92 钢焊接知识和焊接技巧。焊工在考试合格取得相应证书后方能上岗焊接。

第二，所有热处理工进行岗前培训学习，使他们掌握P92钢热处理知识和相应技能。热处理工在考试合格后才能上岗操作。

第三，焊接技术人员在开工前根据图纸和行业规范编写P92钢的焊接和热处理作业指导书。编写作业指导书所依据的主要规范为以下：

（1）《火力发电厂焊接技术规程》DL/T869-2004。

（2）《火力发电厂金属技术监督规程》DL438-2000。

（3）《火电施工质量检验及评定标准（焊接篇）》。

（4）《焊接工艺评定规程》DL/T868-2004。

（5）《火力发电厂焊接热处理技术规程》DL/T819-2002。

（6）《焊工技术考核规程》DL/T679-1999。

第四，焊接技术员根据作业指导书和焊接工艺评定，编写了每一种规格的P92焊口的焊接工艺卡和热处理工艺卡。工艺卡上详细写明了各类焊接参数（焊接材料牌号、焊接材料规格、烘焙温度、焊接电流、焊接电压、焊接速度、焊层层数、焊层厚度、焊道宽度、保护气体流量等）和热处理参数（预热温度、保温温度、保温时间、升降温速率、热处理加热方法、加热宽度、保温宽度和厚度、热电偶类型、热电偶布置方法等）。焊工和热处理工对照工艺卡上的参数进行操作施工。

第五，焊接技术员和质检员对焊接进行全过程质量控制。在焊接施工中我们严格了焊前、焊中和焊后三个阶段的质量控制。在焊前焊接技术员和质检员审查了焊工的资质证书和焊接材料质保书，明确了施工工艺要求。焊接过程中焊接质检员对焊接工艺参数、焊接材料作抽样检查，并且重点检查了焊口打磨、高合金钢焊口充气保护、焊接电流、焊接速度等，发现问题立刻整改。焊后我们严格执行焊工自检和质检员专检，无损检验人员及时进行探伤检查，有缺陷超标的焊口及时返修，同时确保施工的质量和进度。在工程中我们执行了焊接旁站监督制度。对工程中的重要部件，特别是部件第一只焊口，由质检员进行全过程旁站监督记录，以保证在各部件开工时就把好工艺质量关。在焊接过程中如发现问题可以在第一时间指出并及时要求施工人员进行纠正。

第六，对电磁感应热处理进行技术攻关。在外高桥三期工程中我们首次使用了引进的电磁感应热处理设备，在施工现场上技术人员针对P92管道进行了多次电磁感应加热试验。通过反复对比，技术人员找到了最佳的电磁感应加热电缆与电阻加热器的组合方法、最佳的电磁感应加热与电阻加热的升温控制方法、最佳的电磁感应加热电缆绑扎方法。在对P92厚壁管进行热处理保温时，能有效地控制内外壁温差。

外高桥三期工程中P92焊口从2007年4月开始焊接到2007年10月焊接结束，所有焊口都进行100%外观检查、硬度检验和超声波检验，各项检验都合格，焊口一次检验合格率为100%。施工过程中未发生任何安全事故和文明施工不达标的情况。所有P92管道焊口在机组满负荷运行下未发生任何质量问题。

SA335-P92焊接和热处理工艺技术还应用于华电江苏望亭发电厂改建工程2×660MW超超临界燃煤机组中，该机组江苏省苏州市相城区望亭镇东北，投资方为华电集团。工程中有P92管道的组件为主蒸汽管、再热蒸汽管、高压旁路、低压旁路，具体数量见表16-6。

表 16-6　现场 SA335-P92 焊口数量一览表

部件名称	工作压力（MPa）	工作温度（℃）	规格	焊口数量（只）
主蒸汽	27.4	611	Φ436×72	18
			Φ625×103	15
			Φ436×72	4
高温再热蒸汽	7.15	609	Φ711×55.8	2
			Φ688×36	23
			Φ985×51	16
			Φ578×32	1
高压旁路	7.2	405	Φ322×53	2
低压旁路	1.2	200	Φ578×32	2
			Φ402×23	5
			总计	88

上述 P92 焊口从 2008 年 6 月开始焊接到 11 月焊接结束，所有焊口都进行 100% 外观检查、硬度检验、超声波检验（或射线检验）、表面磁粉探伤检验，各项检验都合格，焊口一次检验合格率为 100%。施工过程中未发生任何安全事故和文明施工不达标的情况。所有 P92 管道焊口在机组满负荷运行下未发生任何质量问题。

SA335-P92 焊接和热处理工艺技术经过了多个工程的应用和考验，是成熟和可靠的。

3. 经济效益分析

超临界、超超临界机组具有热效率高、单位煤耗低的优点，是今后火电发展的重点方向。此类机组中大量使用 P92 钢用于主蒸汽和再热蒸汽，P92 具有耐高温、耐腐蚀的特点，可以保证机组长时间运行。电磁感应热处理所需要的劳动强度、工时以及消耗的总电能都小于传统电阻加热设备，这具有明显的经济效益。

三、点评

上海外高桥电厂三期工程为 2×1000MW 超超临界机组工程和华电江苏望亭发电厂改建工程 2×660MW 超超临界机组，主蒸汽管材质均为 SA335-P92 钢，最大的规格分别为 Φ546mm×92mm 和 Φ625mm×103mm。该钢焊后热处理温度为（760±10）℃，其温度范围窄，只有在改热处理温度下热处理后的焊缝各项性能指标才能满足技术要求。

电站安装施工长期以来对大口径厚壁管焊后热处理均采用电阻加热设备，由于该加热器发出的热能以辐射形式传导到工件外表，依靠金属导热将热能传导到工件内部。这样的加热方法对厚壁管易产生内外壁温差过大的现象，这对热处理温度要求严格的 P92 钢是十分不利的。为了有效地解决大口径厚壁管热处理内外壁温差＜ 20℃，以确保 P92 钢热处理温度控制在（760±10）℃范围内这一难题，上海电力建设有限责任公司与施工单位联合对 SA335-P92 钢焊接及热处理工艺进行了研究。

经试验研究，选用 Proheat35 型电磁感应热处理设备对 P92 钢进行焊后热处理。该设备对厚壁管热处理时可有效地控制内外壁温差＜20℃，对热处理温度要求严格的P92新型耐热钢十分有利。针对P92钢热处理时存在的740℃敏感区域，施工单位改进热处理工艺，即采用主加热区使用电磁感应加热方法，充分发挥其加热均匀的作用，另设辅助加热区。这种改进后的热处理工艺可克服P92钢在740℃敏感区域，而且为复杂结构的厚壁管件现场热处理开创了一条新的热处理途径。

第十七章　电站锅炉密排管镜面焊焊接技术

一、技术综述

（一）主要的技术内容

上海外高桥电厂三期工程为1000MW超超临界的机组，其中锅炉岛由上海锅炉厂制造。该锅炉为单炉膛结构，所有受热面蛇形管排均布置于炉膛上部，从上到下依次为一级过热器、省煤器、一级再热器、二级过热器、二级再热器、三级过热器、三级再热器，所有部件的集箱分别布置在炉前侧和炉后侧，穿过前、后水冷壁的单根管通过焊口的焊接，将受热面蛇形管排与集箱连接为一个整体，提高了热效率。

由于部分组件的管排数量很大，使得管排间的节距很小。以一级再热器为例（共178片管排），需要焊接的管排纵向的间隙为42mm，横向的间隙为77mm，最下方需要焊接的管子和设备蛇形管间隙为97mm，焊口与水冷壁管排间隙为600mm，焊口布置如图17-1所示。这样狭小的空间给焊口的焊接带来了意想不到的困难，这种困难主要体现在焊口的局部位置肉眼无法直接观察到，以往常用的焊接方法在该位置无法施焊，解决这个施工难题需要用镜面焊焊接技术。

镜面焊技术原理：镜面焊主要原理是在肉眼无法观察到的焊口位置附近放置一面镜子，焊工利用镜子的反射成像原理，间接地观察焊口并通过观察镜子内的熔池来进行焊接，如图17-2、图17-3所示。而常规的焊接方法是焊工直接目视焊口和熔池进行焊接操作，这是两者最大的区别。

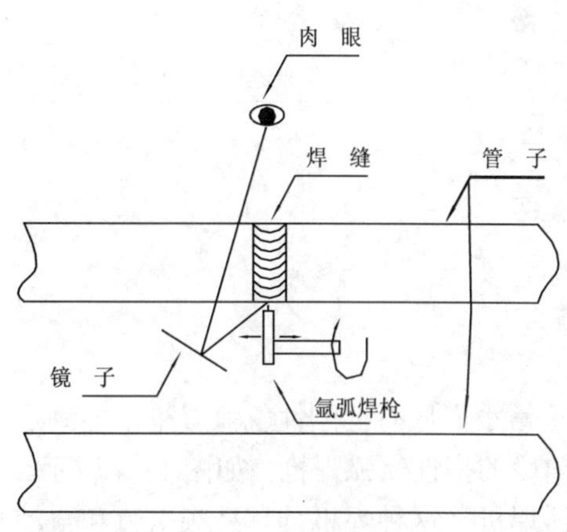

图17-1　镜面焊原理图

图17-2　现场镜面焊

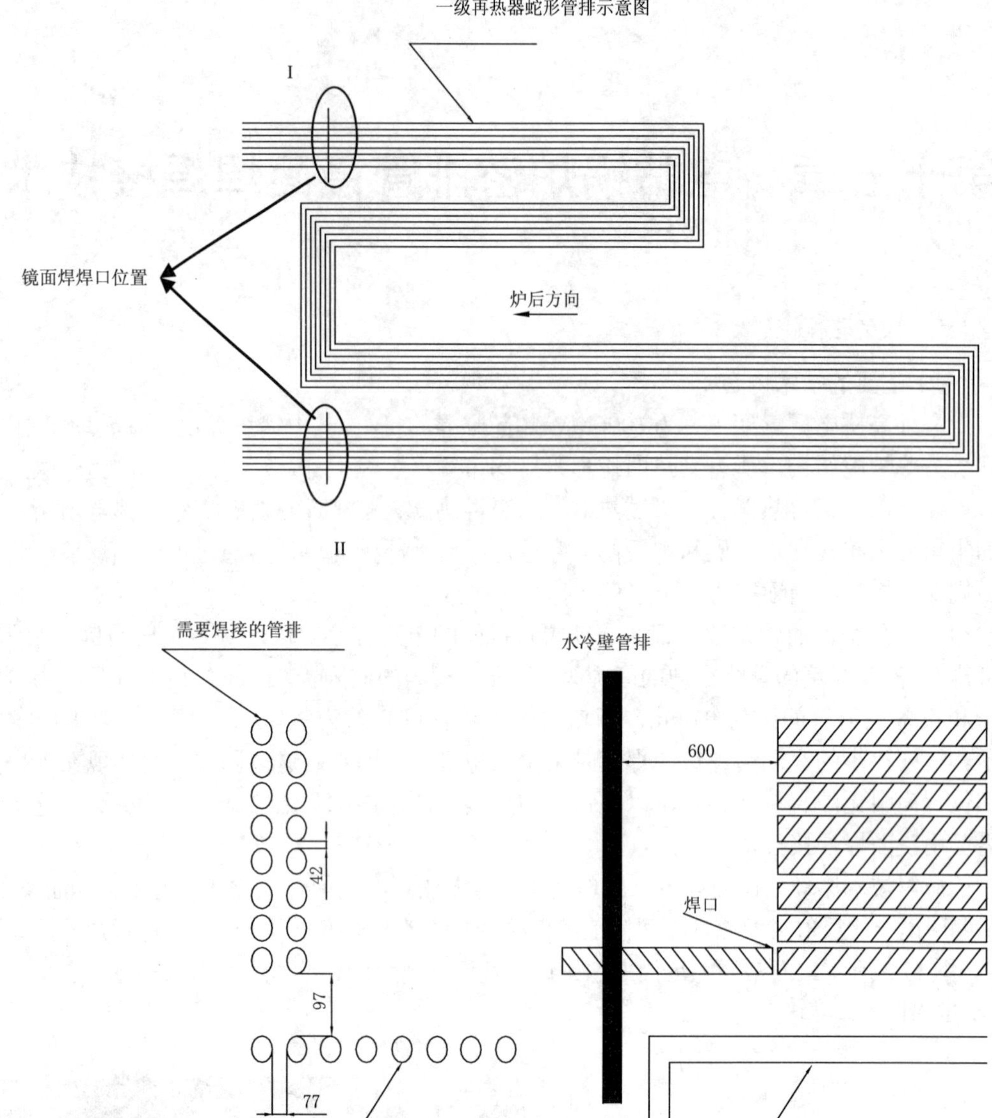

图 17-3　密排管示意图

（二）技术指标

1. 施工的设备和工具

（1）焊枪。在实际焊接过程中，由于管排间隙非常小，原有的刚性氩弧焊枪不能满足现场焊接的要求，所以必须采用能 360 度改变焊枪角度的挠性氩弧焊枪。如图 17-4 所示。

（2）焊机。焊机的型号为 WS-400 型逆变直流弧焊机，这种焊机具有高频引弧和自动衰变功能，如图 17-5 所示。

（3）氩气。所用氩气的纯度不低于 99.95%。

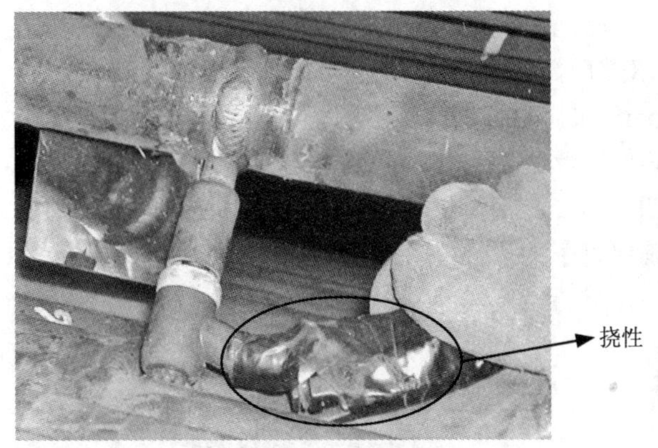

图 17-4　挠性氩弧焊枪

图 17-5　WS-400 型逆变直流弧焊机

（4）镜面焊的镜子。该镜子的尾部有一块强磁场吸附件，主要起固定镜架的作用，头部是一块不锈钢双面镜，厚度为 1mm，中间是一根挠性金属软管，连接头部和尾部，其中在与头部连接时采用万向节，可以 360 度旋转镜子，另外也可以通过拗弯挠性金属软管将强磁场吸附件固定在合适的位置，见图 17-6。

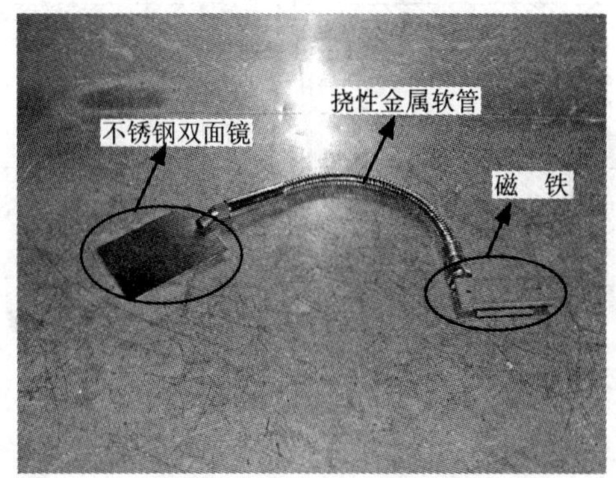

图 17-6　不锈钢双面镜

2. 执行的标准

镜面焊焊接技术主要执行电力行业相关的技术规范和标准：

（1）《火力发电厂焊接技术规程》DL/T869-2004。

（2）《火力发电厂金属技术监督规程》DL438-2000。

（3）《火力施工质量检验及评定标准（焊接篇）》。

（4）《钢制承压管道对接焊接接头射线检验技术规程》DL/T821-2002。

（5）《焊工技术考核规程》DL/T679-1999。

3. 镜面焊施工方法和工艺

（1）坡口清理、安装充气小室。对口前应先清理管件坡口两侧表面以及附近母材内、外壁的油、漆、垢、锈等杂物，使管子表面露出金属光泽，清理范围为 10 ～ 15mm。如果是 SA213-T91 等高合金钢材料应在管子内加载充气小室。为了防止焊前预热及焊接过程中的高温烧损可溶性纸，隔绝门距离坡口不小于 200mm，如图 17-7 所示。

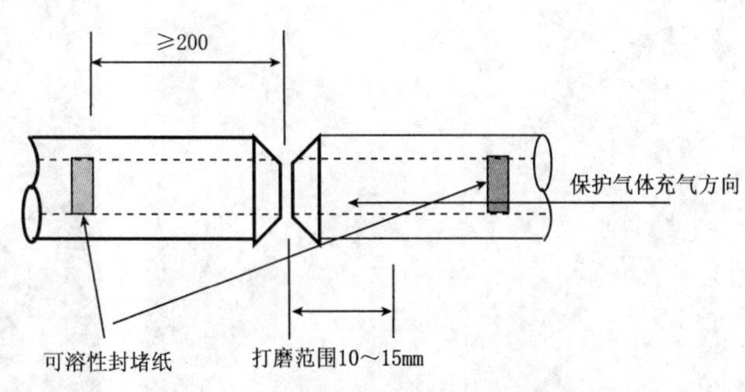

图 17-7　焊缝准备区域（单位：mm）

（2）对口。由于管排条件的限制，平焊位置打底焊接采用外加丝而仰焊位置只能采用内加丝的方法来保证根部焊缝质量。对口时先预设“反变形”，即仰焊位置坡口间距2～2.5mm，平焊位置坡口间距2.8～3mm。采用这样的间隙有两个原因：第一、焊丝直径为Φ2.4mm，从平焊位置内加丝时可以确保送丝方便自如，并且能方便焊接过程中通过焊缝间隙观察熔池，仰焊位置不易产生内凹；第二、平焊位置由于焊接应力收缩达到适宜的间隙，避免平打底时产生焊瘤，也可以确保管子的水平度。对口见图17-8，内加丝法示意图如图17-9、图17-10所示。

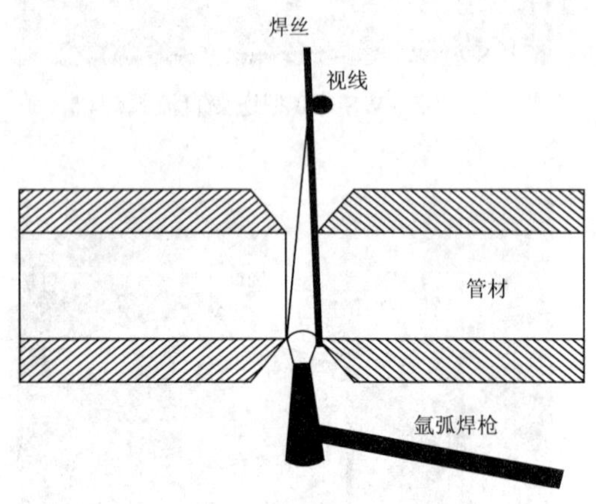

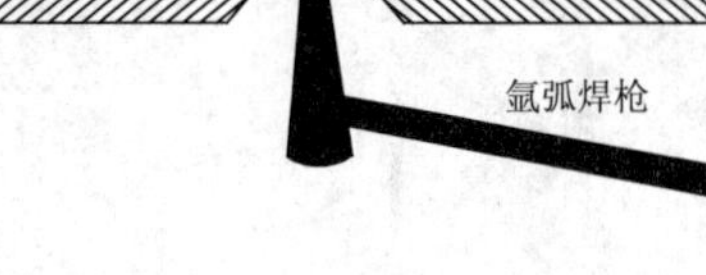

图17-8 现场组对焊口

图17-9 内加丝示意图

（3）点焊。由于采用了内加丝法焊接，点焊的起始位置放在3点或9点处。见图17-11。这样点焊的好处在于氩弧焊打底的过程中，肉眼视线能够方便地通过平焊位置的对口间隙观察焊缝根部熔池。

（4）镜子的摆放。开始镜面焊时，应首先放好镜子的位置。第一要便于眼睛通过镜子的反射，清楚地观察溶池；第二不能影响焊枪的摆放位置和焊接过程中焊枪运作、行走、摆动。见图17-12。

图17-10 采用内加丝法（现场实拍）

图17-11 点焊起始位置的示意图

（5）焊口打底。高合金钢材料对焊接线能量、焊缝层间温度的要求比较严格，同时为了防止焊缝在高温区停留时间过长，所以采用手工钨极氩弧焊焊接工艺（GTAW）。

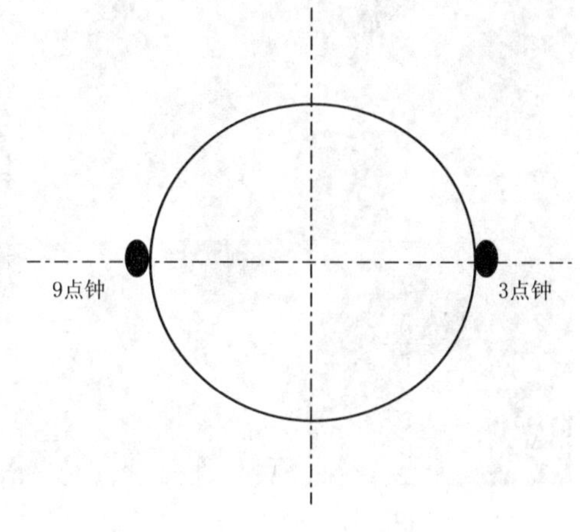

图 17-12　现场镜子的摆放

封底焊接采用内加丝法，可以利用镜子反射作用和观察焊缝间隙来完成封底的焊缝下半部分，关键要掌握氩弧焊焊枪的角度。焊接过程中焊嘴要始终保持在焊缝中心区域，焊丝随着熔池均匀地摆动向前推移。从仰焊位置到立焊位置的打底时，送丝采用断续加丝法：当焊丝末端送入熔池边缘被熔化后，即将焊丝移离熔池，稍停，再将焊丝末端送入熔池边缘，依此类推，断续地点滴送入熔池。特别重要的是两侧钝边金属一定要先熔化然后加丝，否则容易产生未熔合的缺陷。从立焊位置进入平焊位置时，结束内加丝。抽出的焊丝，将其端部紧贴在钝边位置，用连续加丝法均匀地将焊丝送入熔池，这样打底焊缝反面成型比较平整。

在打底的整个过程中必须使熔池完全打开，在视觉上有熔池滚动的情况时再进行加丝。这样可以防止焊缝冷却收缩时产生细小裂纹以及缩孔现象，防止焊接接头脱接。为了得到良好的焊缝间隙，必须采用两侧对称焊。

（6）填充。由于焊口封底结束后，焊缝的下半部分，人的肉眼根本无法观察到，而且焊工的焊接位置决定了焊工只能下蹲或俯卧在管子上来完成，必须采用镜子的辅助才能观察到焊缝，所以采用镜面焊进行填充和盖面焊接。

镜面焊时通过镜子我们看到的是焊缝平面影像没有立体效果，而且由于弧光强烈的反射很难观察到熔池的情况。最大的难点在于镜子里的影像与实际是相反的，手的动作与眼睛看到的影像是反向的，容易造成焊工错觉，这就要求焊工在焊前应进行专门的培训操作。

焊前先用镜子观察焊缝坡口两侧是否有凹槽，中间是否凸起，如果有必须把焊缝打磨平整，以避免钨极移动过程中发生碰撞。焊丝也必须结合具体的焊接位置和焊缝的弧度，适当拗曲变形。既便于拿焊丝的手选择相对开阔的位置，保证动作灵活，方便将焊丝送抵熔池，又可以防止焊丝干扰焊工的视线，如图 17-13、图 17-14 所示。

由于通过镜子观察熔池，弧光反射非常强烈，氩弧焊枪的钨棒看不清楚，引起送丝时焊丝与钨棒经常碰撞，造成钨棒尖头变形，影响电弧的稳定性，所以焊接过程中焊丝必须紧贴焊缝，连续送丝就可避免上述情况的发生。

对于管壁较厚的焊口必须采用多层多道焊。使弧状焊丝紧贴焊缝坡口一侧，减小摆动幅度减少送丝动作，使焊道较薄。焊完一道再焊另一道，这样可以降低焊缝层间温度，还可以防止温度过高，引起根部焊缝二次熔化。

（7）盖面。盖面前首先检查填充焊缝的表面成形，清理附着在焊缝表面的垃圾和氧化物，直至焊缝在周向和轴向达到平滑与均匀，为盖面创造最好的条件。

焊接时，应以两侧坡口线为基准线，如图 17-15、图 17-16、图 17-17 所示，焊缝熔池

图 17-13 焊丝拗曲变形，焊工通过镜子观察焊缝进行焊接

图 17-14 焊丝拗曲变形，焊工通过镜子观察焊缝

图 17-15 两侧坡口的基准线（焊缝初始打底层）

图 17-16 两侧坡口的基准线（焊缝中间填充层）

图 17-17 两侧坡口的基准线（焊缝最后盖面）

向母材侧延伸 0.5 ～ 1mm 的距离，使焊缝的宽度比坡口宽度大 1 ～ 2mm，并始终保持这一宽度；焊缝的加强高度应呈弧形，两侧低中间略微高，并在焊缝的周向上保持一致；焊接时应以两侧坡口线为基准线，并始终保持这一直线度；只要保证以上三点操作工艺，就能获得良好的焊缝外表成形。

4. 焊接后质量验收要求

镜面焊焊口焊后做 100% 的外观检验和 100% 的射线探伤检验，检验质量要求如下：

（1）焊缝外观检查质量应符合下列要求：

1）焊缝边缘应圆滑过渡到母材，焊缝外形尺寸应符合设计要求，其允许尺寸如下：

对接接头：焊缝余高：平焊：0 ～ 2mm

其他位置：≤ 3mm

焊缝余高差：平焊：≤ 2mm

其他位置：≤ 2mm

焊缝宽度：比坡口增宽 <4mm

每侧增宽：<2mm

2）焊缝表面缺陷应符合如下：

不允许裂纹、未熔合、根部未焊透、气孔、夹渣。

咬边深度≤ 0.5mm，焊缝两侧总长度≤焊缝全长的 10% 且≤ 40mm。

根部凸出≤ 2mm。

内凹≤ 1.5mm

3）管子外壁错口值不得超过≤ 10% δ +1mm

（2）焊缝射线检验的结果要达到以下的要求：

1）底片上没有任何形式的裂缝、未熔合或未焊透。

2）底片上没有任何长度大于 4mm 的条形夹渣。

3）底片上没有任何一条直线上的夹渣，在 12t（t 为管子壁厚）的长度内其累计长度大于 t 的线状排列。除非夹渣间距大于 6L，L 为该组中最大缺陷的长度。

4）底片上没有在 10mm×10mm 评定区域内，圆形缺陷的累计点数超过 3 点。

5）底片上没有内凹深度大于壁厚的 15%，或者深度大于 2mm，或者长度大于焊缝总长的 30%。

（三）适用范围

采用以上方法解决了锅炉排管焊接工作中的困难。本方法适用于焊接工作中由于条件复杂、施焊困难的剖面。方便了焊接工人操作，可以较直接的观察和控制焊接质量。

二、应用实例

上海外高桥电厂三期工程 2×1000MW 超超临界燃煤机组

1. 工程实例概况

该工程位于上海市浦东新区海徐路 1281 号。工程的主要设备：锅炉本体设备、汽机主机设备和发电机主设备分别由上海锅炉厂、上海汽轮机厂和上海电机厂供应，是我国第一台自行设计、制造的 1000MW 等级的超超临界燃煤发电机组。该火电机组建成后将有效的缓减上海地区在十一五期间用电紧张的情况，保证上海市的经济社会发展。机组的主要投资方是申能股份有限公司、国电集团公司和上海市电力股份有限公司。

外高桥电厂三期工程主要工程范围为：2 台机组的锅炉岛、汽机岛、外围土建和脱硫脱硝。

上海外高桥第三发电厂工程中锅炉型式为塔式，单炉膛结构。所有受热面蛇形管排均布置于炉膛的上部；所有部件的集箱分别布置于炉膛的前侧和炉后侧；穿过前、后水冷壁的单根管，将蛇形管排与集箱连接为一个整体。需要采用镜面焊的部件有省煤器、一级再热器和二级过热器。省煤器镜面焊焊口位于锅炉炉前 115m 和 105m；一级再热器镜面焊焊口位于锅炉炉后 104m 和 98m；二级过热器镜面焊焊口位于锅炉炉前 97m。上述三个部件的蛇形管排全部采用卧式布置，均通过一级过热器的悬吊管悬吊；蛇形管排均前后排列，通过穿墙与炉膛外集箱连接。由于组件的管排数量很大使得管排的间隙很小，必须使用镜面焊技术才能进行现场焊接。

表 17-1　镜面焊接的焊口分布表

序号	组件名称	材质	规格	数量（只）
1	省煤器	SA210-C	Φ42.2×6.78	1246
		SA210-C	Φ42.2×6.21	1246
2	一级再热器	SA213-T12	Φ57.2×3.81	1424
		SA213-T91	Φ57.2×3.81	1424
3	二级过热器	SA213-T91	Φ48.3×7.33	1246
合计				6586

上述管道的焊接和热处理施工质量要求为：单位工程优良率 100%，分项工程优良率 100%，焊口一次合格率≥ 98%。

安全目标为：杜绝重伤以上人身事故；杜绝重大火灾事故；杜绝重大机械设备事故；职业病发生率为零；杜绝人员伤亡事故。文明施工目标为：杜绝环境污染事故；及时集中处理建筑垃圾；危险废弃物集中处理率 100%；控制能源消耗；不占路施工，保持通道畅通；消灭现场“五头”（烟头、电缆头、焊条头、钢筋头、木头）；创建为全国火电施工文明示范窗口工程，创上海市文明工地；实现文明施工、文明调试、文明启动、文明投产、文明竣工。

2. 应用过程

镜面焊施工日期为 2006 年 6 月到 2007 年 5 月。上表三个组件的管子安装顺序都相同，即分别从炉左和炉右两侧往锅炉中心进行安装并焊接。在焊接每一排焊口时，待焊焊口靠近已焊好的管排侧的从仰焊至立焊位置这一段焊缝，在层间填充焊接时肉眼无法观察到，则采用镜面焊。如图 17-18 所示的焊接位置是左右两侧都已焊至锅炉中心，剩下最后八排

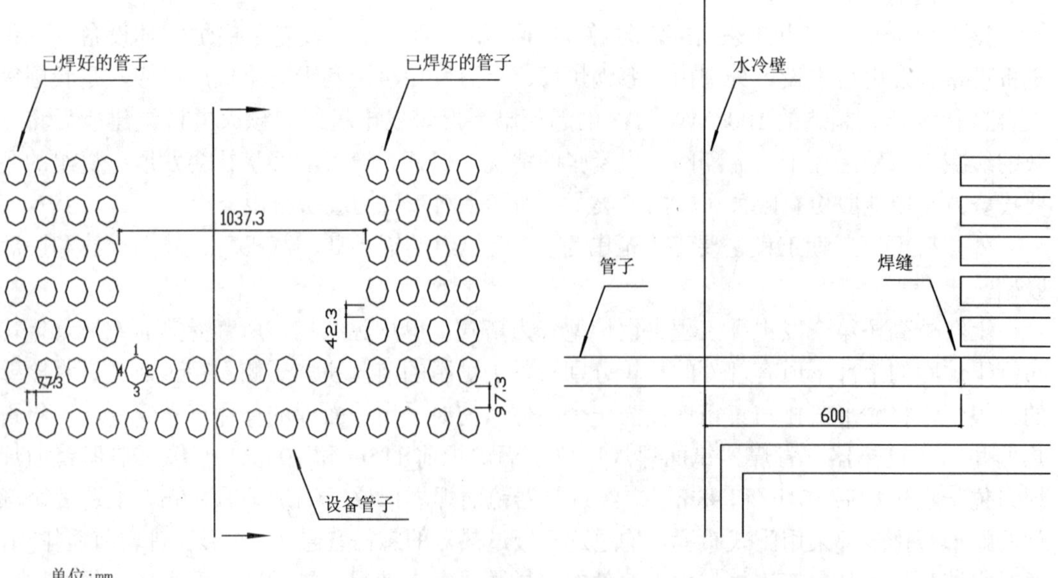

图 17-18　安装焊接示意图

管子，此时管子的安装顺序改为由下往上安装，此时镜面焊的焊缝长度最长，如图 17-19 所示的焊口 2-3-4 的区域为焊缝的镜面焊区域，也即为从立焊至仰焊至立焊为镜面焊区域，焊缝长度增加一倍，因此难度也是最大的。焊这些焊口时，焊工只能俯卧或蹲在管子上，通过镜面焊完成焊口的下半部分，如图 17-20 所示。

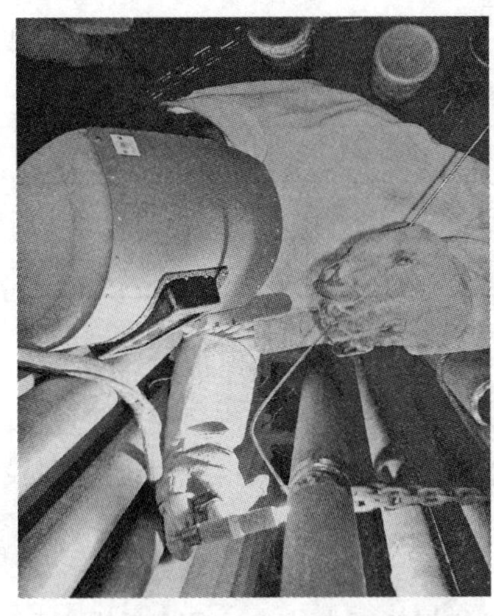

图 17-19 焊工俯卧在管子上焊接

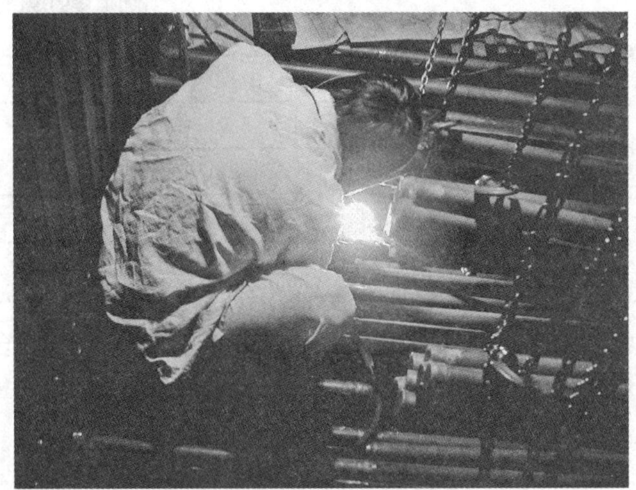

图 17-20 焊工蹲在管子上焊接

关键技术特点：

（1）镜面焊时焊工必须配备合适的焊接工具如专用镜子、挠性氩弧焊枪等。

（2）镜面焊氩弧焊打底必须采用内加丝法焊接。

（3）镜面焊过程中必须严格控制每一层焊缝表面成形以确保焊接质量。

（4）严格控制层间的焊接温度，采用小的线能量，使焊缝获得良好的金相组织和机械性能。

（5）焊工必须进行严格的培训考试后才能胜任该焊接工作。

（6）选用的焊机必须具备高频引弧和衰减功能，以便于得到高质量的焊缝。

在镜面焊施工前，焊接技术人员根据图纸和行业规范编写镜面焊作业指导书。编写作业指导书所依据的主要规范为：

（1）《火力发电厂焊接技术规程》DL/T869-2004。

（2）《火力发电厂金属技术监督规程》DL438-2000。

（3）《火电施工质量检验及评定标准（焊接篇）》。

（4）《焊接工艺评定规程》DL/T868-2004。

（5）《焊工技术考核规程》DL/T679-1999。

在工程中每一个镜面焊组件开始焊第一焊口时有监理和焊接质检员进行旁站监督，检查焊工的施工工艺是否符合作业指导书的要求。所有的镜面焊焊口外表都由焊工进行焊后自检，质检员或技术员进行百分之百复查，完成外表检查合格的焊口进行射线检验。总计 6586 镜面焊焊口外表成型优良，射线检验全部合格。上述焊口经过了 1.5 倍工作压力、持续 4 小时的水压试验，试验过程中焊口无一滴漏。在机组 168 小时满负荷试运行、机组移交投产运行过程中没有发生泄漏和爆管事故，得到了业主的一致好评。

镜面焊技术还应用于上海宝钢电厂 4 号机组安装。上海宝钢电厂 4 号机组位于宝山钢铁总厂内，机组容量为 1×350MW（锅炉燃烧高炉煤气）。需要采用镜面焊技术的部件为二级再热器（炉后 26m 和 27m 标高）、三级过热器（炉前 35m 和 36m 标高）。

表 17-2　镜面焊接的焊口分布

序号	组件名称	材质	规格	数量（只）
1	二级再热器	SA213M-TP347H	Φ50.8×3.4	1040
2	三级过热器	SA213M-TP347H	Φ38.1×4.19	1248
	合计			2288

镜面焊施工日期为 2007 年 6 月到 2007 年 9 月，焊工总共完成镜面焊焊口 2288 个，经过 100% 的外表和射线检验，所有焊口的质量都符合规范要求。这些焊口一次性通过了水压试验，在机组满负荷运行过程中从未发生任何质量事故。通过工程应用证明镜面焊技术是值得信任和可靠的。

3. 经济效益分析

单炉膛锅炉形式锅炉具有占地面积小、热效率高、单位煤耗低的优点，是今后火电发展的重点方向，但这种锅炉受热面管道排列紧密。焊接密排管必须要用到镜面焊工艺，镜面焊工艺是安装此类锅炉必须具备的技术。

三、点评

上海外高桥电厂三期工程 2×1000MW 机组和上海宝钢电厂 1×350MW 4 号机组的锅炉均为塔式结构。其最大的特点是锅炉占地面积小，但炉膛高，锅炉受热面排管全部采用卧式布置，管排节距很小。其中，约有几千道焊口由于管排节距很小，焊口的局部位置肉眼无法看到，无法采用正常的焊接操作法完成整个焊口的焊接，只能借用镜面的反射成像原理，通过观察镜子内的熔池来进行焊接，于是产生了一种新型的焊接操作法——镜面焊。

镜面焊最大的难点不在打底层的焊接，而在填充层和盖面层的焊接。由于打底层可采用内加丝法，通过坡口间隙观察打底焊缝成形的好坏，而在填充和盖面的焊接，因管排节距小，此时局部焊缝则无法看到，只能借助镜面来观察。这种情况下的焊接，如果不经过专门培训，没有扎实的焊接基本功是不可能完成的，也不可能焊出优质的焊接接头。镜面焊操作的要点：焊接时焊丝紧贴焊缝，连续送丝，焊枪作小幅摆动，焊枪应选用可作 360 度旋转的挠性氩弧焊枪。

上海外高桥电厂三期工程 2×1000MW 机组和上海宝钢电厂 1×350MW 4 号机组工程有上万道镜面焊焊口，机组运行至今无焊口泄漏，证明镜面焊操作方法为解决特殊困难位置的焊接起到了关键性的作用。上海电力建设责任有限公司所属上海电力安装第一工程公司和第二工程公司在掌握镜面操作方法上形成了一套成熟的操作工艺。